Energy Safety Engineering

에너지안전공학

김 의 수 지음

도서출판 동화기술

머리말

다양한 유형의 에너지 활용으로 우리들의 생활은 풍요롭게 되었으나 화석에너지의 세계에너지 자원 사용가능 연수는 얼마 남지 않았다는 것을 알 수 있다. 특히 국내의 경우는 가용할 수 있는 에너지 자원은 적고 에너지 소비는 계속 늘어나는 추세이기에 더욱 심각한 문제라 할 수 있다. 이러한 에너지 고갈 문제 외에 더욱 심각한 것은 지구온난화로 세계 각지에서는 이상 현상이 발생되어지고 있으며 인류생존권까지 위협 받고 있다는 사실이다. 이러한 에너지 문제 해결방법으로 수력, 태양, 생물, 풍력, 해양, 지열에너지처럼 사용해도 자연적으로 재생되는 재생에너지와 연료전지, 석탄액화, 수소에너지 등의 신에너지기술개발에 관한 요구가 커지고 있으며, 신재생에너지의 기술을 개발함으로써 에너지 고갈 및 지구온난화 문제를 동시에 해결할 수 있다.

기존 에너지 관련 서적을 살펴보면 에너지 자체에 초점을 맞추어 주로 에너지 생성 이론과 이용 기술 등에 관해 기술하고 있지만 현 시대에 사용 중인 화석 및 신재생에너지는 모두 설비에 의해 생산되고 이송되고 결국 기업 및 소비자가 사용하기 때문에 에너지의 생산, 공급, 소비 설비 등에 있어 에너지 안전 측면을 생각하지 않을 수 없다. 실제로 에너지 설비 관련 사고는 빈번히 발생하고 있고 에너지 설비가 타 설비에 비해 많은 에너지를 보유하는 있는 특성 상, 발생하면 화재 및 폭발 등의 형태로 대형재난사고를 일으킨다는 점에서 매우 비중 있게 다루어져야 한다. 하지만 각종 유형의 에너지 설비 및 구조, 사고 발생 메커니즘, 안전 작업 등에 관해 포괄적으로 다루고 있는 국내·외 서적은 전무한 실정이기에 대학에서 기계안전공학, 기계설비안전, 에너지안전공학 등을 가르치고 있는 예비 안전인의 견인자 입장에서 안타까운 마음마저 든다.

이에 본 저자는 국립과학수사연구원, 삼성전자, LG전자 등에서 공정엔지니어 및 연구원, 기계 및 에너지 관련사고 조사관 등의 실제 경험을 바탕으로 다양한 유형의 에너지 설비에 관해 에너지의 기본 개념 및 종류별 장단점, 소비추세 등을 소개하고 에너지 설비 관련 설비 및 장치, 구조, 발생 메커니즘을 학습시킴으로써 이로 인해 발생할 수 있는 사고 및 재해의 유형, 사고를 예방할 수 있는 위험방지 기술, 유사 재해 방지 대책에 관해 본 서적에 최대한 담아 기술하는데 노력하였다.

본 서적은 기존 서적에 비해 크게 다음과 같이 측면에서 특징을 가지고 있다.

첫째, 각종 유형의 에너지 생성 원리뿐만 아니라 이를 생산하기 위한 설비 및 장치를 함께 제시함으로써 에너지 생산 원리 및 구조를 이해하는데 도움을 준다.

둘째, 에너지 유형별 사고 사례를 들어 원인 및 피해 범위 등을 제시함으로써 에너지 설비 이상 작동 및 작업 불량 등으로 인한 사고 및 재해 유형을 이해하는데 도움을 준다.

셋째, 에너지 유형별 국내 안전 실태와 이와 관련된 기준 및 규정을 제시함으로써 에너지 관련사고 예방을 위한 방호 장치 및 작업 유의 사항, 유사 사고 재발 방지 대책에 관해 이해하는데 도움을 준다.

본 서적을 집필하는데 에너지 관련 국내・외 문헌, 관련 기관 내 공유 자료, 언론 보도 자료, 인터넷 자료 등을 일부 활용하였으며 이에 관해 저자들에게 감사드린다. 또한 원고 집필을 위해 자료 발췌 등에 힘써 준 한국교통대학교 안전공학과 학생들과 원고 정리를 위해 노력해 준 기계안전공학실험실 학생들에게 감사드리고, 마지막으로 책의 출판을 위해 물심양면 도와주신 아내와 도서출판 동화기술 직원 분들께 감사드리며, 본 서적을 통해 에너지 관련 종사인 뿐만 아니라 국내・외 공학도 및 특히 안전인들이 에너지 안전을 이해하는데 많은 도움이 되길 소망해본다.

충주캠퍼스 테크노관에서

저자 김의수 올림

제1장 에너지의 개요

제2장 화석에너지 I (석탄, 석유)

제3장 화석에너지 II (천연가스, 셰일가스)

제7장 바이오에너지

제8장 수력에너지

제9장 풍력에너지

제10장 지열에너지

제11장 수소에너지

제12장 지구온난화 개요

1

에너지의 개요

1 에너지의 개념

에너지란 일(작업)을 할 수 있는 힘을 뜻하며 그 어원은 그리스어인 '에르곤'이라는 단어에서 나왔다. 이는 다른 말로는 '에네르게이아'이며 '일을 하는 능력'이라고 정의된다. 18세기 산업혁명 이전에는 풍력, 수력 등 자연력과 가축에 의존했던 주 에너지원이 산업혁명의 시작인 증기기관이 발명된 후부터는 석탄으로 전환되었다. 증기기관차는 외연 열기관으로 수증기의 열에너지를 기계적인 일로 바꾸는 장치이다. 주목할 점은 이 동력원이 증기 견인차, 철도 기관차 같은 기동 원동기에 훗날 사용되었다는 것이다. 현대 증기 터빈들은 여러 가지 열원들을 사용하여 세계 전력의 대략 80%를 생산한다. 20세기에 접어들면서 더욱 진보된 과학기술의 발전으로 저렴한 비용, 다양한 용도, 고열량 등의 경제적 특성을 지닌 석유와 천연가스가 주 에너지원으로서의 위치를 석탄으로부터 이어받았다. 현재는 태양에너지, 조력에너지, 지열에너지, 풍력에너지 등을 신재생에너지원으로 이용하고자 하는 시대에 와있다.

그림 1.1 증기기관

에너지의 활용으로 우리들의 생활은 풍요롭게 되었다. 특히 우리가 주로 사용하는 에너지 자원에는 석유, 석탄, 천연 가스 등이 있으나 세계의 에너지 자원 사용가능 연수는 얼마 남지 않았다는 것을 알 수 있다. 우리나라는 석탄을 제외하고는 매장되어 있는 에너지 자원이 거의 없으며 에너지 자원은 적고 에너지 소비는 계속 늘어나고 있는 추세이다. 우리가 에너지를 화석에너지에서만 얻으려고 하면 두 가지 문제를 해결할 수 없다. 첫 번째 문제는 에너지 고갈이다. 석유, 석탄, 천연 가스 등의 화석에너지자원은 지구가 오랜 세월동안에 걸쳐서 만들어낸 것이어서 한 번 사용해 버리면 다시 만들 수 없다. 세계의 에너지 자원은 석유 약 40년, 석탄은 약 230년, 천연 가스는 약 60년 후 고갈될 예정이다. 두 번째로는 지구온난화 문제인데, 화석에너지의 연소를 통해 발생되는 이산화탄소에 의해 지구온난화가 진행되고 이로 인해 오존층 파괴 및 기후변화의 이상 등 여러 자연재해의 증가로 인해 세계 각지에서는 이상 현상이 발생되고 있으며 이는 인류생존권을 위협한다. 이러한 에너지 문제 해결방법으로는 지속가능한 에너지의 사용이다. 우리에게 에너지를 제공하는 것 중에는 사용을 하면 없어지는 1회성 에너지가 있고 없어지지 않고 계속해서 쓸 수 있는 지속성 에너지가 있다. 1회성 에너지는 석유나 가스, 석탄 같은 화석 에너지이고, 써도 계속 생겨나는 지속성 에너지는 태양이나 풍력에너지와 같은 신재생에너지이다. 이러한 신재생에너지의 기술을 개발함으로써 에너지 문제를 해결할 수 있다. 우리나라는 「신재생에너지개발 보급 및 이용보급 촉진법」 제2조에 석유, 석탄, 원자력, 천연가스가 아닌 에너지로 11개 분야를 지정해 놓았다.

2 에너지의 분류

2.1 본질에 따른 분류

에너지의 형태는 그 관점에 따라 여러 가지로 달리 분류할 수 있다. 먼저 에너지를 그 본질에 따라 분류하면 외부에너지, 내부에너지, 열에너지, 기계적 에너지, 화학에너지, 핵에너지 등으로 나눠진다. 이들 에너지는 각기 특성을 지니고 있을 뿐만 아니라 서로 변환(Conversion)되면서 우리의 실제 생활에 필요한 열과 전기적, 기계적 에너지를 공급한다.

1) 외부(External)에너지

외부에너지란 물체의 운동 및 위치와 관계되는 에너지로 운동(Kinetic)에너지와 위치(Potential)에너지로 구성되어 있다. 어떠한 속도로 운동하고 있는 물체는 다른 물체에 힘을 가해서 일을 할 수 있는 운동에너지($E=1/2mv^2$ 여기서, m : 질량, v : 속도)를 가진다. 또 높은 곳에 있는 물체는 그 높이에 상응하는 위치에너지($E=mgh$ 여기서, m : 질량, g : 중력의 가속도, h : 높이)를 가지고 있고 이 물체가 지상으로 낙하하는 경우 높이가 점점 줄어들면서 위치에너지는 감소하고 물체의 낙하속도는 가속되어 운동에너지는 증가하게 된다. 지상에서 발사된 인공위성이 일정한 고도의 궤도로 진입하는 과정은 운동에너지가 위치에너지로 바뀌는 예이다.

2) 내부(Internal)에너지

내부에너지란 물체 및 어떤 계(System)를 구성하는 분자들의 에너지를 말한다. 밀폐된 용기(계) 내에 들어 있는 공기에 대하여 외부에서 열을 가하면 공기 분자들의 운동에너지는 증가되어 결국 계의 온도가 상승한다. 이러한 경우 가해진 열에너지는 계 내 공기의 내부에너지로 변환되면서 온도를 상승시키는 결과를 나타낸다. 또 온수로 난방을 하는 경우를 생각해보면 온수의 내부에너지는 열에너지로 변형되어 물에서 방안의 공기로 이동되고 전달된 열은 공기의 내부에너지를 증가시키는데 쓰여 결국 실내 온도가 상승하는 것이다.

3) 열(Thermal)에너지

열(Heat) 또는 열에너지는 온도차이가 있는 두 물체 사이에서 이동되는 에너지로서 더 뜨거운 물체에서 더 찬 물체로 전달되는 때에만 존재한다. 기체나 수증기의 팽창특성을 이용하면 열을 기계적 에너지로 변환시킬 수 있다 가스터빈이나 증기터빈은 열에너지를 더 유익한 기계적 에너지로 변환시키는 장치이다.

4) 기계적 에너지

기계적 에너지는 기체의 압축과 팽창에 의한 일과 축(軸)의 회전에 의한 일로 구분된다. 전자의 예는 자동차 피스톤의 왕복운동에서 후자의 예는 증기터빈의 축회전에서 찾아볼 수 있다. 열기관은 열에너지를 기계적 에너지로 변환시키는 장치로 자동차, 증기기관, 가스터빈 및 증기터빈은 모두 열기관이다.

5) 화학에너지

화학에너지란 화학종(化學種)을 구성하고 있는 분자 내 원자 간의 결합에너지 및 위치에너지를 말한다. 석탄, 석유, 천연가스 등을 비롯한 각종 물질은 그 분자를 구성하는 원자의 종류와 결합구조에 따라서 각기 다른 화학에너지를 가지고 있다. 화학에너지는 연소(燃燒) 또는 다른 화학반응을 통하여 에너지수준이 높은 화학종에서 낮은 화학종으로 변환되면서 그 차이에 해당하는 에너지를 열에너지의 형태로 방출한다. 자동차, 항공기, 로켓 등은 연료의 화학에너지, 열에너지를 거쳐 우리 생활에 유익한 기계적 에너지로 변환시키는 장치들이다.

6) 핵(Nuclear)에너지

핵에너지는 원자의 핵을 구성하는 양자(陽子), 중성자(中性子) 등 입자간 결합력의 형태로 저장되어 있고 이는 핵분열 또는 핵융합 과정을 통하여 열에너지의 형태로 변환된다. 무겁고 불안정한 하나의 원자핵이 중성자에 의하여 두 개의 비슷한 원자핵으로 나눠지면서 수반되는 질량결손(缺損)에 해당하는 막대한 열에너지($E = mc^2$ 여기서, m : 질량결손, c : 빛의 속도)를 방출하는 것을 핵분열(Fission)이라 한다. 반면에 핵융합(Fusion)은 두 개의 가벼운 원자핵이 융합하여 더 무거운 하나의 원자핵으로 변하는 것으로, 이 과정에서 역시 질량결손이 생기면서 막대한 열에너지가 방출된다. 이밖에도 압축된 스프링에 내재된 탄성(彈性)에너지, 태양광선 등이 가지고 있는 방사(放射)에너지, 전압차이에 의한 전기(電氣)에너지 등이 있다. 에너지를 그 자원(Resource)면에서 분류하면 고체(주로 石炭), 액체(주로 석유), 기체(주로 천연가스)연료와 수력(水力), 핵(核), 전기(電氣), 태양, 생물(生物), 풍력(風力), 해양(海洋), 지열(地熱)에너지 등으로 나누어진다. 특히 고대생물의 지구화학적 변화로 생성된 석탄, 원유, 천연가스 등은 통틀어 화석연료(Fossil fuel)라 한다. 화석연료나 핵연료처럼 한번 사용하면 없어지고 마는 고갈성 에너지와는 달리 수력, 태양, 생물, 풍력, 해양, 지열에너지처럼 사용해도 자연적으로 재생되는 것을 재생(Renewable)에너지라 한다. 한편 신에너지는 연료전지, 석탄액화, 수소에너지 등을 말한다.

① 태양광에너지

태양광발전시스템(태양전지, 모듈, 축전지, 전력변환장치로 구성)을 이용하여 태양에서 나오는 광도를 직접 전기에너지로 변환시키는 기술이다.

② 태양열에너지

태양열이용시스템(집열부, 축열부, 이용부로 구성)을 이용하여 태양광선의 파동성질과 광열학적성질을 이용분야로 한 태양에서 나오는 열 흡수・저장・열변환을 통하여 건물의 냉난방 및 급탕 등에 활용하는 기술이다.

③ 풍력에너지

풍력발전시스템(운동량변환장치, 동력전달장치, 동력변환장치, 제어장치로 구성)을 이용하여 바람의 힘으로 날개를 돌림으로써 회전력으로 전환시켜 발생하는 유도전기를 전력계통이나 수요자에게 공급하는 기술이다.

④ 바이오에너지

태양광을 이용하여 광합성 되는 유기물(주로 식물체) 및 유기물을 소비하여 생성되는 살아있는 모든 생물 유기체(바이오매스)의 에너지이다.

⑤ 폐기물에너지

사업장 또는 가정에서 발생되는 가연성 폐기물 중에서 에너지 함량이 높은 폐기물을 열분해를 통한 오일화 기술, 성형고체연료의 제조기술, 가스화를 통한 가연성 가스 제조기술 및 소각을 통한 열회수 기술 등의 가공・처리 방법을 통해 연료를 생산이다.

⑥ 지열에너지

지표면으로부터 지하로 수 미터(m)에서 수 킬로미터(km)깊이에 존재하는 뜨거운 물(온천)과 돌(마그마)을 포함하여 땅 내부에 가지고 있는 에너지를 이용하는 기술이다.

⑦ 수력에너지

개천, 강이나 호수 등의 물의 흐름으로 터빈을 통해 운동에너지를 전기에너지로 변환하여 전기를 발생시키는 발전에너지이다.

⑧ 해양에너지

해수면의 상승 및 하강운동을 이용한 조력 발전과 해안으로 입사하는 파랑에너지를 회전력으로 변환하는 파력발전, 해저 층과 해수표면층의 온도 차를 이용하여 열에너지를 기계적 에너지로 변환하는 온도차 발전에너지이다.

⑨ 연료전지

수소, 메탄 및 메탄올과 같은 연료를 산화시켜서 생기는 화학에너지를 직접 전기에너지로 변환시키는 기술이다.

⑩ 수소에너지

수소를 기체 상태에서 연소 시 발생하는 폭발력을 이용하여 기계적 운동에너지로 변환해서 활용하거나 수소를 다시 분해하여 에너지원으로 활용하는 기술이다.

⑪ 석탄가스화, 액화

석탄, 중질잔사유 등의 저급원료를 고온, 고압 하에서 불완전연소 및 가스화 반응시켜서 일산화탄소와 수소가 주성분인 가스를 제조하여 정제한 후, 가스터빈 및 증기터빈을 구동하여 전기를 생산하는 신 발전기술이다.

2.2 최종소비까지의 분류

에너지를 그 자원으로부터 최종소비까지의 흐름이란 면에서 분류하면 1차, 2차 및 최종 에너지 등으로 나누어진다.

1차(Primary)에너지는 어떤 변환도 하지 않은 에너지로서, 직접 에너지로 쓸 수 있는 것은 그 자체, 일정한 생산과정을 거쳐야 에너지로 사용할 수 있는 것은 그 과정이 완료된 산출물을 뜻하고 여기에는 화석연료, 즉 석탄, 원유, 천연가스, 수력, 핵, 태양, 생물, 풍력, 해양, 지열에너지 등이 포함된다. 자연으로부터 얻을 수 있는 에너지로서 최초의 에너지를 의미하며 석탄, 석유, 천연 가스와 같은 화석 에너지와 태양열, 지열, 조력, 파력, 풍력, 수력과 같은 자연 에너지가 있다.

2차(Secondary)에너지는 1차 에너지의 변환으로 생산되는 에너지(전력과 각종 석유제품 등)를 말하고 최종(Final)에너지는 유용한 에너지(열, 빛, 동력 등)로 사용할 수 있게끔 소비자에게 공급되는 에너지이다. 1차 에너지를 변형 또는 가공하여 우리 생활이나 산업 분야에서 다루기 쉽고 사용하기 편리한 에너지로 만든 것으로 전기와 도시 가스, 석유 제품 등이 있다.

3 에너지 소비추세 및 전망

3.1 에너지 소비 동향

일차에너지는 다른 에너지의 생성을 위해 소비되는 가장 기본적인 형태의 에너지로 천연상태에서 얻을 수 있는 석탄, 석유, 목재, 지열, 태양열, 해열, 풍력, 등이 이에 해당된다. 이에 비해 최종에너지(Final energy consumption)는 최종소비부문의 에너지 이용설비에 알맞은 형태로 사용되는 에너지로서 일차에너지 중 직접 에너지로 사용되는 것은 그 자체를 뜻하고, 일정한 전환과정을 거쳐서 다른 형태의 에너지로 전환되는 것은 그 산출물을 의미한다. 에너지경제연구원에서 발표한 에너지 소비 동향 및 전망에 따르면, 국내 총에너지 소비는 1990년에서 2015년 사이 세 배 증가하여 287.5백만 toe (ton of oil equivalent)에 도달하였으나 에너지 소비증가율은 꾸준히 하락하고 있는 것으로 나타났다. 1990년대는 중화학 공업 중심의 고도 경제 성장과 빠른 전력 보급에 힘입어 총에너지 소비 증가율이 경제성장률(연평균 6.9%)보다 높은 연평균 7.5%를 기록하였으나, 2000년 이후 경제성장률은 연평균 3.9%로 하락한 반면 총에너지 소비 증가율은 그보다 낮은 연평균 2.7% 수준까지 떨어진 것으로 나타났다. 1990년대에는 석유화학 업종, 비금속, 수송 장비의 성장률이 각각 연평균 8.8%, 12.2%, 13.0%로 높았지만 2000년 이후 철강업의 꾸준한 증가에도 불구 에너지원 단위가 낮은 기계류가 연평균 8.0%로 경제 성장을 주도한 것이 총에너지 소비 증가율의 하락을 이끌었다는 평가이다. 총에너지 소비의 증가세 둔화는 2010년대에

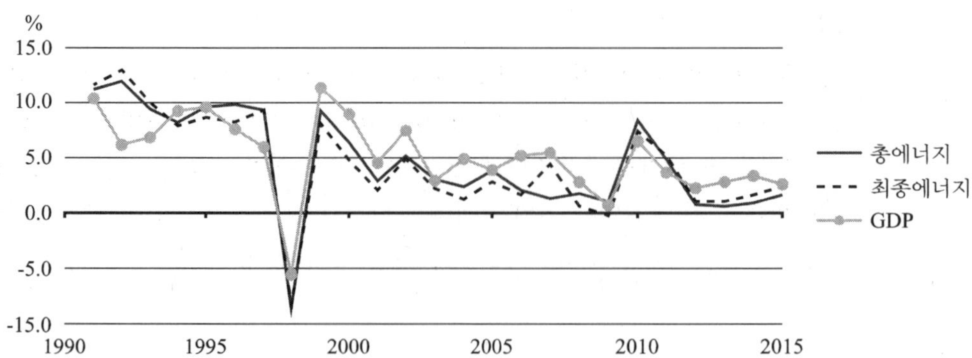

그림 1.2 에너지 소비 증가율과 경제성장률(1990～2015)

들어 두드러지게 나타나며 우리나라도 에너지 소비의 저성장 시대로 진입한 것으로 평가되었다. 1997년 외환위기 이후 에너지 소비 증가는 경제 성장보다 낮은 수준을 유지하는 모습을 보였으나 글로벌 금융위기와 철강 및 석유화학 설비에 대한 투자 증가가 이어지면서 2010년을 전후로 잠시 에너지 소비 증가가 경제 성장을 웃도는 현상이 발생하였다. 그러나 2010년 이후 경제 성장 둔화가 심화되고 2011년 9월 지역별 순환정전 사태를 경험하면서 강력한 전력 수요 관리 정책이 시행됨에 따라 최근 총에너지 소비 증가는 1% 미만으로 하락하였으며, 특히 최근의 에너지 소비는 총에너지 소비 증가율이 최종에너지 소비 증가율보다 낮은 것이 특징이다. 이는 전력 소비 증가율의 하락과 고효율 가스 발전의 증가가 원인인 것으로 보인다.

3.2 에너지 수요 전망

기간별 전망을 살펴보면 총에너지 수요는 2040년까지는 1/3 수준으로 하락하지만 경제성장률은 하락하여 총에너지 수요 증가율과 경제성장률의 차이는 더욱 심화될 것으로 예상하였다. 에너지원별로 이를 구분하여 살펴보면 모든 에너지원의 수요가 여전히 증가하겠지만 원자력이 약 30백만 toe 증가하여 총에너지 증가의 40% 가까이 차지하면서 전망 기간 에너지 수요 증가를 주도할 것으로

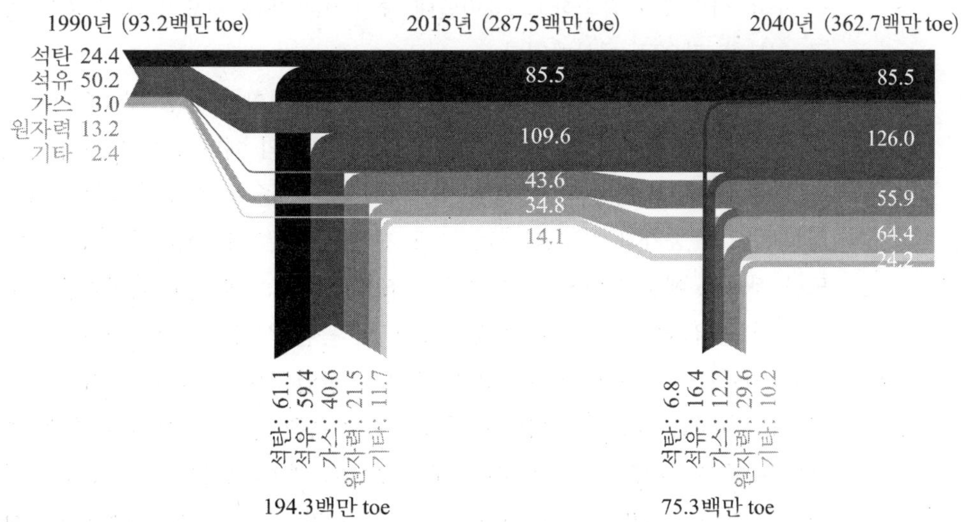

그림 1.3 에너지원별 총에너지 수요의 증가

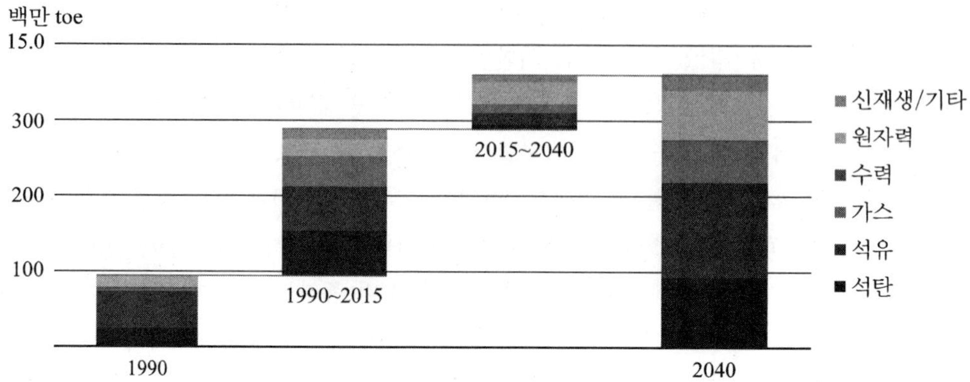

그림 1.4　에너지 수요의 변화 추이와 전망

보인다. 이는 같은 기간 석유와 가스의 증가분을 합한 것보다 많은 양으로, 대규모 설비 증설과 정부의 보급 지원에 힘입어 원자력과 신재생은 전망 기간 각각 연평균 2% 중반의 속도로 증가할 것으로 전망하였다. 과거 에너지 소비 증가의 대부분을 차지하였던 석탄, 석유 및 가스 등 화석기반 연료는 철강 및 석유화학 등과 같은 화석연료 주 소비 업종의 성장세가 둔화되고 발전 부문의 석탄 수요가 감소하면서 35백만 toe가 증가할 전망인데 이는 각각 연평균 0.3%, 0.6%, 1.0% 증가 수준에 불과하다. 가스의 경우 신규 석탄화력 발전소가 대규모로 건설되면서 상당한 수요 감소가 예상되나 미세먼지 대책의 추진으로 장기적으로는 수요 하락폭이 감소하고 2030년대 중반 이후에는 수요가 과거 최고 수준으로 회복할 것으로 예상하였다.

경제성장 둔화와 서비스업 중심의 산업 구조 변화가 산업 부문의 에너지 수요 증가를 억제함에도 불구하고 가정과 수송 부문의 에너지 수요 증가가 정체되고 최종에너지 소비에서 산업 부문이 차지하는 비중과 조립 금속업을 중심으로 전력 수요가 증가하는 것을 고려할 때, 산업 부문은 최종에너지 수요 증가를 주도할 것으로 예상하였다. 산업 부문은 조립 금속업 이외에도 화학업종(석유정제 포함)이 저유가를 기반으로 연평균 2.2%의 높은 성장을 달성하면서 주로 기초화학 원료로 사용되는 석유제품의 수요가 산업 부문 에너지 수요 증가의 약 35%를 차지할 것으로 전망되며, 산업용 전력은 산업용 에너지 수요 증가의 26% 수준을 차지할 것으로 예상된다. 2040년까지 총에너지 수요는 원자력이 전체 증가의 약 40%를 차지하고 석탄, 석유 및 가스 등 화석 에너지는 에너지 수요 증가의 47% 수준에 그치면서 비화석에너지의 역할이 크게 증가할 전망이다. 비화석 에너지인 원자력과 신재생에너지는 연평균 2.5% 정도의 증가율을 보이며 빠르게 성장하는 반면 화석연료는 1% 이하의 낮은 속도로 증가할 것으로 예상되기 때문이다.

4 에너지효율관리 개요 및 제도

4.1 에너지효율관리

1) 개요

효율관리제도는 에너지를 사용하는 기기의 효율향상과 고효율제품의 보급 확대를 위한 에너지소비효율등급표시제도, 고효율에너지기자재인증제도, 대기전력저감 프로그램의 3대 프로그램이다. 이 3가지 효율관리제도는 소비자에게 에너지 효율성능에 대한 올바른 정보를 제공하여 고효율제품을 구매하도록 유도하는 한편, 업체의 에너지효율 향상 기술개발을 촉진하여 고효율기기로의 시장전

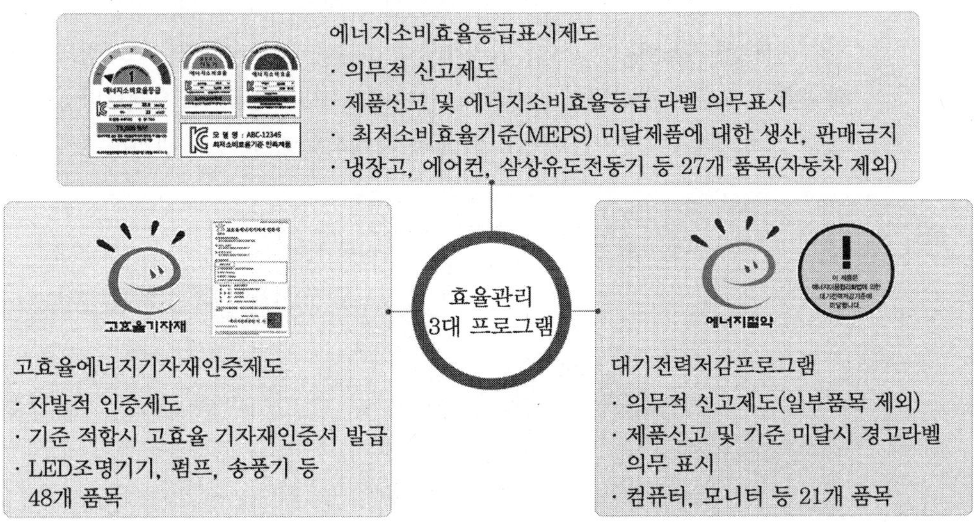

그림 1.5 효율관리 3대 프로그램

환을 가능하게 하고 상당한 에너지절약과 온실가스 감축 효과를 가져다준다. 특히 국제에너지기구(IEA)가 발표한 자료에 따르면, 2050년 기준으로 온실가스 감축을 위한 정책수단에서 기기·설비부문 에너지 절약은 36%로 가장 중요한 비중을 차지한다. 이처럼 효율 관리 제도를 통하여 에너지절약형 제품을 많이 보급함으로써 원천적인 에너지 효율 상향을 기하는 것이 가장 유용한 온실가스 감축 방법이다.

2) 운영기관

현재 우리나라 효율기준 및 에너지절약정책을 추진하는 기관은 산업통상자원부와 에너지관리공단이다. 산업통상자원부는 효율기준 및 에너지절약정책 수립과 규정 제·개정을 담당하고 있으며 실제 제도 운영은 에너지관리공단에서 수행하고 있다. 즉, 에너지소비효율등급표시제도·고효율에너지기자재인증제도·대기전력 저감 프로그램 등 효율관리 3대 프로그램 규정은 에너지 이용합리화법에 근거하여 산업통상자원부에서 고시하고 제도운영은 정부로부터 위탁받은 에너지관리공단이 수행한다.

3) 운영전략

정부는 고효율기기로의 시장전환을 촉진하기 위해 다음과 같이 3개 제도를 연계하여 운영하고 있다. 효율관리 필요성이 대두되는 품목은 처음 고효율에너지기자재인증제도에 편입시켜 임의제도로 효율관리를 하다가 어느 정도 보급이 확대되고 효율이 향상되면 의무제도인 에너지소비효율등급표시제도나 대기전력 저감 프로그램과 같은 의무제도 안에서 체계적으로 효율을 관리하게 된다.

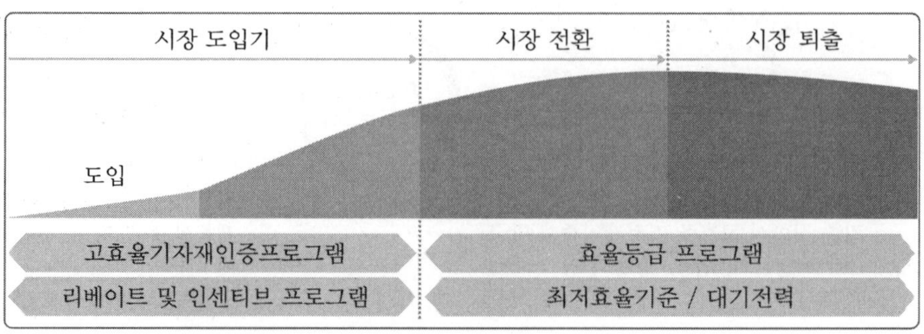

그림 1.6 에너지효율관리 프로그램 운영전략

4.2 에너지소비효율등급표시제도

제조(수입)업체들이 생산(수입)단계에서부터 원천적으로 에너지절약형 제품을 생산・판매하도록 하기 위해 해당제품 제조(수입)업체들이 의무적으로 지켜야 하는 제도이다. 이 제도는 우리나라 효율관리제도의 중심축이다. 에너지소비효율등급표시제도는 크게 나누어보면, 소비자들이 효율이 높은 에너지절약형 제품을 손쉽게 판단하여 구입할 수 있도록 에너지소비효율등급(1～5등급) 라벨 의무표시, 의무적 신고, 최저소비효율기준 적용이라는 3가지 의무사항을 규정하고 있다.

① 제품의 에너지소비효율 또는 사용량에 따라 1～5등급으로 구분하여 표시토록 하고[에너지소비효율등급(1～5등급) 라벨 의무표시]
② 제조업자 또는 수입업자의 의무적 신고
③ 5등급 기준 미달제품에 대해서는 생산・판매금지(최저소비효율기준 적용)

최저소비효율기준(MEPS : Minimum Energy Performance Standard)은 일정한 에너지 효율에 미달되는 저효율제품의 생산・판매를 금지하여 원천적인 국가 에너지절약을 기하려는 의무적인 에너지 효율기준을 말하며 위반 시 2천만원 이하의 벌금 부과 법적근거로는 다음과 같다.

에너지이용합리화법 제15조(효율관리기자재의 지정 등)에 근거한
① 「효율관리기자재 운용규정」(산업통상자원부고시)
② 「자동차의 에너지소비효율 등급표시에 관한 규정」(산업통상자원부고시)
③ 「자동차용 타이어의 에너지소비효율 측정 및 등급기준・표시 등에 관한 규정」(산업통상자원부고시)

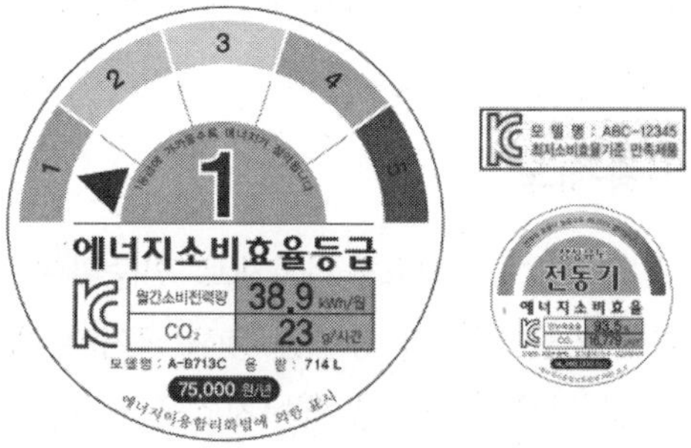

그림 1.7 에너지소비효율등급표시

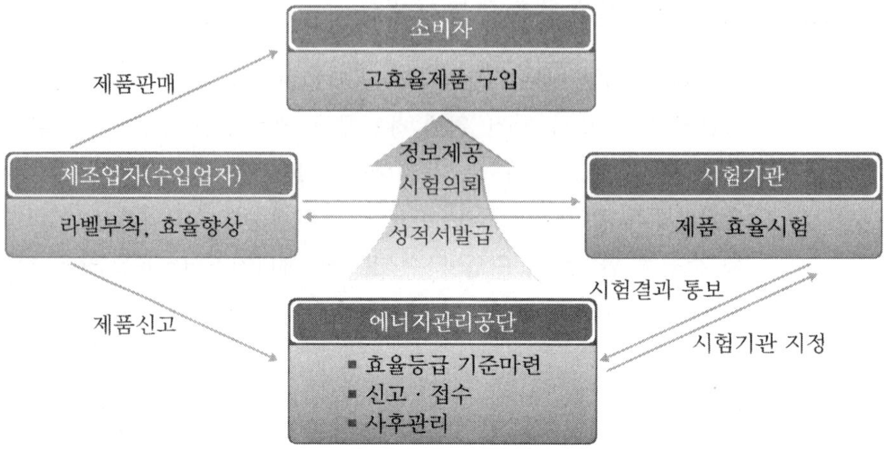

그림 1.8 에너지소비효율등급신고 절차도

개요대상제품으로는 냉장고, 냉동고, 김치냉장고, 에어컨, 세탁기, 드럼세탁기, 식기세척기, 식기건조기, 전기냉온수기, 전기밥솥, 전기진공청소기, 선풍기, 공기청정기, 백열전구, 형광램프, 형광램프용안정기, 안정기내장형램프, 삼상유도전동기, 가정용가스보일러, 어댑터 · 충전기, 전기냉난방기, 상업용 냉장고, 가스온수기, 변압기, 창 세트, TV, 전기온풍기, 전기스토브, EHP, 제습기, 전기장판, 전기온수매트, 전열보드, 전기 침대, 라디에이터, 자동차, 타이어(37개 제품) 등이 있다. 산업통상자원부의 위탁을 받아 에너지관리공단에서 1,400여 가전기기 · 조명기기 · 자동차 · 타이어 제조업체 등과의 파트너십으로 제도 운영 중이고 현재 37개 품목 35,000모델이 등록되어 있다. 에너지소비효율등급 신고 절차로는 생산(수입)제품을 국가 지정시험기관(또는 자체시험인정업체)을 통하여 "효율등급신고용" 시험을 신청한다. 제조업자 또는 수입업자는 시험기관으로부터 시험 성적서를 발급받고 그 결과를 인터넷을 통해 에너지관리공단에 신고한다.

4.3 고효율에너지기자재인증제도

에너지절약효과가 큰 설비 · 기기를 고효율기자재로 인증하여 초기시장 형성 및 보급을 촉진하고 중소기업 기술 기준의 상향을 통해 국가적 에너지절감을 유도하는 인증제도이다. 산업 및 건물용 설비로 에너지효율 및 품질시험 검사결과가 정부가 고시한 일정기준 이상의 에너지효율을 만족하는 제품에 대하여 고효

그림 1.9 고효율에너지기자재인증표시

율에너지기자재 인증서를 발급한다. 고효율에너지기자재는 에너지효율이 높고 절약효과가 우수한 제품으로 지정시험기관의 에너지효율 및 품질시험결과 인증기준에 적합하고 에너지관리공단에서 인증한 에너지사용기자재이다.

법적 근거로는 다음과 같다.

① 에너지이용합리화법 제22조(고효율에너지기자재의 인증 등)
② 「고효율에너지기자재 보급촉진에 관한 규정」(산업통상자원부고시)

대상제품으로는 조도자동조절조명기구, 열회수형 환기장치, 산업건물용 가스보일러, 펌프, 원심식스크류 냉동기, 무정전전원장치, 메탈할라이드램프 안정기, 나트륨램프안정기, 인버터, 난방용 자동온도조절기, LED교통신호등, 복합기능형 수배전시스템, 직화흡수식냉온수기, 단상유도전동기, 환풍기, 원심식송풍기, 수중폭기기, 메탈 할라이드램프, 고휘도 방전(HID)램프 고조도반사갓, 기름연소온수보일러, 산업건물용 기름보일러, 축열식 버너, 터보블로어, LED유도등, 항온항습기, 컨버터외장형LED램프, 컨버터내장형LED램프, 매입형 및 고정형 LED등기구, LED보안등기구, LED센서등기구, LED모듈 전원공급용 컨버터, PLS등기구, 고기밀성단열문, 초정압방전램프용등기구, LED 가로등기구, LED 투광등기구, LED 터널등기구, 직관형 LED램프(컨버터외장형), 가스히트펌프, 전력저장장치(ESS), 최대수요전력제어장치, 문자간판용 LED모듈, 냉방용 창유리필름, 가스진공온수보일러, 형광램프 대체형 LED램프(컨버터내장형)(45개 제품) 고효율에너지기자재 인증신청 절차는 고효율에너지기자재로 인증을 받고자 하는 제조업자(수입업자)는 인증신청서, 인증효율유지에 관한 서류, 지정시험기관에서 발행한 성능시험 성적서를 첨부하여 에너지관리공단에 인증을 신청한다. 신청서류 검토 결과 적합한 경우 에너지관리공단에서 공장심사를 실시하며 모든 기준에 적합할 경우 인증서를 발급한다.

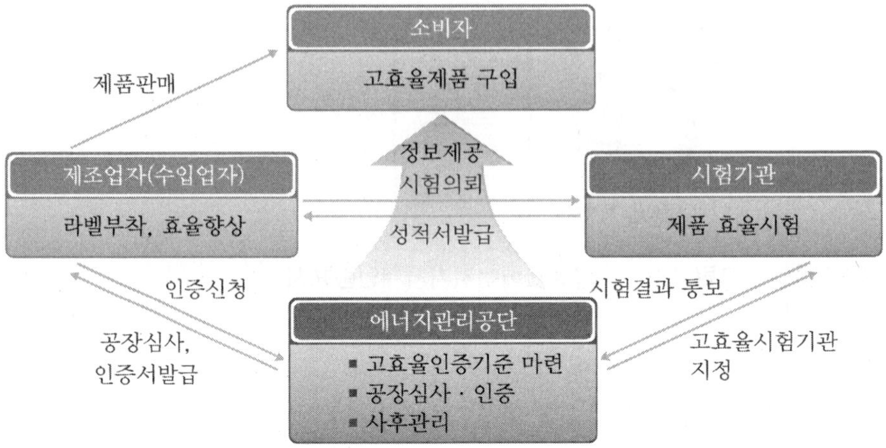

그림 1.10 고효율에너지기자재 인증 절차

4.4 대기전력 저감 프로그램

기기를 사용하지 않는 대기시간에 절전모드 채택과 대기전력 최소화를 유도하고 대기전력저감 기준 만족제품에 에너지절약마크를 임의적으로 표시토록 하고 있으며 미달제품은 경고표지를 의무 표시하는 제도이다. 특히, 대기전력경고표지대상제품은 ① 대기전력 신고 의무화, ② 대기전력 저감기준 미달제품에 대한 경고표지를 의무적으로 표시해야 한다.

대기전력이란 컴퓨터, 셋톱박스 등 전자제품은 실제로 사용하지 않는 대기상태에서도 많은 전력을 소비한다. 기전력은 전원 오프(Off) 시 소비전력뿐만 아니라 무부하모드(No load), 리모컨 오프 시 소비전력(Passive standby), 네트워크 통신 중 기전력(Active standby), 동작 중 기상태 소비전력(Sleep mode) 모두를 포함한다.

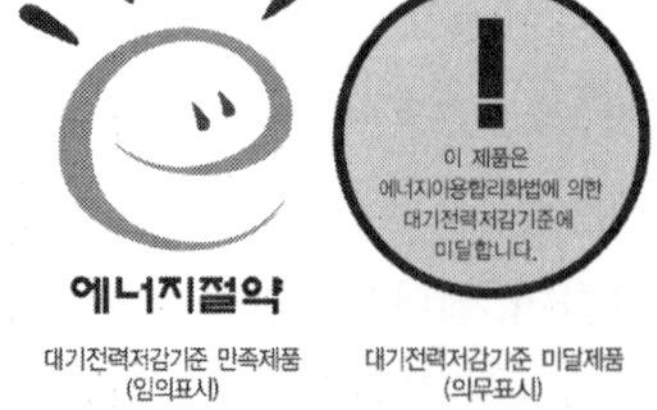

그림 1.11 대기전력 저감 프로그램 표시

법적 근거로는 다음과 같다.

① 에너지이용합리화법 제18조(대기전력 저감 대상제품의 지정)
② 제19조(대기전력경고표지대상 제품 지정 등)
③ 제20조(대기전력 저감 우수제품의 표시등)
④ 제21조(대기전력 저감 대상제품의 사후관리)에 근거한 「대기전력저감 프로그램 운용규정」(산업통상자원부고시)

대상제품으로는 컴퓨터, 모니터, 프린터, 팩시밀리, 복사기, 스캐너, 복합기, 자동절전제어장치, 오디오, DVD플레이어, 전자레인지, 셋톱박스, 도어폰, 유무선전화기, 라디오카세트, 비데, 모뎀, 홈게이트웨이, 서버, 손건조기, 디지털컨버터, 유무선공유기 등이 있다. 제도 신고절차를 보자면, 제조업체는 에너지관리공단에 신고함으로써 대기전력 저감 우수제품 또는 대기전력경고표지 제품으로 분류된다. 신고는 판매 시 부여하는 모델별로 하며 신고서류는 ① 신고서, ② 시험성적서, ③ 제품 사진 또는 팜플렛이다. 특히, 대기전력경고표지대상제품은 의무적으로 신고해야 한다. 시험성적서는 지정시험기관을 이용하거나 자체측정 승인업자로 승인받은 업체는 자체시험 성적서를 발급하여 사용할 수 있다. 신고확인은 인터넷 제품신고 및 검색을 통하여 알 수 있다.

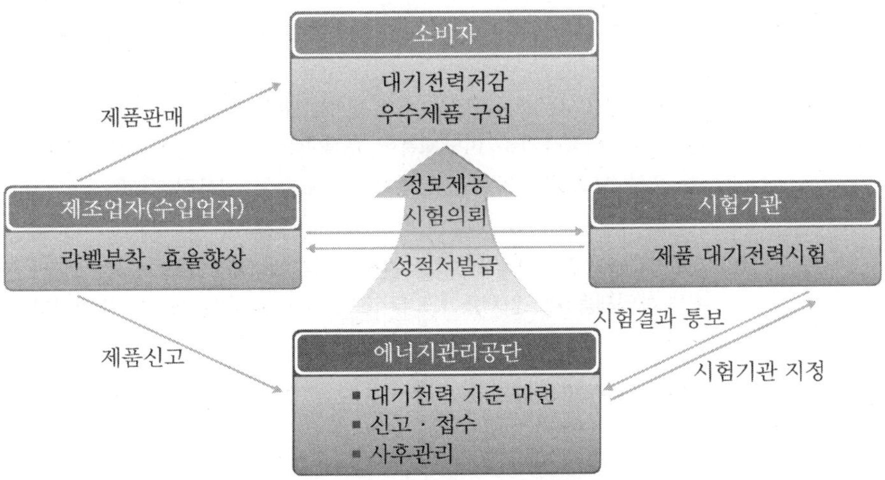

그림 1.12 대기전력 저감 프로그램 제품 신고 절차도

제 1 장 연습문제

(1) 지속 가능한 에너지로 다음 중 옳지 않은 것은?

① 지열에너지 ② 태양에너지
③ 파력에너지 ④ 석탄에너지

(2) 분자 내 원자간 결합 에너지 및 위치 에너지를 말하는 에너지는?

① 화학에너지 ② 기계에너지
③ 핵에너지 ④ 열에너지

(3) 다음 중 1차 에너지가 아닌 것은?

① 태양열에너지 ② 지열에너지
③ 풍력에너지 ④ 전기

(4) 인증신청 제품의 전 과정에서 발생한 온실가스 배출량을 정량적으로 파악하는 인증을 부여하는 것은?

① 탄소배출량 인증 ② 저탄소제품 인증
③ 탄소중립제품 인증 ④ 저탄고배출량 인증

(5) 에너지 소비 효율등급 표시 제도에 대한 설명으로 옳지 않은 것을 고르시오.

① 제품의 에너지소비효율 또는 사용량에 따라 1~5등급으로 구분하여 의무적으로 표시
② 제품미달 시 경고라벨을 의무적으로 표시한다.
③ 최저소비효율기준 미달제품에 대해서는 생산・판매금지(적용)
④ 표시 제조업자 또는 수입업자의 효율등급 의무적 신고

(6) 제조업체들이 생산단계에서부터 원천적으로 에너지절약형 제품을 생산・판매하도록 하기 위해 해당제품 제조업체들이 의무적으로 지켜야 하는 제도는 무엇인지 쓰시오.

(7) 에너지효율관리 3대 프로그램을 쓰시오.

해답

1. ④ 2. ① 3. ④ 4. ① 5. ②
6. 에너지소비효율등급표시제도
7. 에너지소비효율등급표시제도, 고효율에너지기자재인증제도, 대기전력저감 프로그램

2

화석에너지 I (석탄, 석유)

1 화석에너지의 개요

화석 연료라고도 하며 땅속에 파묻힌 동식물의 유해가 오랜 세월에 걸쳐 열과 압력을 받아 석탄이나 석유 등이 되고 이것을 연료로 만들어진 에너지를 말한다. 화석 연료는 메탄과 같은 탄소량을 가진 저탄소를 포함한 천연가스에서 무연탄을 구성하는 순수 탄소 물질인 액화석유에 이르기까지 다양하다. 메탄은 탄화수소 영역에서 발견되며 기름과 결합되어 있거나 또는 메탄을 포함하는 형태로 존재한다. 메탄은 보통 죽은 동식물의 사체가 화석화되어 수백 만 년 동안 열과 지표의 압력으로 형성된다고 알려져 있다. 현재 인류가 사용하고 있는 대부분의 에너지가 이에 해당한다. 화석에너지의 일반적 특징은 다음과 같다.

① 환경오염을 일으킬 수 있다.
② 에너지의 양이 한정되어 있다.
③ 자원이 지역에 따라 편중되어 있다.
④ 자연 에너지원에 비해 에너지 밀도가 높아 이용하는데 용이하다.
⑤ 한 번 사용하면 재사용이 불가능하다.

2 화석에너지의 종류 및 특징

2.1 석탄

석탄은 수억 년 전 거대한 열대 밀림 지대를 이뤘던 식물의 유해가 변형된 것으로 천연에서 고체 상태로 산출된다. 식물의 주성분은 셀룰로오스($C_6H_{10}O_5$)와 리그닌($C_9H_{10}O_2$, $C_{10}H_{12}O_3$, $C_{11}H_{14}O_4$)인데 식물의 유해가 매몰되어 열과 압력을 받으면 산소, 수소 등은 서서히 빠져나가고 되고 탄소만 남게 되는데 이것이 단단해진 것이 석탄이다. 온도와 압력이 증가하면 탄소의 함량과 열량은 높아지고 수분의 함량과 휘발성은 적어지면서 매몰된 식물은 토탄, 갈탄, 역청탄 그리고 무연탄의 순서로 바뀐다. 석탄은 전 세계 산출량의 1/3 이상이 고생대에 형성됐는데 이 중 석탄기에 가장 많이 형성되었다. 현재 석탄은 남극을 제외한 모든 대륙에서 그리고 약 100여 개 이상의 국가에서 채굴되고 있다. 2010년 세계에너지협의회(WEC : World Energy Council) 자료에 의하면 석탄 매장량은 미국이 가장 많은데 이 양은 237,295백만 톤으로, 전 세계 매장량의 22.6%를 차지하며, 러시아가 157,010백만 톤(전 세계 매장량의 14.4%), 중국이 114,500백만 톤(전 세계 매장량의 12.6%), 그리고 오스트레일리아가 76,500백만 톤(전 세계 매장량의 8.9%)으로 그 뒤를 잇는다. 연간 석탄 산출량은 2011년 브리티시 페트롤륨(British Petroleum) 자료에 의하면 중국이 3,240백만 톤(전 세계 산출량의 48.3%), 미국이 984.6백만 톤(전 세계 산출량의 14.8%), 그리고 인도가 569.9백만 톤(전 세계 산출량의 5.8%) 순으로 산출하고 있다. 석탄은 중국에서는 기원전 4,000년대부터 사용됐고 유럽에서는 11~12세기부터 사용됐다고 알려져 있으나 18세기 산업혁명에 이용되면서부터 인간의 주목을 받기 시작했다.

그림 2.1 석탄

2.2 석유

석유는 주로 따뜻한 바다에 살았던 미생물의 잔해가 열과 압력을 받아 변화된 것이다. 석유는 천연에서 액체 상태로 산출되며 주로 탄소(83~87%), 수소(10~14%), 질소(0.1~2%), 산소(0.05~1.5%) 등으로 이루어진 탄화수소 혼합물이다. 석유는 중동지방에 가장 많이 매장되어 있다. 브리티시 페트롤륨 2005년도 자료에 의하면 중동지역 매장량은 7,420억 배럴에 이르며 이 중 사우디아라비아에만 2,500억 배럴이 매장되어 있을 것으로 추정된다. 또한 미국 에너지정보국(U.S. Energy Information Administration) 2009년 자료에 따르면, 러시아의 하루 원유 생산량은 9,934,000배럴, 사우디아라비아의 하루 원유 생산량은 9,760,000배럴, 그리고 미국의 하루 원유 생산량은 9,141,000배럴로, 세 나라의 생산량이 전 세계 원유 생산량의 34.9%를 차지한다. 반면, 2009년 하루 원유 수출량은 사우디아라비아가 7,322,000배럴로 가장 많으며 러시아가 7,194,000 배럴, 그리고 이란이 2,486,000배럴로 그 뒤를 잇는다. 석유는 램프용 기름을 대체하기 위한 목적으로 초기 상업적으로 이용되기 시작했으며 1859년 미국 펜실베이니아 주에서 세계 최초로 유정에서 석유를 산출했다. 그 후 증기기관 및 자동차와 트럭 등의 내연기관에 폭넓게 사용되기 시작하면서 오늘날에는 가장 중요한 에너지원이 되었다.

그림 2.2 석유

2.3 천연가스

천연가스(Natural gas)란 유전이나 탄광지역의 땅에서 분출되는 자연성 탄화수소 가스로 메탄가스나 에탄가스 등을 말하며 주로 유전근처에서 석유와 함께 발견된다. 지하에서 천연적으로 산출되어 지표 조건에서 기체상을 이루는 탄화수소물 및 비탄화수소 물질을 모두 일컫는다. 보통은 메탄을 주성분으로 하는 파라핀계 탄화수소로 구성된 가연성 천연가스(Inflammable natural gas)를 가리킨다. 천연가스의 양은 온도 화씨 60도(섭씨 15.6도), 압력 14.73 psia (pounds per square inch : 760 mm/Hg) 상태를 기준으로 계산된다. 이러한 천연가스가 가스전 내부의 압력으로 인해 액체 상태로 변하거나 산출된 가스에서 분리기로 분리, 회수된 액체 탄화수소를 콘덴세이트(Condensate)라고 부른다. 천연가스가 고체 상태로 부존되어 있으면 가스 하이드레이트(Gas hydrate) 또는 고체 천연가스라고 부른다. 천연가스가 부존된 광상(Mineral deposit)의 종류에 따라 구분한 개념으로서 유전 가스(Oil field gas)란 유전에서 원유와 함께 산출되거나 유리형 광상을 이루어 존재하는 천연가스를 말한다. 수용성 천연가스란 원유 또는 석탄의 광상을 갖지 않은 지층에서 주로 지층수 중에 용해된 채로 존재하는 가스를 말하고 탄전가스(Coal gas)란 탄층에서 생산되는 메탄가스를 말한다. 여타 물질과의 혼재 여부를 기준으로 구분되는 개념으로서, 수반가스(Associated gas)란 원유에 수반해서 지하에서 산출되는 천연가스를 말하며 유정에서 산출되는 가스이므로 유정 가스(Oil well gas) 또는 케이싱헤드 가스(Casinghead gas)라고도 부른다. 비수반가스(Non-associated gas)란 원유를 수반하지 않고 가스만 산출되는 천연가스로 원유로부터 유리되어 있다는 뜻에서 유리 가스 또는 자유 가스(Free gas)라고도 하며 가스정에서 산출되는 가스정 가스(Gas well gas)가 이에 해당된다. 19세기와 20세기 초만 하더라도 석유와 함께 산출된 가스는 태워서 없앴지만 오늘날에는 발전, 난방, 산업용 및 내연기관 등에 광범위하게 이용되고 있다. 또한 최근에 큰 주목을 받고 있는 셰일가스도 천연가스이다.

그림 2.3 천연가스

2.4 셰일가스

탄화수소가 풍부한 셰일 층(근원암)에서 개발, 생산하는 천연가스를 지칭한다. 셰일이란 우리말로 혈암(頁岩)이라고 하며 입자 크기가 작은 진흙이 뭉쳐져서 형성된 퇴적암의 일종이다. 셰일가스는 이 혈암에서 추출되는 가스를 말하는 것이다. 전통적인 가스전과는 다른 암반층으로부터 채취하기 때문에 비전통 천연가스로 명명되고 있다. 난방·발전용으로 쓰이는 메탄(70~90%), 석유화학 원료인 에탄(5%), LPG 제조에 사용되는 콘덴세이트(5~25%)로 구성되어 있다. 유전이나 가스전에서 채굴하는 기존 가스와 화학 성분이 동일하여 난방용 연료나 석유화학 원료로 사용할 수 있다. 보통 천연가스는 셰일 층에서 생성된 뒤 지표면으로 이동하여 한 공간에 고여 있는 것이지만, 셰일가스는 가스가 투과하지 못하는 암석층에 막혀 이동하지 못한 채 셰일 층에 갇혀있는 가스이다. 따라서 일반적 의미의 천연가스보다 훨씬 깊은 곳에 존재하고 있으며 암석의 미세한 틈 세에 넓게 분포되어 있는 것이 특징이다. 그렇기에 기존의 천연가스와 같은 수직시추는 불가능하지만 수평시추를 통해 채굴할 수 있다. 1800년대에 셰일가스가 발견되었음에도 불구하고 이와 같은 기술적 제약이 걸려 오랫동안 채굴이 이루어지지 못했다.

표 2.1 화석에너지의 종류 및 특징

화석에너지 종류	특 징
석탄	① 전 세계에 고루 분포되어 있다. ② 다른 화석 에너지보다 채취가 비교적 쉽다. ③ 채탄 후에 바로 연료로 사용할 수 있다. ④ 석유보다 발열량이 낮다. ⑤ 연소 시 다량의 대기 오염 물질을 발생시킨다.
석유	① 사용하기 편리하고, 취급이 간단하다. ② 발열량이 높고, 불순물이 적다. ③ 매장 지역이 편중되어 있다. ④ 환경을 오염시킨다.
천연가스	① 공기보다 가벼워 쉽게 날아간다. ② 공해 물질을 발생하지 않는다. ③ 장기적으로 안정적인 공급이 가능하다. ④ 폭발의 위험성이 비교적 적다.
셰일가스	① 천연가스의 특징을 가지고 있는 에너지이다. ② 각광 받고 있는 에너지이다. ③ 채굴이 비교적 어렵다.

3 석탄

3.1 개요

석탄은 지질시대의 육상 식물이나 수생식물이 수중에서 퇴적하여 매몰된 후 가열과 가압작용을 받아 변질하여 생성된 흑갈색이 가연성 암석이다. 국제석탄학회는 석탄 성분 내에 중량의 50% 이상의 탄소분이 함유되어 있어야 하고, 용적으로는 70% 이상의 탄소분이 함유되어 있어야 석탄으로 규정하도록 결정하였다. 탄화도에 따른 분류는 표 2.2와 같다. 탄소분이 60%인 이탄(토탄), 70%인 갈탄, 80～90%인 역청탄, 95%인 무연탄으로 나뉜다.

3.2 종류 및 특징

석탄을 형성하는 식물은 수생식물보다는 육생식물로서 석탄의 생성연대는 전 세계 탄전의 약 1/3이 고생대(5억～2억 년 전), 고생대 말(석탄기)이고 이 밖의 석탄은 중생대(2억년～5천만 년 전)와 신생대(5천만 년 전 이내)이다. 우리나라의 석탄은 선캄브리아기에 생성된 옥천계 석탄인데 탄질이 낮다. 또한 삼척, 정선, 호남, 강릉 탄전은 고생대와 페름기에 형성되었고 이밖에 중생대 쥐라기 시대 탄전이 있다. 석탄은 고체의 연소 가능한 퇴적암이고 수세기 동안 사용되어 왔음에도 화학적 성질은 완전히 이해되지 않은 상태이다. 석탄의 품질은 다음에 의해 결정된다.

① 열과 압력의 작용에 의해 고형화 된 식물의 유기성분이다.
② 식물, 침투수 및 주변의 지질학적 광물질로 이루어진 무기물질이다.

표 2.2 석탄의 종류에 따른 탄소분 양

탄소분 양	석탄 종류
60%	이탄(토탄)
70%	갈탄
80～90%	역청탄
95%	무연탄

석탄의 생성과정을 살펴보자면, 석탄은 석탄화 작용을 거쳐 생성된다. 식물이 말라죽은 후 공기와 접촉하면 부식이 일어난다. 그러나 식물체의 물질이 물에 잠겨 공기와 차단되면 부식이 진행되지 않고 긴 세월이 지난 뒤 이탄(炭)이 된다. 이탄이 지각 변동으로 지하에서 열과 압력을 받아 건류, 가압 작용을 일으키면 석탄이 된다.

석탄은 흑갈색의 광택을 내는 광물로서 물리적으로는 1.8 정도의 비중을 갖는 고체이며 화학적으로는 탄소화합물과, 수분 및 회분으로 구성되어 있다. 원소로서는 탄소, 수소와 산소로 구성되었고 비교적 적은 양의 질소와 유황분을 함유하고 있다. 그 외 유화철, 탄산마그네슘과 칼슘, 염화알칼리 등 미량의 원소를 함유하고 있다. 석탄을 연료 혹은 원료로 사용하는데 있어서 이러한 여러 가지 성분들은 취급상 또는 연소 및 사용에 여러 가지의 영향을 끼친다. 석탄의 장·단점은 다음과 같다.

장점

① 자원 양이 풍부하다.
② 미확인매장량(고품위탄 5조톤)이 있다.
③ 전 세계에 골고루 분포한다.

단점

① 취급하기 어렵고, 재, 유황분, 질소분이 많다.
② 액화, 가스화 기술 등 사용기술 개발 필요하다.
③ 해외 탄의 개발, 석회 탄의 처리 등이 필요하다.

석탄의 종류와 그 특징을 살펴보자면, 이탄(토탄)은 시간이 오래되지 않아 완전히 탄화되지 못한 석탄 종류의 하나이다. 부분적으로 분해된 식물의 집적체로 석탄이 만들어지는 첫 번째 단계에서 만들어지며 육안으로도 식물질의 구조를 확인할 수 있다. 연료로 사용은 가능하나 열량이 낮아 연탄의 원료로 사용되며 전체 화학성분 중 탄소성분은 70% 이하, 수분은 20~30%가 함유되어 있다. 갈탄은 이탄이 더욱 탄화된 것으로, 가정이나 기타 연료로 사용되는 가장 질이 낮은 석탄이다. 유연탄에 비해 탄화도가 낮고 때때로 수분함량이 66%가 넘어갈 정도로 많은 수분을 함유하고 있으며 재(회분)의 성분도 높다. 또한 점결성이 없으며 대기 중에 노출되면 수분이 증발되어 작은 조각으로 파쇄된다. 광물이 없는 축축한 상태의 갈탄은 대략 2,400~4,700 kj/kg의 열량을 가지고 있다. 아역청탄은 흑갈탄(Black lignite)라고도 하며 갈탄과 유연탄 사이의 중간등급에 해당하는 적갈색 또는 흑색 석탄을 말한다. 갈탄보다는 훨씬 단단하며 비교적 낮은 발열량을 갖고 있지만 황 함량은 매우 낮아 때로는 1% 이하이다. 따라서 미국 내에서는 석탄을 연료로 하는 발전소 중에서 유연탄을 아역청탄 및 낮은 황 함량을 갖는 갈탄으로 대체하는 경우가 증가하고 있는 추세이다. 유연탄(역청탄)은 무연탄에 대응되는 석탄의 분류 명칭으로 휘발성 물질의 함유량이 많으면 유연탄, 적으면 무연탄으로 구분하고, 유연탄은 연소 시 화염과 유색의 노란 연기를 발생시킨다. 즉, 휘발성 물질의 함량이 14% 이하이면 무연탄으로 명명하고 14%를 초과하면 유연탄으로 구분한다. 유연탄은 5,833 kcal/kg의 발열량을 가지며, 화력발전용으로 사용되나 국내에서는 생산이 되지 않아 전량 수입하고 있다. 유연탄과 관련된 주요한 환경문제는 대기 오염이다. 황 함유량이 중간 정도 또는 많은 유연탄은 연소되어 공기 중에서 이산화황을 방출하고 공기 중의 수분이 이산화황과 반응하여 황산이 되며 이것이 물방울과 섞여서 산성비가 되어 농작물에 피해를 주고 수질오염을 일으킨다.

따라서 최근에는 석탄을 사용하는 발전소는 황이 덜 포함된 아역청탄을 사용한다. 무연탄은 식물의 석탄화 작용이 가장 오래 진행된 고체 화석 연료로 흑색의 금속광택이 나는 단단한 석탄이다. 즉, 유연탄보다 탄화도가 더욱 진행된 석탄으로, 휘발분이 3～7%로 적고 고정탄소의 함량이 85～95%로 높다. 무연탄은 연소 시에 불꽃의 길이가 짧고 유기물 성분의 휘발분 함량이 많지 않기 때문에 연소 초기의 낮은 온도에서는 유색의 연기가 보이지 않는다. 또한 유황분 함량이 적고 연소 속도가 느려 주로 난방용으로 사용되고 있다. 그러나 일산화탄소 가스 발생으로 연탄가스 중독 사고의 원인이 되어 난방용으로는 사용량이 감소하였다. 국내에서 생산되는 석탄은 주로 무연탄이며 태백시, 정선군, 문경시, 보령시 등에서 채탄되고 있다.

3.3 석탄의 연소

① 화학연소반응

고체의 연소율은 단위면적당, 단위시간에 따라 반응하는 연료량 또는 거기에 필요한 산소량에 따라 변한다. 화학연소반응은 다음과 같은 순서로 진행이 된다.

산화제의 고체표면에의 수송 → 산화제의 고체표면에의 흡착 → 산화제와 고체연료와의 화학반응 → 연소생성물의 고체표면에서의 탈착 → 연소생성물의 고체표면에서의 수송

② 탄소 반응

$$C + \frac{1}{2}O_2 \rightarrow CO$$
$$CO + \frac{1}{2}O_2 \rightarrow CO_2$$
$$CO_2 + C \rightarrow 2CO$$
$$C + O_2 \rightarrow CO_2$$

③ 기타 반응

$$S + O_2 \rightarrow SO_2$$
$$H_2 + \frac{1}{2}O_2 \rightarrow H_2O$$
$$H_2O + C \rightarrow CO + H_2$$
$$CO + H_2O \rightarrow CO_2 + H_2$$

연소장치의 종류로는 미분탄연소 장치, 유동층 소각로, 스토커 소각로 등이 있는데 다음과 같이 특징을 살펴볼 수 있다. 미분탄연소 장치의 특징으로는 열

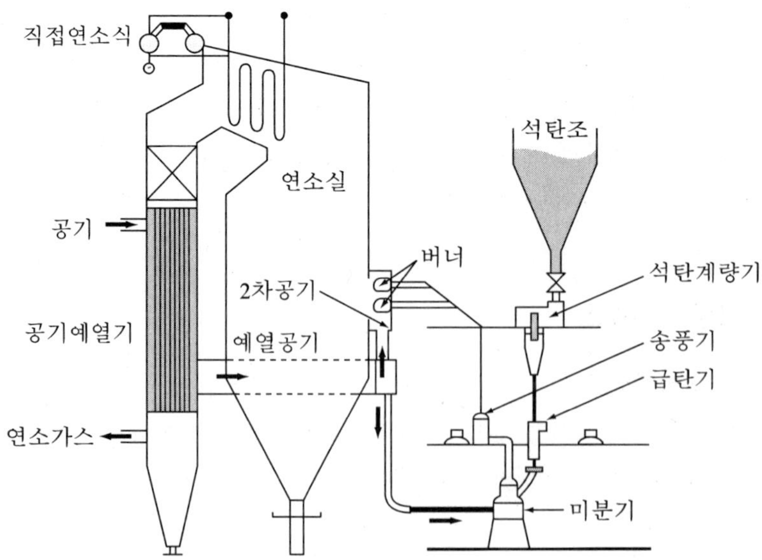

그림 2.4 미분탄연소 장치

전달이 좋고 짧은 시간 내 완전 연소하며 석탄을 미세하게 분쇄하기 위한 미부탄기, 이 미세한 분탄을 공기와 혼합시키기 위한 1차 공기 팬, 연소로에 보내기 위한 연소 파이프, 연소에 필요한 버너 및 2차 공기 팬 등 일련 장치로 되어 있다. 또한, 발전소용 대형 보일러에 사용된다.

유동층 소각로의 원리는 내화물을 내장한 수직 원통형 노체에 모래를 유동매체로 하여 2,000～3,500 mmH_2O의 압축공기로 유동층을 형성하고 700～800도로 가열된 모래에 의하여 투입된 고체연료를 순간적으로 건조, 소각시킨다. 유동층 소각로의 장·단점은 다음과 같다.

장점

① 반응속도가 빨라 소각시간이 짧다.
② 액상이나 습기가 많은 물질 및 고형물의 전소가 가능하다.
③ 소요부지가 다른 소각로에 비해 적게 소요된다.
④ 기계적 구동부분이 적어 고장률이 낮다.

단점

① 유동매체의 손실을 보충해야한다.
② 고형물의 크기가 클 경우 투입 전에 파쇄 해야 완전연소가 이루어진다.
③ 분진 발생률이 높다.

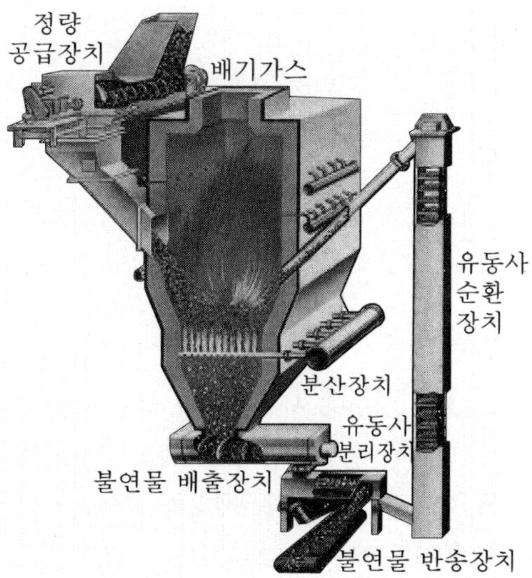

그림 2.5 유동층 소각로

스토커 소각로는 도시폐기물이나 대형 고형물을 연소하는데 보편적으로 적용되는 시스템이며 연소방식은 소각로 내에 고정화격자와 자동화격자를 설치하여 이에 소각물을 올려 태우는 방식이다. 스토커 소각로의 장·단점은 다음과 같다.

장점
① 운전이 용이하다.
② 톤당 처리비가 낮다.
③ 비산재 발생량이 적다.
④ 주로 대형에 사용한다.

단점
① 소각로 내 기계적 발생빈도가 높다.
② 감용률이 낮다(85～92%).
③ 정지, 가동시간이 길다(48시간 이상).

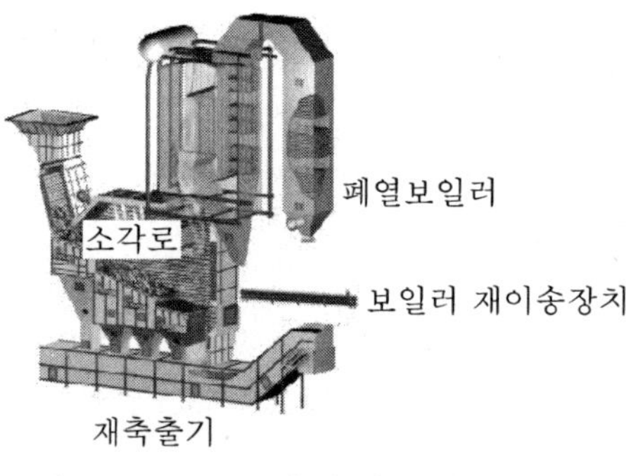

그림 2.6 스토커 소각로

3.4 석탄의 생산 및 이용

석탄들은 종류에 따라 화력 발전이나 각종 보일러, 난방용 등의 연료로 이용되고 있고 코크스를 만들어 철의 정련에 사용하거나 석탄가스, 콜타르로 변환하여 여러 가지 화학제품으로 만들어지기도 한다. 국제적으로 보면 에너지원으로 67%, 화학 등 산업 부문에 30%를 차지한다. 에너지원으로는 발전(發電)용, 열병합, 시멘트 제조 등이 있다. 석탄화학원료로는 코크스, 석탄가스, 콜타르, 합성천연가스 등이 있다.

① 코크스 : 제철용, 주물용, 카바이드 연료 제조용 등에 사용
② 석탄가스 : 코크스 제조 시 부산물로 산출되는 석탄가스는 도시가스용으로 사용
③ 콜타르 : 경유와 벤젠, 톨루엔, 나프탈렌 등 주요 화학제품 원료
④ 석탄의 탄소 원소를 원료로 합성천연가스(SNG : Synthetic Natural Gas)를 만들어 도시가스용, 가솔린, 제트유, 방향족 화학원료 등으로 사용

석탄의 생성과정으로는 크게 7단계로 나누어지며 다음과 같다.

① 탐탄 : 지하의 탄층부존 상태를 파악하고 탄층위치, 형태, 매장량, 열량 등을 확인하는 작업
② 개갱 : 지표에서 탄층까지 도달하는 통로를 개설하는 작업으로 수직갱도, 수평갱도, 경사진 갱도가 있다.
③ 굴진 : 지하에 사람이 통행하거나 자재, 석탄 등을 운반하고 통기 및 지하수를 배수하기 위한 통로를 구축하는 작업
④ 채탄 : 석탄을 캐는 작업으로 탄층으로부터 석탄을 절취하거나 붕괴시키는 작업
⑤ 운반 : 채굴된 석탄을 광차를 이용하여 갱도 밖으로 운반
⑥ 선탄 : 갱도 밖으로 운반된 석탄에서 암석, 이물질 등을 제거하면서 크기와 형태 및 탄질별로 분류하는 작업
⑦ 출하 : 전국 각지의 수요처에 철도, 선박, 차량 등으로 수송하는 작업

석탄 사용량은 발전용(68,668천톤) > 산업용(35,023천톤) > 가정상업용(1,308천톤) 순으로 되어 있으며, 민수용(가정 · 상업용) 소비의 비중이 가장 크고 지속적으로 증가했다. 민수용의 대부분은 가정 및 상점에서 난방용 연료였다. 민수용은 1970～1980년대에 무연탄 소비의 90% 가까이 차지하였으며, 또한 민수용 에너지의 60%를 차지한 것이 무연탄이었다. 무연탄은 다른 용도로 사용되기 어려워 산업용으로 사용되는 것은 미미하였다. 수송용 소비량은 증기기관차가 디젤기관차로 바뀌면서 사라졌으며 발전용으로 일부 사용되었으나 소비량은 1986년에 겨우 200만 톤을 넘어서는 정도에 불과했다.

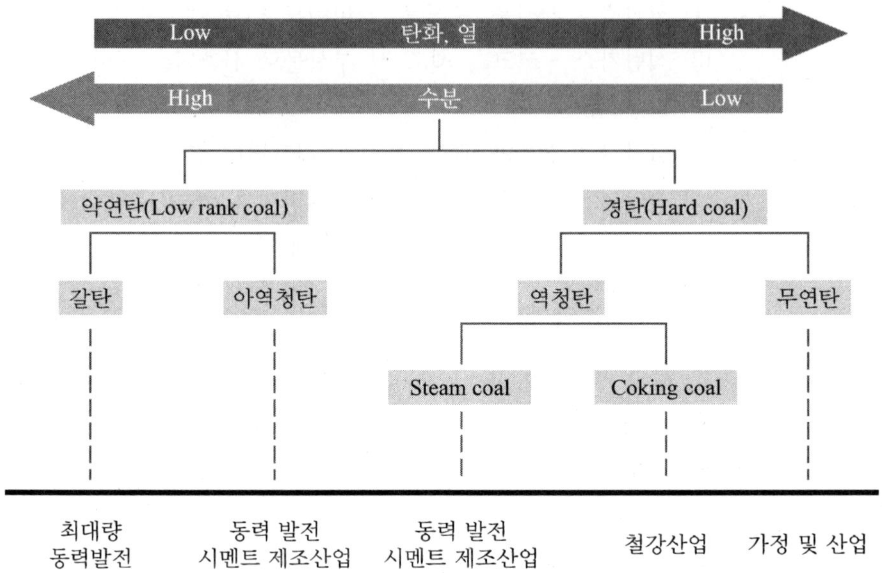

그림 2.7 석탄의 종류별 이용

3.5 석탄의 분포와 매장량

석탄은 전 세계 각 대륙에 고루 분포되어 있으며 매장량도 풍부한 편이다. 국제 에너지 기구가 실시한 최근의 조사를 보면, 높은 비용을 부담하지 않고 캐낼 수 있는 석탄의 양은 1조 톤에 달한다고 한다. 만약 현재 인류가 석탄을 소비하는 양과 속도를 그대로 유지한다면, 앞으로 약 230년 동안 사용할 수 있는 양이 매장되어 있는 셈이다. 석탄 매장량의 대부분은 미국, 러시아, 중국 등에 집중되어 있고 독일, 호주, 남아공, 인도 및 아프리카와 중동에도 어느 정도 매장되어 있다. 석탄의 질은 지역에 따라 차이가 심해서 매장량보다는 얼마나 질이 좋은 석탄이 매장되어 있느냐가 더 중요하다. 석탄의 매장량은 미국, 러시아, 중국 순이지만 생산량은 중국이 절반 정도를 차지하고 있고 미국, 인도, 호주가 뒤를 따르고 있다. 우리나라는 석탄의 매장량이 적기 때문에 주로 수입에 의존하는 편이다.

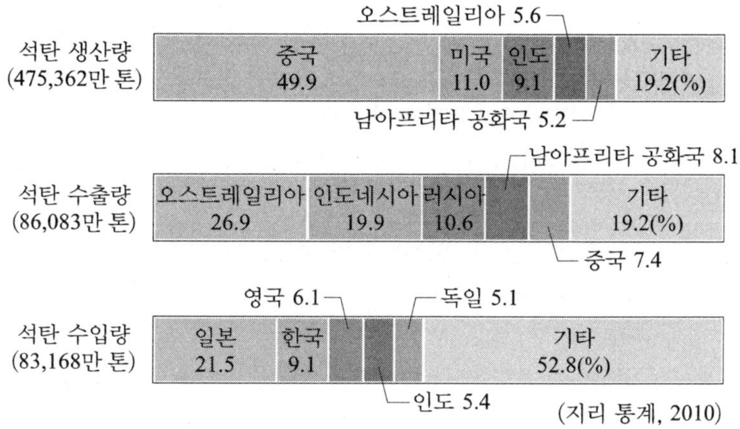

그림 2.8 석탄의 생산 및 수출, 수입 비율

3.6 석탄의 신재생에너지화 및 기술

환경오염이 세계적으로 문제가 되고 석유, 천연가스와 같은 에너지원이 고갈되어 가면서 이를 대비해 신재생에너지로 비교적 많이 매장되어 있는 석탄 그리고 원유를 정제하고 남은 잔재물인 중질잔사유 이용해 친환경적이고 효율 높은 에너지원으로 재탄생 시키는 석탄가스화·액화 기술이 각광받고 있다. 중질잔사유란 원유(정제하지 않은 석유)를 정제하고 남은 최종 잔재물로, 감압증류(낮은 압력에서 물질의 끓는점이 내려가는 현상을 이용한 분리법)시 나오는 감압잔사유 및 아스팔트와 열분해공정에서 나오는 코크와 타르 그리고 피치 등을 중질잔사유라고 한다.

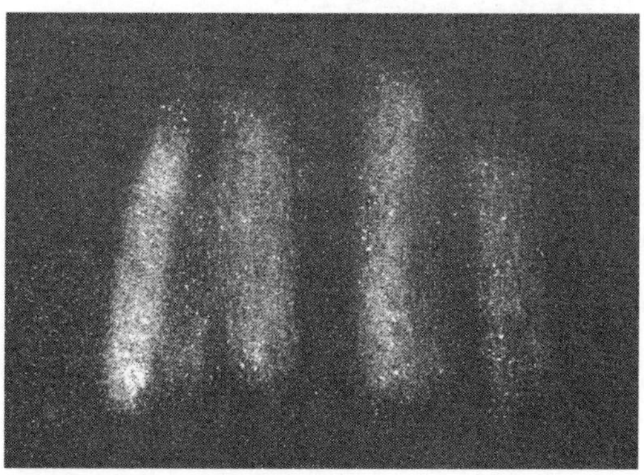

그림 2.9 중질잔사유

석탄가스화·액화 기술은 이름 그대로 '석탄가스화 방식'과 '석탄액화 방식' 두 가지가 있다. 석탄가스화 방식은 대표적으로 가스화복합발전기술(IGCC : Integrated Gasification Combined Cycle)이 사용되는데 이는 석탄, 중질잔사유 등의 저급원료를 고온·고압의 가스 화기에서 수증기와 함께 한정된 산소로 불완전연소 및 가스화 시켜 합성가스를 만들고 이를 정제공정을 거쳐 가스터빈(1차 발전) 및 증기터빈(2차 발전) 등을 구동하여 고효율, 친환경적 복합발전방식을 이용하는 기술이다.

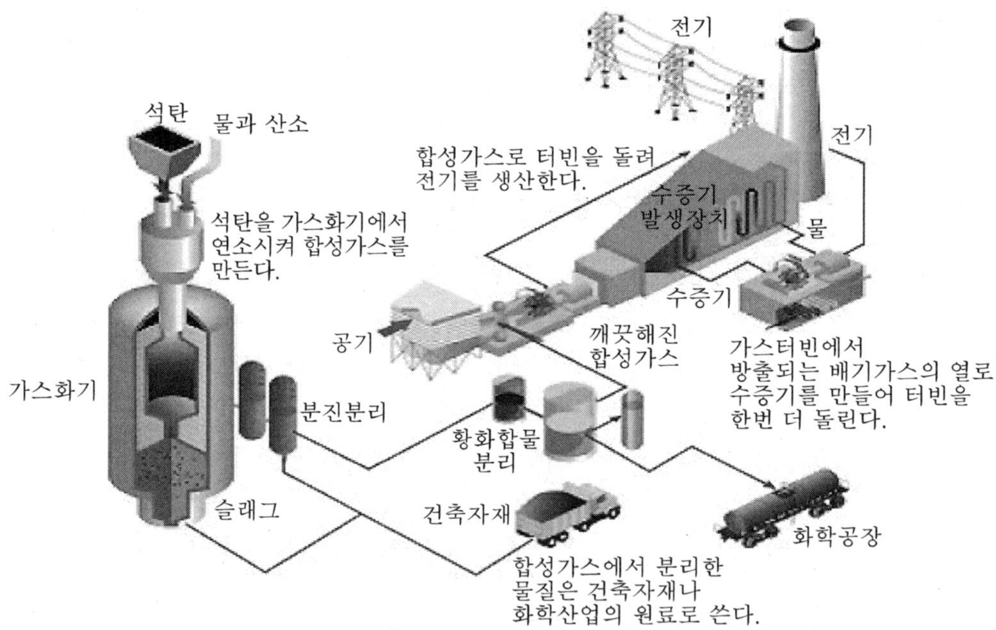

그림 2.10 석탄가스화 복합발전 공정흐름도

1) 석탄가스화 기술

석탄을 고온·고압 상태의 가스 화기에서 한정된 산소와 함께 불완전 연소시켜 CO와 H_2가 주성분인 합성가스를 생성하는 기술로 전체 시스템 중 가장 중요한 부분이다. 석탄 종류 및 반응조건에 따라 생성가스의 성분과 성질이 달라지며 건식가스화 기술과 습식가스화 기술이 있다.

2) 가스정제공정

생성된 합성가스를 고효율 청정발전 및 청정에너지에 사용할 수 있도록 오염가스와 분진(H_2S, HCl, NH_3 등) 등을 제거하는 기술이다.

3) 가스터빈 복합발전 시스템(IGCC)

정제된 가스를 사용 1차로 가스터빈을 돌려 발전하고 배기가스 열을 이용하여 보일러로 증기를 발생시켜 증기터빈을 돌려 발전하는 방식이다.

4) 수소 및 액화연료 생산

연료전지의 원료로 사용할 수 있도록 합성가스로부터 수소를 분리하는 기술과 생성된 합성가스의 촉매 반응을 통해 액체연료인 합성석유를 생산하는 기술이다.

석탄액화 방식은 고온·고압 상태의 석탄에 용매를 첨가하여 전환시키는 직접액화 방식 또는 석탄가스화 촉매 상에서 액체연료로 전환시키는 간접액화 방식을 이용하여 석탄을 휘발유 및 디젤과 같은 액체연료로 전환하는 기술이다. 석탄 가스화·액화는 석탄을 이용한 가스화 복합발전기술은 기존 석탄 화력발

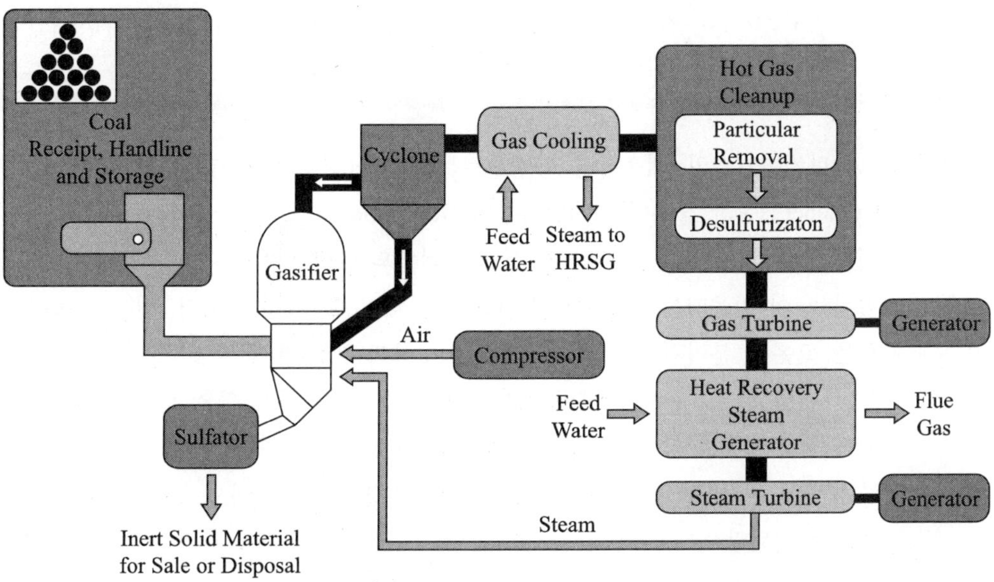

그림 2.11 석탄가스화

전소 대비 발전효율이 높고 친환경적(황산화물 90% 이상, 질소산화물 75% 이상, 이산화탄소 25% 저감)일 뿐만 아니라 석탄 외에 중질잔사유, 바이오매스, 폐기물 등 다양한 연료로 에너지를 얻을 수 있다는 특징이 있다. 이는 천연자원이 부족한 우리나라의 입장에서는 에너지를 비교적 안정적으로 수급할 수 있게 된다는 것을 의미한다. 석탄가스・액화기술의 장・단점은 다음과 같다.

장점

① SO_x를 95% 이상, NO_x를 90% 이상 저감하는 환경 친화적인 신재생에너지
② 사용가치가 적은 석탄을 이용해 고효율적인 에너지를 생산할 수 있다.
③ 앞으로 기술이 더 발전하면 생산 비용 또한 절감이 가능하다.
④ 다양한 저급연료(석탄, 중질잔사유, 폐기물 등)를 활용한 전기 생산 가능, 화학플랜트 활용, 액화연료 생산 등 다양한 형태의 고부가가치의 에너지화
⑤ 석탄을 액화시킨 뒤 가스로 만들어서 파이프로 수송할 수 있기 때문에 수송이 편리하고 운송비용 부담이 줄어든다.

단점

① 그 석탄 가스화 및 액화를 뽑아낼 설비를 구성하는 비용이 많이 든다.
② 소요면적이 넓고 시스템 비용이 고가이므로 투자비가 높은 대형 장치산업으로만 개발이 될 수 있다.
③ 제어가 복잡하여 설비최적화, 고효율화 및 저비용화가 요구된다.
④ 석탄을 가스화 시키고 액화의 과정을 거칠 때 어쩔 수 없이 발생하는 공해도 풀어야 한다.

석탄액화기술의 대표적인 공정으로는 Kohleoel공정, CTSL공정 등이 있다. Kohleoel공정의 경우에는 석탄가루가 'Red-mud'로 불리는 일회용 촉매와 섞여 재순환된 액화유에 슬러리화 된 상태로 가열되어 반응기 안으로 수소와 함께 주입된다. 이 반응기는 원통형으로 300기압, 470도로 유지가 된다. 반응기 출구물질은 고온의 분리기에서 상단부 시상생성물과 아래의 액상생성물로 분리된다. 상단부 생성물은 수소화처리반응기를 거친 후에 첫 번째 저온 분리기에서 분리되어 액상 물질은 용매용도로 재순환되고 상단부 물질은 두 번째 저온 분리기로 보내진다. 두 번째 분리기의 액상 하단부 물질은 증류탑에서 LPG, 등유 및 경유로 분리된다.

CTSL공정의 첫 번째 반응기에서 배출되는 반응물 전체가 두 번째 Ebulated bed 반응기로 주입되어 석탄분해와 수소화 반응이 발생된다. 두 번째 반응기의

온도는 430~440도로 높은 온도로 유지된다. 반응기 출구물질은 상압증류탑에서 비등점 400도까지 유분과 탑저제품으로 분리된다.

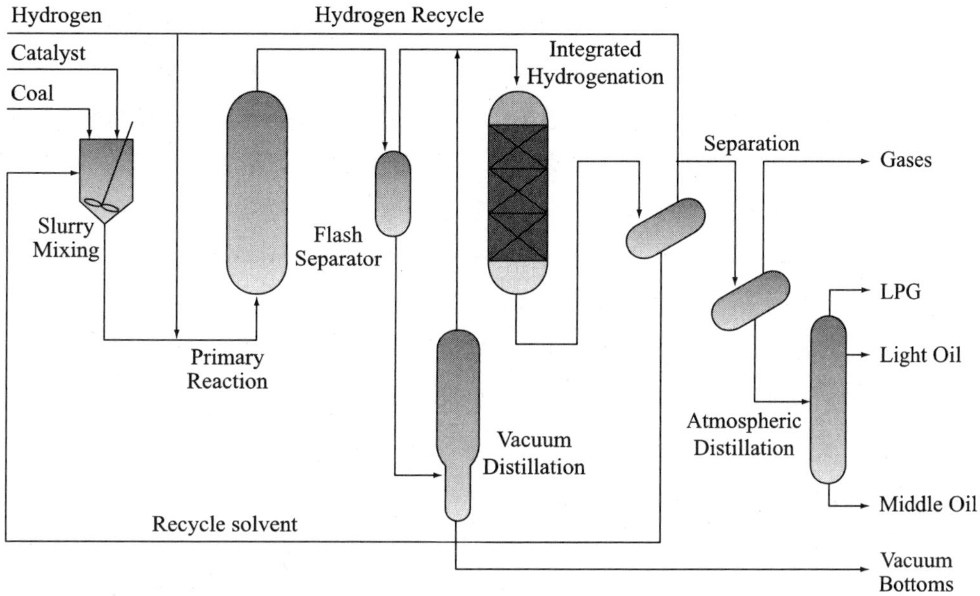

그림 2.12 Kohleoel공정

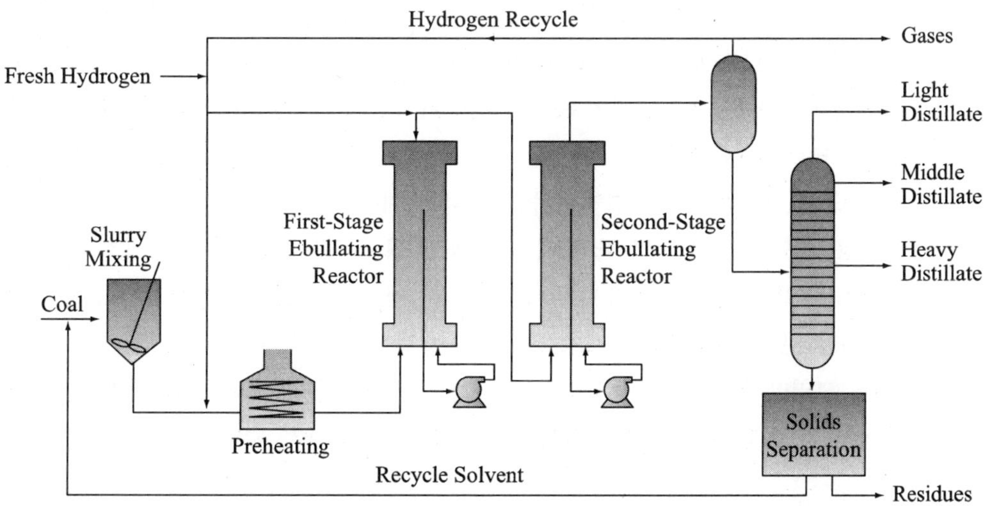

그림 2.13 CTSL공정

3.7 석탄 액 · 가스화 국 · 내외 동향

1) 국내 시장동향

석탄액화의 경우는 1960년대에 들어서 석탄의 액화반응기구가 규명되기 시작하며 보다 경제적이고 완화된 반응조건 하에서 석탄액화유의 제조가 가능해졌고 두 차례에 걸친 석유파동 이후 석탄액화에 대한 관심이 높아졌다. 국내에서도 1990년대에 산학연을 중심으로 석탄직접액화분야기술개발에 대한 연구와 석탄과 폐타이어 및 폐플라스틱의 공동 직접액화연구에 관한 연구가 수행되었다. 그러나 상용플랜트의 수만 배럴/일 규모에 비하면 국내 반응기 규모는 1배럴/일 이하의 규모이다. 한국에너지기술연구원은 2007년부터 15배럴/일 규모의 간접액화 통합공정 개발을 진행 중이고 10톤/일 규모 석탄가스화설비에 연계된 석탄액화 파일럿 설비를 구축하고 운영 중에 있다. 장기적으로는 2030년까지 국외 CTL 건설 시장 일부를 국산으로 공급할 계획이다.

2) 국외 시장동향

중국의 쉔화그룹은 직접액화 이외에도 남아공 Sasol사와 합작으로 9만 배럴/일 규모의 간접액화공장 건설을 추진하여 정부의 승인을 요청하였지만 중국정부는 승인을 거부하였다. Sasol－쉔화 프로젝트 외에도 중국정부는 액화기술 불완전성, 막대한 자금, 석탄 공급 부족, 물 부족 및 CO_2 발생 등의 문제로 거의 모든 석탄액화사업의 중지를 명령하였다. 하지만 간접액화 실증사업으로 4,000 배럴/일 규모로 쉔화사, Yitai사 및 Luan사 각각 3개의 데모급 공장이 조업 중에 있다. 중국 내에 국립연구소인 Institute of Coal Chemistry에서 개발한 기술을 바탕으로 Synfuels China라는 회사가 설립되어 상기 3개 회사에 액화기술을 제공하였다. 중국의 간접액화기술은 철 촉매를 사용한 저온 FT공정을 슬러리 반응기를 이용하여 구현한 형태이다. NDRC는 최근에 석탄액화에 대한 제한 정책을 완화할 것으로 알려져 있다. 석탄직접액화의 경우에는 쉔화사는 현재의 연 100만 톤 액화유 생산 규모를 2단계에 걸쳐 연 500만 톤 규모로 확장할 계획이다. 그러나 최근 완공된 공장의 기술적인 문제점이 해결되고 정부의 허가를 얻어야 다음 단계로 넘어갈 것이나 아직은 결정된 바가 없다.

4 석유

4.1 개요

원유의 조성은 유전의 위치나 차이에 따라 각양각색이다. 일반적으로 주성분이 탄화수소이며 그밖에 약간의 질소, 유황, 산소 등의 화합물이나 극소량의 금속 화합물을 함유하고 있다. 탄화수소란 그 조성이 탄소와 수소만으로 된 화합물로써 유기 화합물의 모체를 이룬다. 탄화수소는 다음과 같이 분류된다. 탄화수소에는 사슬형과 고리형이 있는데 사슬형은 파라핀, 올레핀계, 아세틸렌계, 디올레핀계 등이 있으며 고리형에는 납센계, 방향족 등이 있다.

그림 2.14 탄화수소의 분류

석유(Petroleum 또는 Oil)란 천연적으로 산출되는 액체 탄화수소의 혼합물로서 동식물유와 구별하여 광유라고 부르기도 한다. 석유를 천연적으로 산출된 것과 이를 정제한 것으로 구별하는 경우, 전자를 원유(Crude oil)라고 하고, 후자를 석유 제품(Petroleum products)이라고 부른다. 아직도 일부에서는 등유를 석유라고 부르고 있는데, 이는 등유가 석유 제품의 주종을 이루던 시대의 명칭으로서 등유는 어디까지나 석유 제품 중의 하나이다. 석유는 지하에서 채취된 그대로의 상태에서는 여러 종류의 탄화수소를 주성분(94~98%)으로 하고 미량 성분으로서 황, 질소, 금속 등을 함유하고 있으며, 또 불순물로 수분, 가스 분을 함유하고 있다. 따라서 수출 또는 정유 공장으로 이송에 앞서 보통 간단한 처리를 거쳐 수분, 가스 분을 제거하는데 이 단계까지의 것을 원유라고 부른다. 이 원유를 정제 공정을 거쳐 각각 이용 목적에 따라 여러 가지 제품을 만들어 내는데 이를 석유 제품이라고 부른다. 석유의 주성분인 탄화수소는 종류가 매우 많고, 또 가공에 의해 거의 무한대로 분자 구성의 변화가 가능하기 때문에 석유는 다른 물질에서는 볼 수 없는 광범한 용도를 갖고 있다. 석유는 또한 화석 연료(Fossil fuel)라고도 불리어지는데 이는 땅속에 퇴적된 유기물이 변성되어 생겼다고 하는 개념에서 유래된 말이다. 그리고 원유와 마찬가지로 지하에서 천연적으로 산출되는 가스 상태의 탄화수소를 천연 가스(Natural gas)라고 하는데, 천연 가스는 원유 속에도 소량 용해되어 있으며 또 고체인 파라핀 왁스도 원유에 함유되어 있다. 그밖에 아직 국제적으로 확립된 정의는 없지만 천연 가스(원유 수반 가스 포함)로부터 LNG 및 LPG를 제조하는 과정에서 병산되는 액화물을 의미하는 NGL (Natural Gas Liquid : 천연 가스 액화물)이 있으며 지하에서는 기체 상태로 존재하다가 지상에 나올 때 응축되어 액체 상태로 바뀌는 응축성 원유(응축유)인 콘덴세이트가 있다. 이 콘덴세이트는 초경질유를 말하며 단독으로 사용되기보다는 중질원유와 혼합하여 정제하는 것이 일반적이다.

석유의 생성과정은 다음과 같이 볼 수 있다. 석유는 수억 년 전에 살았던 생물체의 사체가 바다 밑이나 호수 밑에 퇴적되고 그것이 지압과 지열의 작용을 받으며 오랜 세월 동안 생물의 유해가 분해되고 변화하며 탄화수소로 변성되면서 생긴 것이다. 이렇게 만들어진 석유는 지하의 압력에 밀려 위로 올라오다가 땅 속의 암석층에 가로막히고 암석층 내 미세한 공간에 고이는 것이고 이러한 공간을 저류층이라고 한다. 지하 깊은 곳의 빈 공간에 액체 상태로 있는 석유는 원유, 기체 상태로 있다면 가스로 분류한다. 대부분의 원유는 퇴적분지의 깊이가 2천~3천 m 되는 지층에 존재하며 틈이 많고 침투성이 높은 암석 '저류암' 내에 물과 함께 고여 있다. 역암, 사암, 원래 구멍이 많은 탄산염암 등이 저류암 역할을 한다.

4.2 석유의 특성

원유는 독특한 냄새를 풍기는 물보다 가벼운 암녹색 또는 흑갈색의 끈적끈적한 액체로 여러 가지 탄화수소 화합물을 주성분으로 하고 있다. 주성분이 탄화수소라는 점에 있어서 천연가스와 함께 탄화수소연료라고 부르기도 한다. 또한

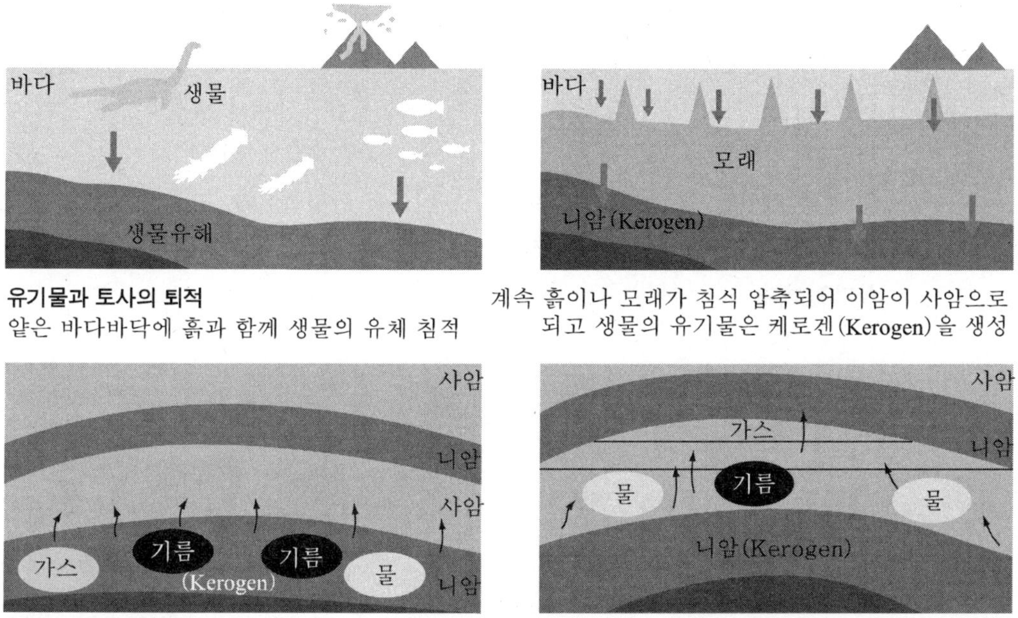

유기물과 토사의 퇴적
얕은 바다바닥에 흙과 함께 생물의 유체 침적

계속 흙이나 모래가 침식 압축되어 이암이 사암으로 되고 생물의 유기물은 케로겐(Kerogen)을 생성

숙성, 석유의 생성
계속 침적, 지온의 열작용을 받아 케로겐(Kerogen)이 분해하여 기름, 가스, 물이 발생

석유의 이동, 집적(배사트랩)
기름, 가스, 물은 다공의 사람으로 이동, 부력순으로 높은 곳(배사트랩)에 저장되어 유천을 형성

그림 2.15 석유의 생성과정

생성에 따른 분류로서 석탄(Coal)과 함께 화석연료(Fossil fuel)에 포함된다. 탄화수소분자는 종류가 매우 많고 가공에 의해 용도에 맞게 거의 무한대로 분자 구성의 변화가 가능하다. 간단한 CH_4(메탄을 나타내는 탄소원자 하나와 수소원자 4개로 구성된 것)에서부터 수백 개의 원자를 갖고 있는 다양한 화합물을 만들 수 있다. 즉, 분자 등의 원자수와 위치를 바꾸기만 해도 어느 화합물을 다른 화합물이나 수천가지의 새로운 화합물로 변화시킬 수 있다. 이러한 무궁무진한 유용성으로 인해 화학 공업의 원료로 광범위하게 사용될 수 있다. 또한 여러 가지 탄화수소의 혼합물로 되어 있기 때문에 단일물질과는 달리 일정한 비등점이 없으며 일정한 증류범위를 갖고 있다. 따라서 원유를 정제하는 가장 단순한 공정은 원유 중의 경질성분과 중질성분을 나누어 취득하는 증류의 작업이다. 이 밖에 석유는 전기 전도율이 매우 낮아서 다른 불순물을 함유하지 않은 순수한 석유일수록 절연성이 높다. 석유는 열량이 높고 불순물이 적어 완전 연소되어 내연 기관의 연료로 쓰일 뿐 아니라 취사용, 등화용, 각종 보일러의 열원으로서

광범위한 용도를 갖고 있다. 그리고 액체이기 때문에 개발에서 사용에 이르기까지 취급이 간편하다. 석유는 유정에서 채굴·생산되어 지상에 설치되어 있는 파이프라인을 거쳐 목적 장소에 도달하게 되고 정유공장에서 정제과정을 거쳐 여러 가지 석유제품으로 나온다. 석유는 개발에서 제품에 이르기까지 연속 조작 및 자동 제어가 쉽고 정제 및 수송비도 비교적 안정적이다. 또 석유제품은 원유에서 연쇄적으로 생산되는 연산품이기 때문에 특정 석유제품만을 생산하기는 불가능하다.

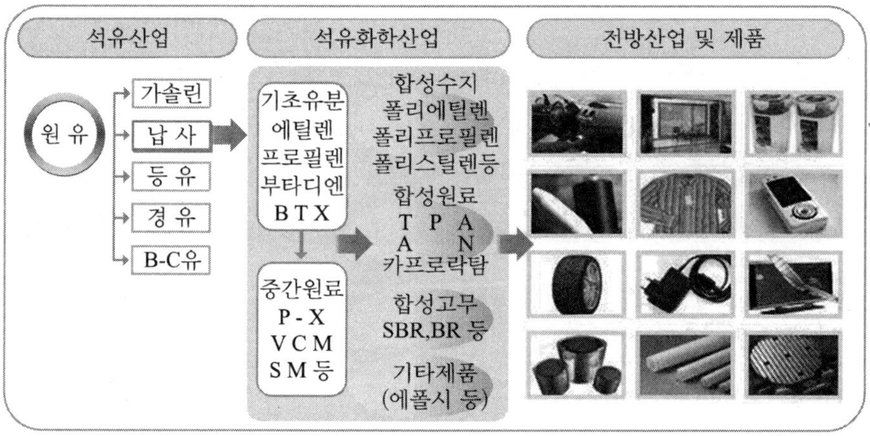

그림 2.16 석유의 특성

석유의 물리적 특성으로는 비중, 비등점, 점도, 발열량 등을 볼 수 있다.

① 비중 (Gravity)

석유는 산출되는 유전에 따라, 또 매장된 지층에 따라 성상에 차이가 있다. 일반적으로 석유는 독특한 냄새를 풍기는 물보다 가벼운 암녹색 또는 흑갈색의 액체로서 비중은 0.65～0.95 정도이다. 보통 비중은 섭씨 4도의 물에 대한 섭씨 15도의 석유 질량의 비(15/4°C) 또는 화씨 60도의 물에 대한 화씨 60도의 석유 질량의 비(60/60°F)로 나타낸다. 일반적으로 비점 범위가 같을 때는 파라핀계 < 납센계 < 아로마틱계의 순서로 비중이 높아진다.

② 비등점 (Boiling point)

석유의 물리적 성질 중에서 가장 중요한 것은 비등점이다. 석유는 여러 가지 탄화수소의 혼합물로 되어 있기 때문에 단일 물질과는 달리 일정한 비등점은 없고 일정한 증류 범위를 갖고 있다. 일반적으로 비중이 가벼운 석유일수록 저비등점의 성분이 많으며 일정한 온도범위에서 유출되는 성분의 양은 유종에 따라 다르다. 원유를 정제할 때 최초의 공정은 이 증류 범위의 구분에 따라 원유 중의 경질 성분과 중질 성분을 나누어 취득하는 증류 작업이며 다른 석유 정제의 대부분의 공정에도 이 같은 공정이 부수되어 있다.

③ **점도 (Viscosity)**

점도는 유체가 움직일 때의 내부 저항을 뜻하는데, 석유 제품의 성질로서 중요시되어 분류항목의 기본이라 할 수 있다. 석유류의 점도는 일반적으로 비중과 온도에 따라 변화하며 비중이 클수록 점도는 커지지만 동일 비중의 것이라도 그 성분에 따라서는 반드시 동일 점도를 나타내지는 않는다. 동일 점도는 센티스토크(cSt)단위로 표시하면 1cSt = 1 mm^2/sec 관계가 있다. 또한 측정 온도도 기재 되어야 한다.

④ **발열량 (Caloric value)**

순수한 탄화수소는 중량을 기준으로 비중이 클수록 발열량이 작고 수소 함유량이 클수록 발열량은 커진다. 발열량에는 총발열량(Gross)과 순수발열량(Net)이 있고, 이것은 연소에 의해 조성된 물(액체)이 수증기(기체) 상태에 있는지, 액체 상태에 있는지에 따라 생성된 물의 증발 잠열까지 가산하면 총발열량이고, 생성된 수증기가 응축되지 않고 배출되었을 때는 그 잠열이 계산되지 않음으로 순수 발열량이라 한다. 순수 발열량의 측정은 총발열량을 측정하는 동시에 수소 함유량을 별도로 측정하여 연소 시 조성된 물(수증기)의 양을 계산해야 한다. 그리고 발열량은 보통 파라핀계 석유가 발열량이 높고, 올레핀계, 나프틴계, 방향족의 순으로 나타난다.

석유의 화학적 특성(Property)으로는 파라핀계 탄화수소, 납센계 탄화수소, 아로마틱계 탄화수소, 올레핀계 탄화수소 등이 있다.

① **파라핀계 탄화수소 (분자식 C_nH_{2n+2})**

노말파라핀은 탄소와 탄소가 선형으로 연결된 사슬형 파라핀이다(n값 대입).
메탄(n=1), 에탄(n=2), 프로판(n=3), 부탄(n=4), 펜탄(n=5), 헥산(n=6), 헵탄(n=7), 옥탄(n=8), 노난(n=9), 데탄(n=10)

이소파라핀은 사슬형 파라핀의 탄소가 가지를 친 파라핀(이소부탄)이다. 이들 파라핀은 비교적 안정적이여서 가혹한 조건하에서 또는 특정 촉매를 사용하여야만 화학적인 변화를 받는다. 부탄까지는 상온에서 기체 상태이고 펜탄부터는 액체이다. 탄소수가 증가할수록 파라핀의 이성체(Isomer)는 급격히 증가하며 탄소수가 12개면 파라핀 이성체는 이론적으로 355개가 존재할 수 있다.

② 납센계 탄화수소(분자식 C_nH_{2n})

고리형(collar)구조를 가지고 있으며 앞쪽에 사이클로(CYCLO－)를 붙여 명명한다.

③ 아로마틱계 탄화수소(분자식 $C_{10}H_8$ 또는 $C_{14}H_{10}$)

6각형 구조를 가지고 있으며 가장 간단한 물질은 탄소수 6개인 벤젠이다. 방향족 물질 중 가장 간단한 물질들은 벤젠, 톨루엔, 자일렌 등이고 이들은 중요한 석유 화학원료로 사용된다. 납센을 탈수소하여 수소를 방출하면서 아로마틱 물질이 생성되는데, 이 반응은 고온에서 촉매의 존재 하에서 이루어진다.

④ 올레핀계 탄화수소(불포화탄화수소, 분자식 : C_nH_{2n})

올레핀은 파라핀족의 탄소와 탄소간의 연결 결합 중에서 한 개가 이중 결합으로 존재하는 탄화수소이며 반응성이 매우 높은 화학 물질로서 수소를 첨가하면 파라핀으로 변환된다. 올레핀 중 가장 간단한 물질은 탄소수 2개인 에틸렌으로 보통 석유 화학에서 납사를 고온에서 열분해하면 얻을 수 있다. 에틸렌은 반응성이 우수하여 각종 석유 화학 제품의 합성원료로 사용되며, 중합 반응에 의하여 고분자 물질인 폴리에틸렌을 생성할 수 있다.

4.3 원유의 분류

1) API 도에 의한 분류

원유는 API (American Petroleum Institute) 비중에 따라 중질(重質) 원유, 중질(中質) 원유, 경질(經質) 원유 등으로 구분된다.

① API 30 이하 : 중질(重質) 원유(이라니안 헤비, 챔피언, 유화 등) (0.8762

이상)

② API 30～34 : 중질(中質) 원유(마질라, 라부안, 아라비안 라이트, 다찡, 오만 등) (0.8762～0.8545 이상)

③ API 34 이상 : 경질(經質) 원유(머반, 빈투루, 어퍼자쿰, 쿼터랜드 등)

2) 화학적 성분에 의한 분류

① 파라핀기 원유(paraffin crude, －基原油)

이 원유는 성분 중에 파라핀계 탄화수소가 많아 휘발유의 옥탄가는 낮으나 경유분의 세탄가는 높다. 중유분은 비교적 응고점이 높아 WAX 성분을 제거함으로써 고품질의 윤활유를 제조할 수 있다. 아라비안 라이트, 펜실베니아 원유, 대경 원유가 이에 속한다.

② 납센기 원유

이 원유는 성분 중, 납센계 탄화수소를 비교적 많이 함유하고 있고 아스팔트분이 많기 때문에 아스팔트기 원유라고도 부른다. 이 원유로 제조한 휘발유분은 옥탄가가 높은 반면에 경유분의 세탄가가 낮다. 캘리포니아 원유, 이라니안 헤비가 이에 속한다. 그리고 중간기 원유는 위 2개 원유의 중간 성상의 원유이며 중동산 원유 대부분이 이에 속하며 황 함량에 의한 분류는 다음과 같다. 1% 이하인 것은 저유황 원유(마질라, 머반, 라부안, 빈투루, 챔피언, 유화 등), 1～2%인 것은 중유황 원유(쿼터랜드, 오만, 이라니안 헤비, 아라비안 라이트 등), 2% 이상인 것은 고유황 원유(포로잔, 아라비안 미디움 등)로 분류된다.

4.4 원유의 증류

원유의 정제 과정을 살펴보면, 우선 원유에 포함되는 진흙, 수분, 염분 등의 불순물이 분리가 되면, 가열로에서 330～350°C로 가열되며 상압증류장치의 증류탑(토퍼)이라고 불리는 탑의 하부로 이송된다. 증류탑은 거의 상압으로 유지되고 있기 때문에 가열로보다 압력이 낮고 상부로 가는 만큼 저온이 되기 때문에 비점이 낮은 가벼운 성분과 하부에서의 비점이 높은 무거운 성분이 분리된다. 이 과정을 증류라고 하며 그 성분을 유분이라고 한다. 품종별로는 증류탑의 최상부에서 석유 가스(LPG) 유분이 그 아래로 납사 유분과 가솔린 유분, 등유 유분, 경유 유분 등의 순으로 나오고 이 과정을 거쳐 가장 무거운 것으로 남은 찌꺼기가 주로 아스팔트에 이용이 된다.

1) LPG (Liquefied Petroleum Gas)

액화 석유 가스는 약칭하여 LP 가스로 불리며 이것은 프로판과 부탄으로 구분된다. 석유 유분 중 탄소수가 1~4개인 가벼운 탄화수소는 상온과 상압 하에서 기체 상태로 존재하나 인위적으로 액화시키기 쉬운 탄소수 3개(프로판), 4개(부탄)에다 적정 압력을 가하여 액화시킨다. 이처럼 액화 시키는 이유는 기체 상태일 때보다 부피가 1/240에서 1/280로 줄어들어 저장, 수송, 취급에 편리하기 때문이다. 일반적으로 가정이나 음식점 등에서 사용하는 LPG는 용기 속에 프로판이 액체로 들어 있다가 용기에 부착된 압력 조정기(Regulator)를 통과하여 상압인 대기로 나올 때 가스로 상태변화 후에 불이 붙는 것이다. 그리고 자동차에 연료로 사용되는 부탄은 가스 조정기(Vaporizer)를 통과하여 기체화되는 것이다. 또한 소형 가스버너에 탈착식으로 사용되는 것도 부탄이 액체 상태로 작은 통 속에 들어 있는 것이다. 그러나 LPG(액화석유가스)는 순수한 프로판 및 부탄만 액화된 것이 아니라 냄새나 안전, 동(하)절기 사용 편의성을 위해서 프로판에는 약간의 부탄이, 부탄에는 약간의 프로판이 섞여 있으며 그 이외의 경질 탄화수소도 약간씩 혼합되어 있다. LPG의 액체 비중은 프로판이 0.51(부탄은 0.58)로 거의 물의 1/2 무게이다. 그러므로 가정용 10 kg의 프로판 용기 속에는 약 20 L의 액상 프로판이 들어있는 셈이다. 또한 프로판의 가스 밀도는 15.6°C에서 1.86 kg/m^{3}이므로 이 온도에서 10 kg의 프로판이 전부 기화하면 약 5.3 m^{3}의 가스가 연료로 된다. 그러므로 액체 프로판 1 L이 기화하면 약 270 L의 가스상 프로판이 된다. 참고로 프로판의 기체 부피는 액체 부피의 273배, 부탄의 기체 부피는 액체 부피의 238배이다. 그 이외의 LPG 특성으로는 무색무취이며 공기보다 1.5에서 2배 무겁기 때문에 용기 밖으로 LPG가 누출되면 주변 바닥에 깔려 있게 되므로 질식사고가 날 수 있고 이를 예방하기 위해 통풍을 해주어야 된다. 이보다 더 위험한 것은 실내 바닥에 고여 불꽃으로 인화 폭발할 염려가 있어 액화 석유 가스의 안전 및 사업 관리법에 따라 그 존재가 명백하게 확인되도록 냄새나는 물질을 혼합하여야 한다. 현재 HEC 인천 공장에서는 에틸머캅탄(C_2H_5SH)을 부취제로 사용하고 있다.

2) 항공유

① JETA-1 (민간용)

제트 연료유는 영국에서 제트 엔진이 실용화된 초기에 보통 등유가 사용되었다. 이것은 엔진의 구조상 특히 높은 휘발성을 필요로 하지 않고 안티녹성도 고려할 필요가 없어서 고공에서 저압, 저온이 되기 때문에 증기 폐쇄를 일으키기 어렵고 응고되지 않는 점 때문에 등유 유분을 연료로 사용하게 된 것이다. 그밖에 큰 이유로는 등유의 시장성, 즉 비교적 품질이 안정되었으며 비교적 싼값으로 많은 양을 쉽게 구할 수 있기 때문이다. 미국의 민간 항공업계에서는 처음부터 영국을 따라 등유형인 제트 연료유를 많이 사용하고 있고 현재도 이런 경향은 계속되고 있다. 우리나라에서는 항공기의 대부분이 미국산이며 민간 항공기는 엔진에 따라 다르나 JETA-1이 사용되고 있다.

② JP-8 (군용)

미국이 최초로 사용한 제트 연료유는 미국 군용 규격인 MIL-F-5616에 규정된 JP-1이라는 것인데, 이는 고도로 정제된 등유 유분으로서 특히 석출점을 −60°C 이하인 저온으로 규정한 것이다. 그러나 JP-1은 비점 범위가 높기 때문에 원유로부터 수율이 적어 충분히 공급할 수가 없었기 때문에 이에 대신할 JP-3이 생산되었다. 이는 휘발유와 등유 유분을 합한 비점 범위를 갖고 있으며, 더욱이 리드 증기압이 항공 휘발유와 같은 정도로서 이른바 휘발유형으로 명명되었다. 그러나 이것도 제트기가 급상승할 때와 고공비행 시에 증기압이 높아지는 결점을 가지고 있어 저증기압 휘발유형인 JP-4가 만들어졌다. 현재에는 다시 미군의 연료 정책 전환에 따라 제트 연료유를 민간 항공기용 연료유인 JETA-1과 유사한 JP-8로 대체 사용 중이다.

3) 실내 등유

실내 등유는 석유 제품 중 가장 오래전부터 사용되어 왔으며 대부분이 등화용 연료로서 이용되어 왔다. 현재 등유는 조명용은 거의 없고 가정용 농업용 및 업소용으로 주로 사용되고 있다. 실내 등유는 휘발유 다음으로 유출되는 유분으로 그 비점 범위는 160∼300°C 정도이며, 난방용, 용제 등으로 성상은 각 용도에 따라 다르다.

4) 보일러 등유

만성적인 수급 불안정의 해소와 무역 수지 개선 및 경유를 난방유로 사용하는 소비자가 교통세를 납부하는 조세 형평의 문제를 해소하기 위하여 1998년 8월 1일부터 신설된 제품이다. 보일러 등유는 등유와 경유의 중간 유종으로서 가정용 보일러, 상업용 및 건물용 보일러 중소산업용 보일러 등에 적합한 유종으로서 혹한 시 저온에서 성능을 높이기 위해 겨울철 유동점을 현행 경유의 －12.5°C에서 －15°C로 낮추어 일반 가정에서 사용할 때에도 연소 불량 또는 냄새에 따른 문제점을 줄여 에너지 효율이 높아 절약 효과를 거둘 수 있다. 다만, 겨울철 기온이 낮은 지역은 연료 탱크를 가급적 실내에 설치하거나 탱크가 얼어 버리지 않도록 보온 조치가 필요하다.

5) 휘발유

휘발유란 비점 범위가 30～200°C 정도로서 휘발성이 있는 액체 상태의 석유 유분을 총칭하는 말이다. 휘발유의 물리적 성질은 각각의 목적에 따라 당연히 다르나 일반적으로 상온과 상압 상태에서 증발하기 쉽고 현저한 인화성을 지니며, 휘발유 증기와 공기가 적당히 혼합하면 폭발성 혼합가스가 되어 위험하다. 화학적 성질로는 성분적으로 C4～C12 정도까지의 탄화수소 혼합물로 한 종류의 휘발유에 포함되어 있는 탄화수소수는 수십 종류에서 수백 종류나 된다. 휘발유의 조성은 매우 복잡하기 때문에 개개 탄화수소의 종류 및 그 양을 알기가 간단하지 않으며 탄화수소의 화학 구조와 같은 것을 결정하여 그 성분적 구성의 차이점을 보는 정도이다. 1991년 2월 2일 공포된 대기 환경 보전법 시행령 제86조 및 동시행규칙 별표 24의 자동차 연료 또는 첨가제의 제조 기준에 의하여 1993년 1월 1일부터는 무연 휘발유만을 공급하도록 의무화하여 우리나라에서 유연 휘발유는 사라지게 되었다. 그밖에도 방향족, 벤젠, 산소 함량 등이 추가로 제정되거나 규정되었다.

6) 경유

일반적으로 경유는 비점이 200～370°C 범위에 속하며 등유 다음으로 유출되는 것이다. 용도는 일부 보일러 연료 또는 기계 등의 세척용 등으로 사용되나 그 대부분이(약 80%) 각종 디젤엔진의 연료로 이용되어 보통 디젤 엔진 연료로 불린다. 이 엔진은 연소실 내의 흡입 공기를 고압축비로 압축하여 압축 공기 온도를 연료의 자동 발화 온도 이상으로 만들어서 여기에 연료를 분사시켜 연소시키는 방식이다. 대형 선박은 500 rpm 이하의 엔진(저속엔진), 선박과 기관차용은 500~1,200 rpm 엔진(중속 엔진), 자동차용은 1,200 rpm 이상의 엔진(고속엔진)에 쓰인다. 휘발유와 경유는 우리가 흔히 교통수단으로 사용하는 자동차의 연료로 사용이 되는데, 최근 들어 디젤 승용차와 휘발유 SUV차량이 많이 출시되면서 실수로 다른 유종을 주유하는 경우가 심심찮게 일어나고 있다(2015년 기준 연 120건 이상). 이러한 혼유사고가 일어날 경우, 휘발유차와 경유차는 성질이 완전히 달라 엔진 구조가 다르게 설치되기 때문에 유종을 다르게 주유하면 심각한 문제를 발생시킨다. 혼유사고가 발생하면 즉시 시동을 끄고 가까운 정비소로 이동하여 정비를 받아야한다. 혼유를 하게 되면 가속 페달을 밟아도 속도에 변화가 없고 엔진소리가 작아지면서 차량이 덜컹거리고 심한 소음과 진동이 발생한다. 혼유사고로 인한 보상은 영업배상책임보험에 가입되어 있는 주유소라면 가능하지만 셀프주유소의 경우 본인의 책임이 가중이 된다. 혼유사고를 예방하기 위해서는 주유원에게 차량연료를 확실히 말해주거나 주유기의 노즐을 확인할 수 있도록 한다. 휘발유는 노란색, 경유는 초록색, 파란색 또는 검은색이다.

7) 중유

제조상으로 구분하면 납사 유분까지의 경질유를 제거한 유출유와 증류 잔사유의 혼합물을 지칭한다. 중유는 화학적인 정제를 하지 않으므로 석유 제품 중 품질 면에서 낮은 등급이지만 원유에서 필요한 석유 제품을 빼내고 남은 것을 중유라고 하는 것은 아니며 이를 다시 가공하여 윤활유, 아스팔트 등을 제조할 수 있기 때문에 중유는 명확한 목적을 가지고 만들어진 석유 제품이라 할 수 있다. 중유는 열 에너지원으로서 중요한 역할을 가지고 있기 때문에 자주 석탄과 비교된다. 석탄의 발열량은 5,000~7,000 kcal/kg인데 비하여 중유는 10,000~11,000 kcal/kg으로 일정량을 얻는데 소요되는 연료의 양은 대체로 석유와 석탄의 비율이 1 : 1.75로 중유가 발열량이 높다. 중유는 석탄에 비하여 연소에 필요한 공기량이 적기 때문에 포화된 공기에 의한 열손실이 적고, 가압로에 석탄을 넣고 빼는데 따르는 냉각이 없다. 또한 연료의 조절이 용이하여 점화 및 소화가 간편하고 열의 이용도가 높다 더욱이 중유는 수송, 하역, 저장이 간편하여 특정한 장소를 필요로 하지 않으며 계량이 용이하고 타고 남은 재의 처리(재처리과정)에 관한 문제가 없다. 따라서 설비와 인건비가 현저하게 적게 드는 등의 이점이 있다.

8) 아스팔트(Asphalt)

아스팔트는 도로 포장용이나 건축 재료로 이용되는 석유 제품의 일종으로 널리 알려져 있으며 석유, 석탄 또는 기타 유기물이 열변화를 통해 생성될 수 있는 타르 상태의 역청을 주성분으로 하는 흑색 또는 흑갈색인 고체 또는 반고체의 가역성 물질로 원유를 증류할 때 얻어지는 잔류물이나 이와 유사한 성분으로 구성된 천연산의 것을 지칭한다. 석유 아스팔트는 처음에는 수증기 증류 방식으로 제조되었으나 그 후 상압 증류 잔사유를 다시 감압 증류하고 윤활유 유분을 제거하여 양질의 아스팔트를 효과적으로 얻을 수 있다고 알려져 있는데 최근에는 거의 감압 증류 잔사유로서 적당한 굳기로 조정한 것을 석유 아스팔트라고 한다. 현재 국내에서는 AP-3(침입도 : 85~100)이 주로 사용되고 있다.

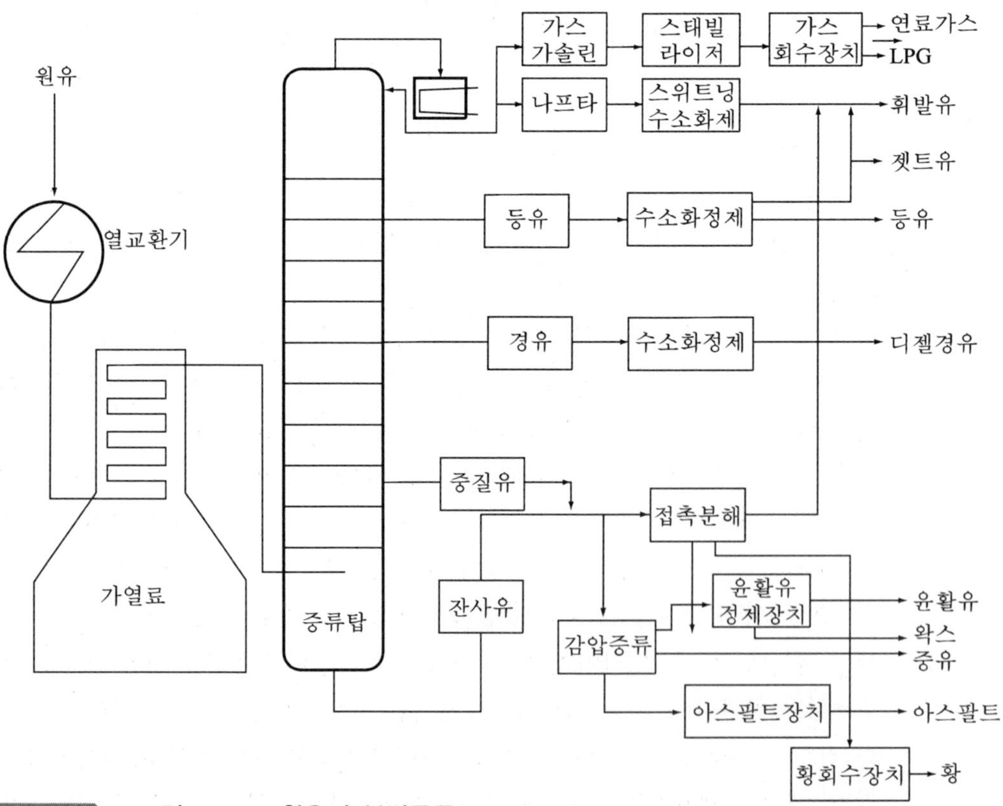

그림 2.17 원유의 분별증류

9) 납사(Naphtha)

납사는 원유를 증류할 때 액화석유가스와 등유 유분 사이에서 유출되는 것으로 일반적으로 이것을 경질 납사(Light Naphtha)와 중질 납사(Heavy Naphtha)로 구분한다. 경질 납사는 비점 30～130°C, 비중 0.65～0.70이며 석유 화학 원료(Ethylene 제조용), 도시 가스용 또는 합성 비료 등 화학 공업 원료로 사용되므로 열분해 되기 쉬운 파라핀계 탄화수소가 많고 황분이 적은 것이 실용성이 좋다. 중질 납사는 비점 90～170°C, 비중 0.07～0.75 정도이며 자동차용 휘발유의 혼합 기초 재료인 접촉 개질 휘발유의 원료와 방향족 탄화수소 제품 원료 등으로 사용되며, 방향족화 되기 쉬운 아로마틱, 납센계 탄화수소가 많은 것이 이용이 된다.

4.5 석유탐사(Oil exploration)

1) 지질조사

지질조사는 지질학자들의 현장 답사로 확보된 지질 정보와 각종 조사 보고서, 도면 등을 활용해 충분히 지표 지질을 탐사한다.

2) 물리탐사(Geophysical exploration)

주로 탄성파를 이용하는데 매질의 밀도에 따라 음파의 속도가 다른 점을 이용하는 탄성파 탐사는 지표면에 얕은 구덩이를 파고 화약을 넣어 폭파시키면 그 음파가 땅 속으로 내려가다가 매질이 서로 다른 암석층을 만나 반사되어 돌아오는 탄성파를 지표에 설치한 수진기로 받아서 그 진동을 기록하는데 이 기록을 해석해 지하지질구조와 암석의 물리적 특성을 파악한 후 석유 부존 가능성이 높은 유망 구조를 찾아내는 것이다.

3) 시추탐사

시추탐사는 탄성파 탐사에서 획득한 자료를 통해 저류층의 깊이, 두께, 면적 등을 종합하여 시추위치를 정하고 직접 지면에서 저류층까지 구멍을 뚫어 석유의 존재 여부를 확인하고 산출 능력을 평가한 후 시추하고자 하는 위치에 시추관을 고정시킨 다음에 물, 모래, 화학약품 혼합액을 고압으로 분사해 암석에 균열을 일으켜 채굴을 진행한다. 시추탐사는 시추관에 물, 모래, 화학약품 혼합액을 고압으로 분사해 암석에 균열을 일으켜 채굴하는데, ‘Ⅰ’자 형태의 수직 시추와‘L’자 형태의 수평 시추 방법이 있다. 시추 장비는 예상되는 저류층의 깊이와 압력에 따라 달라질 수 있다. 대체적으로 최소 1~2 km는 시추해야 하는데, 육지의 경우에는 이동성과 접근성을, 해저 대륙붕의 경우에는 수심 깊이를 고려해 시추 장비를 선택해야한다. 암석에 구멍을 뚫고 내려가는 기구인 ‘착암기’ 끝에는 작업 지점의 온도와 압력을 측정하는 장치가 달려있다. 이를 이용해 그 지점에 전기 저항이 있는지 없는지도 파악하고 보통 석유는 전기가 통하지 않는 물질이기 때문에 석유가 있으면 전기 저항이 높게 나타난다. 시추 시에는 시추관을 통해 물과 점토를 혼합한 ‘시추 이수’라는 물질을 시추공에 주입한다. 시추 이수는 시추관의 열을 식혀 주고 유정 내 압력을 일정하게 유지하는 역할을 하는데 유정의 압력이 너무 낮으면 외부 압력 때문에 유정이 무너지고, 반대로 유정의 압력이 너무 높으면 유정 내벽의 틈새가 벌어지는데, 시추 이수가 이것을 막아주는 역할을 한다.

석유 탐사 과정을 거쳐 유전이 있다고 확인되면 실제 그 유전의 가치를 알아보기 위해 시추공을 여러 개 더 뚫는다. 유전 평가를 통해 생산할 가치가 있는 유전인지 매장된 유전에 비해 생산비가 더 소요되는지 등을 파악한 뒤, 생산할 가치가 있다고 판단되면 본격적인 원유 생산에 들어간다.

지하 깊은 곳에 압축된 상태로 고여 있던 원유가 기름 층에 구멍이 뚫려 지하보다 압력이 낮은 지표를 향해 나오는 것을 ‘자분채유’라고 하고 이렇게 원유를 직접 추출하는 것을 ‘1차 회수’라고 하는데 1차 회수로 얻어지는 원유량은 유전 매장량의 20~30%에 불과하다. 원유가 지상으로 뿜어져 나오면 매장되어 있던 원유가 줄어드는 것과 동시에 땅 속의 가스도 지상으로 뿜어져 나오기 때문에 압력이 줄어들어서 원유의 분출은 오래지 않아 멈추기 때문이다. 이후에는 인공적인 방법을 사용해 계속 원유를 퍼 올리는데 이를 ‘2차 회수’라고 하며 주로 물 주입 법을 활용한다. 기름 층에 물을 넣어 땅 속의 압력을 높여 그 압력에 의해 원유를 끌어 올리는 것이다. 수증기를 이용한 ‘3차 회수’는 수증기를 땅 속으로 집어넣어 기름 층을 따듯하게 한 다음, 온도가 높아지면 원유의 점성이 약해져 더 쉽게 분출되게 한다. 데워지면서 부피가 팽창하거나 기화하는 성분이 나오기 때문에 다시 원유 분출이 시작된다.

5 사고사례

1) 사고 사례명 : 울산 석유공사 폭발사고

① 사고일시 : 2016년 10월 14일 오후 2시 35분경

② 사고장소 : 울산시 울주군 온산읍 한국석유공사 울산지사

③ 사고내용 : 한국석유공사 울산지사 비축기지 지하화 공사현장에서 폐송유관 내부 청소작업 중 폭발사고가 발생

④ 피해상황 : 2명 사망, 4명 중경상

⑤ 사고원인 : 배관 내에 남아있던 유증기를 제거하지 않은 상태에서 세척 작업을 진행하다 사고가 발생, 원유배관 내 가연성 유증기가 남아있거나 외부로 유출되는 상태에서 배관 세척작업인 "피그 클리닝" 준비 도중 임의의 점화원이 작용해 폭발한 것으로 추정

⑥ 대책 : 가연성 가스가 남아있는 상태에서 작업을 하다 폭발사고가 발생한 것으로서 작업을 하기 전 치환 및 유중 제거작업이 완전히 되었는지 확인하고 무리하게 작업을 하지 않는다.

그림 2.18 울산 석유공사 폭발사례

2) 사고 사례명 : STX창원 조선소 폭발

① 사고일시 : 2017년 8월 20일 오전 11시 37분경

② 사고장소 : 경남 창원시 진해구 원포동 (주)STX조선해양

③ 사고내용 : (주)STX조선해양에서 건조 중이던 석유운반선의 탱크에서 폭발사고가 발생

④ 피해상황 : 4명 사망

⑤ 사고원인 : 작업장 내 유증기가 남아있는 상태에서 고열 또는 불꽃이 튀면서 폭발사고가 발생

⑥ 대책 : 휘발성 유독가스가 남아있는 상태에서 무리하게 작업을 강행한 것으로 작업을 하기 전, 안전 관리자에게 현장의 위험 상태의 유무를 확인받도록 하여야 한다.

그림 2.19 STX창원 조선소 폭발 사례

3) 사고 사례명 : 인천 석유화학 폐기물처리장 화재

① 사고일시 : 2017년 11월 13일 오후 9시 30분경

② 사고장소 : 인천광역시 서구 원창동 SK인천석유화학

③ 사고내용 : 인천 석유화학 폐수처리장 내 지름 50 m 크기의 구덩이에서 화재 발생

④ 피해상황 : 인명피해 없음

⑤ 사고원인 : 폐기물처리장 내 저장소 알루미늄 덮개에 떨어진 낙뢰

⑥ 대책 : 화재가 일어날 것으로 예상되는 취약장소 현장 확인 및 불안전요인 제거, 소방시설 및 각종 안전시설 유지관리상태 확인, 기상에 따라 외부작업 자제

그림 2.20 인천 석유공장 폭발사례

제 2 장 연습문제

(1) 오일샌드에 함유된 원유는 최대 몇%까지 채취가 가능한가?

① 50% ② 60%
③ 65% ④ 75%

(2) 원유를 API도에 의해 분류한 기준으로 알맞은 것은?

① API 30 이하 : 경질(經質)원유
② API 30～34 : 중질(中質)원유
③ API 34 이상 : 중질원유
④ API 34 이상 : 중질(重質) 원유

(3) 석유의 물리적 특성 중 가장 중요한 것은?

① 비중 ② 비등점
③ 점도 ④ 발열량

(4) 탄소의 종류 중 탄소의 함유량이 70%인 것은?

① 갈탄 ② 역청탄
③ 이탄 ④ 무연탄

(5) 화석에너지에 관한 설명 중 옳지 않은 것은?

① 자원이 한정적이고 환경을 오염시킨다.
② 천연가스는 메탄을 주성분으로 하는 기체상태의 연료이다.
③ 석유는 현재 가장 많이 사용되어지는 에너지이다.
④ 화석에너지는 재사용이 불가능하다.
⑤ 자원이 전 세계적으로 고루 분포되어 있다.

(6) 석탄을 분류하는 가장 큰 기준은?

(7) 화석에너지 중 오랫동안 식물이 퇴적되어 열과 압력을 받아 생성된 것은?

해답

1. ④ 2. ② 3. ② 4. ① 5. ⑤
6. 탄소의 함유량 7. 석탄

3

화석에너지 II (천연가스, 셰일가스)

1 천연가스

1.1 개요

천연가스란 일반적으로 석유와 함께 매장되어 있는 경우가 많은 가스 상태의 유기화합물로서 인공적인 과정을 거치는 석유(휘발유, 경유)와는 달리 지하에 기체 상태로 매장된 화석연료로서 가스전에서 천연적으로 직접 채취한 상태에서 바로 사용할 수 있는 가스에너지이다. 천연가스 생산과정은 다음과 같다.

1) 탐사와 채굴

천연가스를 사용하기 위해 가장 먼저 해야 할 일은 땅속 깊숙이 묻혀있는 천연가스를 찾아내고 채굴하는 일이다. 천연가스는 보통 수심 200 m 미만의 얕은 해저지형인 대륙붕에서 많이 발견되며 석유가 함께 매장된 경우가 많다. 지질학자, 지구물리학자 등 전문기술을 지닌 탐사대는 해당 지형을 발견하면 고도의 발전된 기법과 장비를 사용하여 지질조사 및 물리탐사를 진행하게 된다. 석유와 천연가스의 부존 가능성이 확인된다면 초기 탐사정의 시추탐사를 시행한다. 첫 시추공은 시험 시추 단계로, 시추공을 파서 석유와 가스의 부존을 확인하고 물리검층을 실시하여 유전의 구조, 규모, 저류층의 특성, 저류 육체의 성질 등 본격적인 개발생산을 위한 유전평가를 하는 것이다. 여기서 유전의 질과 경제성이 최종 확인되면 각종 장비를 동원해 천연가스를 본격적으로 시추하게 된다.

2) 정제 및 액화

탐사와 채굴(시추)의 과정을 거쳐 뽑아낸 자원에서 불순물을 제거해 우리가 사용할 수 있는 천연가스만을 추출하는데 이 작업이 정제다. 정제된 가스는 영하 162°C의 상태에서 1/600으로 부피를 압축하여 LNG(액화천연가스)로 변형된다. 추출된 천연가스를 액화하는 이유는 부피가 크고 보관 및 이동이 어려운 가스를 멀리 떨어진 지역으로 해상수송하기 위해서이다. 도시가스 등의 계절적 수요변동을 조절하기 위해 천연가스를 액화하여 저장하기도 한다.

3) 수송

해외 각 지역에서 정제 · 액화된 천연가스를 가스 사용국으로 운송하기 위해 완전한 단열 및 저온, 누설방지 등 특수설비를 갖춘 특수선박을 이용하게 된다.

4) 공급 및 판매

위의 과정을 거친 후, 용도에 맞게 생산된 천연가스는 가스가 필요한 가정과 산업현장에 공급 · 판매된다.

1.2 천연가스의 종류

천연가스는 크게 전통가스와 비 전통가스로 구분된다. 전통가스는 지하 저류층 내에 원유와 함께 존재하거나 가스로만 존재하여 일반적으로 수직공을 시추하여 높은 투수율을 갖는 저류층의 자체 내부압력으로 생산한다. 전통가스의 종류로는 수반가스, 비 수반가스가 있다. 비 전통가스는 전통적인 방식으로 생산이 어려운 지층에 포함되어 있는 가스를 총칭하는 가스로 수압파쇄, 다중수평시추 등의 기술을 활용하여 생산한다. 비 전통가스의 종류로는 셰일가스(Shale gas), 치밀가스(Tight gas), 석탄 중 메탄가스(CBM : Coal Bed Methane), 가스하이드레이트(Gas hydrate) 등이 있다.

1) 셰일가스

셰일가스(Shale gas)는 진흙이 쌓여 만들어진 퇴적암층인 셰일 층에 존재하는 천연가스이다. 전통적인 가스는 셰일 층에서 생성된 후 암석의 가스 투과도에 따라 오랜 세월 동안 지표면 방향으로 올라오나 셰일가스는 셰일층 위에 대리석 등 가스가 통과하기 어려운 암석층이 있어 셰일층에 머물러 있는 가스이다. 셰일가스는 미국, 중국, 중동, 러시아 등 전 세계적으로 고르게 분포하고 매장량이 막대하여 2010년대 들어 가장 주목받는 에너지원이다.

2) 치밀가스

치밀가스(Tight gas)는 투수율이 전통가스 저류층(10～수백 millidarcy)보다는 낮지만 셰일가스층보다는 높은 상태의 지층($>$ 0.1 millidarcy)에서 생산되는 원유나 천연가스를 말한다. 일단 근원암에서 생성된 탄화수소가 느리지만 이동해서 특정한 부위의 저류층(Reservoir rock)을 형성한 상태이고 전통적인 채굴방식으로는 어렵지만 수평시추(Horizontal drilling)로 생산될 수 있다.

3) 석탄층 메탄가스

석탄층 메탄가스(CBM : Coal Bed Methane)는 석탄광 메탄(CMM : Coal Mine Methane) 혹은 콜심가스(CSG : Coal Seam Gas)라고도 부른다. 식물성 유기물을 근원으로 하는 석탄이 지하심부에서 열과 압력에 의해 탄화과정(Coalification)을 거치면서 생성된 석탄층 메탄가스는 석탄층 내의 미세공극 표면에 흡착되거나 석탄 공극 내에 유리가스(Free gas)로 존재한다. 석탄층(Coal bed)에서 자연히 발생하는 물(Coal bed water)을 지표면으로 빼내거나 지표면에서 물을 석탄층에 고압으로 주입했다가 압력을 낮춰주면 흡착된 메탄이 이탈되는데 그 물을 지표면으로 나오게 해서 물과 메탄을 분리하는 식으로 생산한다. 과거 기술에서는 석탄광산에서 개발 중 발생하는 메탄가스가 안전을 위협하는 매우 큰 문제였다면, 현재는 기술이 발달하면서 새로운 에너지원으로써 각광받고 있다. 비전통 가스자원(Unconventional gas)인 석탄층 메탄가스는 기존의 천연가스와 달리 자원의 편중이 없어 개발을 위한 접근이 용이하다. 또한 전 세계적으로 약 9,501조 입방피트(Tcf : Trillion cubic feet)가 부존되어 있으며 이는 전 세계 천연가스 확인매장량(6,534조 입방피트)보다 많은 양이다.

4) 가스 하이드레이트

깊은 바다 밑에서 생산되는 가스 하이드레이트(Gas hydrate)는 천연가스가 물과 결합해 얼어붙은 것으로, 얼음과 비슷하다. 가스가 함유되어 있기 때문에 불을 붙이면 불꽃을 내며 탄다고 해서 '불타는 얼음'으로 불리고 매장량이 많고 공해가 없어 차세대 에너지로 높은 관심을 얻고 있는 중이다. 저온 고압의 환경에서 안정하며 따라서 해저 지반 아래나 영구동토층에서 자연적으로 형성된다. 이를 천연가스 하이드레이트(Natural gas hydrate)라고 하고, 이 천연가스 하이드레이트의 대부분이 메탄 하이드레이트이다. 지구 전체에 존재하는 유기탄소 중 압도적인 양이 천연가스 하이드레이트의 형태로 존재하고 있는 것으로 추정되며(50% 이상, 추산 약 1만 기가 톤), 이는 그 외의 다른 모든 형태의 원유 및 천연가스 등 화석연료의 추정 총 매장량의 2배이다. 따라서 차세대 에너지원으로서 주목받고 있는 물질이다. 생산 시에는 메탄 하이드레이트가 부존된 지반의 온도를 올리거나(열수주입법), 압력을 낮춰서(감압법) 녹인 후 메탄가스를 빨아들이는 방식을 이용한다. 열수주입법의 경우는 녹은 하이드레이트에서 배출된 메탄가스로 인해 지반 내 압력이 높아지면서 지반이 붕괴될 가능성이 있다.

1.3 천연가스의 특징

천연가스의 성분으로는 다음과 같다. 최초 지하에서 채굴된 천연가스에는 주성분인 메탄, 에탄, 프로판, 부탄, 펜탄 외에도 수분, 이산화탄소(CO_2), 황 화합물 등 각종 불순물이 포함되어 있다. 이러한 불순물은 천연가스 품질을 저해시키는 요소이므로, 2번째 단계인 가스처리 과정에서 모두 제거되어 가스처리 이후 천연가스에는 메탄, 에탄, 프로판, 부탄, 펜탄과 질소 성분만 포함되어 있다.

표 3.1 천연가스 성분

메탄	에탄	프로판	I-부탄	N-부탄	I-펜탄	질소	합계
91.59	5.51	1.84	0.40	0.45	0.02	0.19	100

1) 청정한 에너지

천연가스는 메탄을 주성분으로 한 가스로 유황분, 기타 불순물을 포함하지 않고 있기 때문에 연소하더라도 SO_x와 매연을 발생하지 않고 지구온난화를 유발하는 이산화탄소의 배출량도 석유보다 20～30% 적은 청정한 에너지이다.

2) 높은 안전성

천연가스는 공기보다 가볍고(외공기비중 0.65) 원래부터 가스체이므로 액체연료와 같이 지상에 체류하지 않고 위로 확산된다. 연소하한계(연소할 수 있는 공기 중의 연소농도의 하한)가 다른 연료에 비교하여 높고 자연발화온도도 높아 안전성이 상당히 높은 에너지이다. 또한 천연가스에는 CO의 독성물질이 포함되지 않으므로 가스중독의 염려는 없다. 탄소 하나의 무게를 12로 했을 때 메탄 하나의 무게는 16이다. 그에 비해 공기는 약 29로 메탄보다 훨씬 무겁다. 천연가스는 공기보다 가볍기 때문에 가라앉지 않고 위로 뜨는데, 이 때문에 천연가스가 혹시나 새더라도 공기보다 가벼워 쉽게 날아가기 때문에 더욱 더 안전한 연료다. 또한, 천연가스의 자연발화온도(외부의 화재원 없이 자기 스스로 연소하기 시작하는 온도)는 다른 가스보다 높은 537도이다. 따라서 천연가스가 자연적으로 발화되어 사고로 이어질 위험은 극히 낮으며, 혹시라도 공기와 섞이더라도 오직 5～15% 범위 내에서만 발화원에 의해 불이 붙으니 화재의 위험도 극히 낮다고 할 수 있다.

3) 천연가스가 낮은 온도에서의 액화

천연가스는 영하 162도의 아주 낮은 온도에서 액화되는데, 이는 메탄의 특성 때문이다. 기체 상태에서 액체가 되기 위해서는 분자들이 오밀조밀하게 모여야 한다. 액체가 되기 위해서는 날아다니는 기체를 잡아두어야 하지만 상온에서는 그러지 못한다. 그러나 온도가 낮아질수록 분자들은 점점 날아다니는 힘이 약해지고 어느 온도 이하가 되면 날아다니는 힘보다 서로 당기는 힘이 강해져서 오밀조밀 모이게 되고 액체가 된다. 이러한 특성은 해외에서 LNG를 도입할 때 활용된다. 기체 상태의 천연가스는 부피가 커서 운송 시 많은 양의 천연가스를 담을 수 없기 때문에 영하 162도로 냉각 후 액화를 시키고 그렇게 되면 부피가 1/600로 줄어들어 많은 양의 LNG를 운송할 수 있다. 천연가스의 장·단점은 다음과 같다.

장점	① 연소 시 매연이나 공해물질이 거의 생성되지 않는다. ② 일산화탄소 배출량이 아주 적다(40～50%). ③ 온실가스 감소효과가 있다. ④ 공기보다 가벼워 누설 시 대기 중으로 확산되어 안정성이 높다. ⑤ 매장량이 풍부하다.
단점	① 가스탱크의 내압이 높고, 큰 설치공간이 필요하다. ② 현재로서 충전소가 부실하다. ③ 기체 상태로 운반하는 경우 누출 가능성이 있다. ④ 1회 충전에 의한 주행거리가 짧다. ⑤ 혼합기 발열량이 휘발유나 경유에 비해 크게 낮다.

1.4 천연가스의 공급

천연가스는 공급방식에 따라 크게 LNG, CNG, PNG로 나누어지며 방식에 따른 정의 및 특징은 다음과 같다.

1) LNG (Liquefied Natural Gas)

액화천연가스로서 천연가스를 영하 162°C의 상태에서 약 600배로 압축하여 액화시킨 상태의 가스로서 정제과정을 거쳐 순수 메탄의 성분이 매우 높고 수분의 함량이 없는 청정연료이다. 이것은 무색, 무취, 무독성이며 비부식성이다. 위험 요인으로는 가스 상태로 증발하였을 때의 가연성, 냉동, 질식 등을 들 수 있다. 액화 공정 과정에서는 먼지, 산성 가스, 헬륨, 물 중 탄화수소 등의 성분들은 제거한다. 그리고 천연가스는 대기압[최대 전송 압력 설정은 25 kPa(4 psi)]에 가깝게 하여 약 영하 162°C로 냉각하여 액체로 응축한다. LNG는 CNG (Compressed Natural Gas)보다 더 많이 볼륨을 축소할 수 있어서 LNG의 볼륨에너지밀도는 CNG의 2.4배 이상이고 디젤연료의 60%이다. 이러한 점이 LNG를 파이프라인이 존재하지 않는 먼 거리를 수송하는 것이 비용적으로 효과가 있게 한다. 특별히 설계된 극저온 해상 운송선 LNG 캐리어 또는 극저온 도로 유조선이 수송을 위해 사용이 된다. LNG는 주로 천연가스를 시장으로 수송하기 위해 사용되며 파이프라인 천연 가스로 재기화하여 분배한다. CNG를 사용하는 차량을 설계하는 것이 더 일반적이지만 천연가스 차량에 이용이 될 수도 있다. 생산의 상대적인 높은 비용과 비싼 극저온 탱크에 저장해야 하므로 대폭적인 상업적 이용이 저해되고 있다. LNG의 특허는 1914년에 제출되었고 1917년에 첫 상업적 생산이 있었다. 다음은 일반적인 LNG 공정이다. 가스는 먼저 추출하여 처리 공장으로 수송된다. 여기에서는 CO_2, H_2S와 같은 다른 가스들뿐만 아니라 물, 기름, 진흙 같은 응축물들을 제거하여 정제하게 된다. LNG 공정은 극저온 열교환기에서 알루미늄을 이용하여 수은이 섞이는 것을 방지하기 위하여 가스 스트림으로부터 소량의 수은을 제거하기 위해 특별히 설계되는 것이다. 그리고 가스는 다음 단계에서 액화될 때까지 냉각된다. LNG는 저장 탱크에 마침내 저장되고 차량 및 선박에 적하될 수 있다.

2) CNG (Compressed Natural Gas)

천연가스(NG)는 메테인(CH_4)을 주성분으로 하는 화석연료로, 저장 방법에 따라 CNG (Compressed Natural Gas : 압축천연가스), LNG (Liquefied Natural Gas : 액화천연가스), ANG (Adsorbed Natural Gas : 흡착천연가스)로 나뉜다. CNG는 천연가스를 200～250 kg/cm^{2}의 고압으로 압축한 압축천연가스를 말한다. 한편 LNG는 천연가스를 영하 161.5°C 이하로 냉각시켜 액체 상태로 만든 것이고, ANG는 활성탄 등의 흡착제에 천연가스를 30～60 kg/cm^{2}로 압축한 것이다. LNG의 경우 고가의 냉각과정이나 초저온 탱크(단열 장치)가 필요하지만 CNG의 경우 그런 장치가 필요 없기에 비용을 절감할 수 있다. 반면 CNG는 부피가 LNG의 3배 정도 높고 고압 연료탱크를 사용해야 하기 때문에 저장용기(연료탱크)가 파열하면 폭발할 위험이 있지만 CNG 자체는 자연발화온도가 높아 화재 위험에 대해선 안전하다. CNG, LNG 등의 천연가스는 대기오염의 주범인 황산화물, 질소산화물 등의 배출이 거의 없고 이산화탄소의 배출량도 휘발유(가솔린)나 경유, LPG(액화석유가스)보다 적어 친환경적 연료라고 할 수 있다.

3) PNG (Pipeline Natural Gas)

파이프라인 천연가스는 지하에서 생산한 천연가스를 액화시키지 않고 가스 상태에서 직접 배관을 통하여 소비자에게 전달할 수 있는 시스템으로 되어있다. 시추를 통해 채취한 천연가스를 정제한 후 장거리 송출을 위해 70기압 정도로 압축해서 파이프를 통해 1,000～2,000 km나 더 먼 거리까지 보낼 수 있다.

1.5 천연가스 이용 및 매장량

1) 열병합발전

열병합발전은 자체 발전시설을 통해 전기나 열에너지를 전력으로 만들어내는 방식이다. 배출되는 열을 회수해 이용하기 때문에 30～40% 이상의 에너지 절감효과를 거둘 수 있다. 보통은 천연가스, 석유, 액화석유가스 등을 연료로 사용이 된다.

2) 천연가스차량

천연가스(CNG)를 연료로 사용하는 천연가스 자동차는 대형트럭, 버스를 중심으로 보급되어 현재는 철도, 선박으로도 폭넓게 확대되고 있다. 기존 연료에 비해 매연, 미세먼지, 질소산화물, 탄화수소와 같은 대기오염 물질이 적게 배출되어서 차세대 친환경 자동차로 떠오르고 있다.

3) 보일러 가스버너

가스버너는 가스를 완전 연소시키기 위한 장치이다. 천연가스 사용 시 유황성분이 전혀 배출되지 않아 폐열 회수가 가능하다. 이로서 에너지 효율이 높은 활용 방법이다.

4) 가스 난방

천연가스를 활용한 가스 냉・난방 시설의 경우 계절별 수요 변화에 관계없이 일정량을 생산 및 소비하기 때문에 매우 경제적이다. 또한 초기투자비와 운전비용을 절감할 수 있기에 최근 가스 냉・난방을 설치하는 건물들이 늘어나고 있는 추세이다.

천연가스의 매장량은 러시아, 미국, 중국 순으로 일반적으로 땅의 크기가 넓으면 매장량이 많은 것을 볼 수 있다. 러시아가 다른 나라에 비해 전통가스 매장량이 많기 때문에 대부분의 천연가스 수입 국가들이 러시아에서 천연가스를 구매한다.

영국 석유회사 BP에서 발표한 자료에 따르면 천연가스 매장량에 대한 가채년수(Reserves-to-production ratio)는 2013년 말 기준으로 55.1년이라고 밝히고 있다. 앞으로 천연가스를 더 이상 찾아내지 않고 현재의 생산량을 기준으로 가스를 계속 생산하게 되면 55.1만에 고갈된다는 의미이다. BP에서 발표한 다음 그림 3.1은 2013년 기준 대륙별 가채년수와 1960년부터 2013년까지의 가채년수 변화를 나타낸 것이다. 천연가스 산유국은 가채년수를 항상 50년에서 60년 사이를 유지하고 있다. 이는 무작정 천연가스를 찾아내거나 생산해 내는 것이 아니라 경제상황과 매장량 규모 및 가격 등을 고려하여 적절히 산유국이 수요조절을 하고 있다는 것이다.

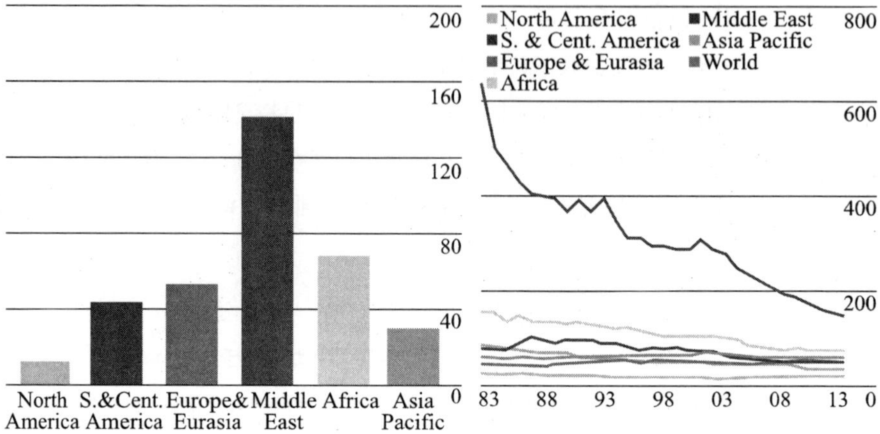

그림 3.1 국가별 가채년수 추이

1.6 천연가스 대체가스자원

1) SNG (Synthetic Natural Gas)

대부분 탄소와 수소로 이루어진 석탄을 원료로 천연가스의 주성분인 메탄을 합성하는 기술을 이용해 생산하는 천연가스로서 최근 들어 석유와 천연가스 등 화석연료의 고갈이 전 세계적으로 떠오르면서 하나의 대체 자원으로써 다른 화석연료에 비해 상대적으로 가채연한이 길고 가격이 저렴한 석탄을 이용하여 석유화학 제품 및 연료를 생산하기 위한 연구가 활발히 이루어지고 있다.

일반적으로 석탄을 이용하여 SNG(합성천연가스)를 제조하는 방법은 크게 세 가지로 분류할 수 있다. 첫 번째는 석탄을 가스화(Gasification)하여 합성가스 (CO, H_2)를 생산하고 이를 이용하여 촉매반응을 통해 메탄으로 전환시키는 방

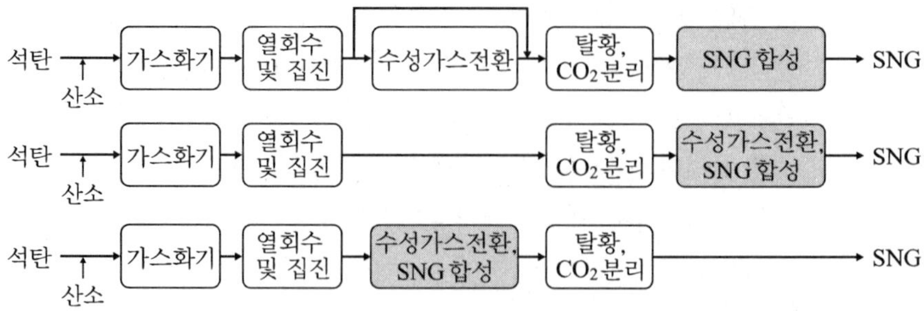

그림 3.2 SNG제조 과정

법이다. 두 번째는 석탄을 고온 고압 하에서 직접수소를 첨가하여 SNG를 제조하는 방법이다. 세 번째는 석탄을 700°C 정도에서 증기와 촉매를 반응시키는 촉매가스화를 통해 석탄에서 직접 SNG를 제조하는 방법이다.

2) 디메틸에테르(DME)

디메틸에테르(DME)는 Dimethyl Ether (CH_3OCH_3)의 약자로 천연가스, 바이오메스 등 다양한 원료로부터 반응하여 추출되는 화합물이다. 즉, 디메틸에테르는 천연가스로부터 만들어내는 환경 친화적 미래형 에너지란 것을 알 수 있다. DME는 매연이 거의 배출되지 않고 취급이나 운송이 편리하다는 점에서 차세대 녹색에너지로 각광받고 있다.

2 셰일가스

2.1 셰일가스 개요 및 특징

셰일가스란 탄화수소가 풍부한 셰일 층(근원암)에서 개발과 생산을 하는 천연가스를 말한다. 셰일이란 입자 크기가 작은 진흙이 뭉쳐져서 형성된 퇴적암의 일종으로 셰일가스는 이 혈암에서 추출되는 가스이다. 전통적인 가스전과는 다른 암반층으로부터 채취하기 때문에 비전통 천연가스로 불린다.

셰일가스의 구성 및 유동 특성은 다음과 같다.

① 셰일 저류층에 부존하는 가스는 자유가스, 흡착가스로 구분
② 원유가 존재할 경우, 용존 가스도 셰일가스에 포함한다.
③ 일반적으로, 흡착가스의 부존량은 자유가스의 6～8배 정도이다.
④ 흡착가스는 저류층 압력이 충분히 낮아져야 생산가능하다.

저류층 생산 특성은 다음과 같다.

① 일반가스 저류층보다 높은 생산 감퇴율을 가지고 있다.
② 셰일 저류층의 압력이 높을수록, 높은 초기 생산량과 회수율(Recovery ra-

tio)을 가지고 있다.

③ 고압과 수압파쇄법 적용은 무관하다.

④ 일반가스 저류층보다 높은 압력을 구배한다.

가스자원 중 부존량이 가장 많고 상대적으로 상업적 생산을 위한 기술력이 가장 많이 요구가 된다. 근원암 지역에서 생산되기 때문에 부존지역에는 중질 성분의 함량이 다소 높을 수 있지만 실제 생산되는 가스는 분자량이 낮아 가스의 조성은 일반적인 천연가스와 유사한 수준이다. 불용성 유기물에 흡착되거나 미세암석입자 사이의 공극 또는 셰일 자체의 균열 내에 갇혀 있는 형태로 존재하는데 이러한 셰일가스는 공극률이 보통 10% 이하이고 투과도가 0.001～100 mD 정도로 극히 낮아 일반적인 상태에서는 가스의 유동이 거의 불가능하다. 셰일가스전은 공극 내 가스가 유리가스(Free gas)뿐만 아니라 유기물 내에 흡착되어 존재해 이를 탈착해야 하는 점과 셰일 층의 특성상 퇴적 면을 따라 얇고 균열되기 쉬운 성질을 갖고 있어 치밀가스전과는 달리 수직시추를 통해서는 경제적인 생산량을 얻기 어렵다는 점에서 더욱 까다롭다. 풍부한 매장량과 상대적으로 낮은 생산 및 투자비용이 들고 탐광이 비교적 용이하고 탐광에서 생산까지의 시간이 LNG생산 등에 비해 길지 않지만 화학약품이 섞인 물을 사용하기 때문에 지하수가 오염될 수 있으며 대량의 물을 사용하기 때문에 물 부족 사태가 발생할 수 있다

2.2 셰일가스 시추과정

수평시추기법(Horizontal drilling)과 수압파쇄기법(Hydraulic fracturing)이 개발되어 미국에서 본격적으로 생산되기 시작했다. 그 결과, 미국 내 헨리허브(Henry hub : 북미지역의 대표적인 천연가스 가격지표)의 가스 가격이 하락하고 있다.

1) 수평시추기법(Horizontal drilling)

수직방향에서 떨어진 목표지점에 도달하기 위해 미리 설계된 방향, 각도에 따른 경로로 시추하는 기술로 가스층과 접촉면을 넓혀 가스를 더욱 많이 회수하는 기술이다.

2) 수압파쇄기법(Hydraulic fracturing)

시추공 내로 점성이 있는 모래 현탁액을 강제 주입하거나 충전을 통해 지하수면 아래에 있는 대수층의 층리와 층리 등의 틈새로 확산시켜 투수성을 높이고 물의 유동을 빠르게 하여 관상의 투수대를 생성시키는 것이다.

수압파쇄(Hydraulic fracturing)는 수직으로 뚫은 시추공에 물과 모래, 화학물질 등을 섞은 혼탁액을 고압으로 지하에 투입해 가스가 들어있는 암석층에 균열을 일으켜 가스를 뽑아내는 공법이다.

2.3 셰일가스의 매장량

전 세계적으로 중국이 가장 많은 셰일가스를 보유하고 있고 그 뒤를 이어 아르헨티나 알제리 미국 순으로 따르고 있다. 중국은 매장량이 가장 많지만 셰일가스를 생산하기 위해서 필요한 물이 굉장히 부족한 상황이기 때문에 생산은 많이 하지 못하고 있는 상황이다. 반면에, 미국은 셰일가스를 시추하는 과정에서 필요한 만큼의 물의 양이 나오기 때문에 셰일가스의 생산이 용이하고 전 세계에서 가장 많이 셰일가스를 생산한다. 러시아는 천연가스 보유량은 많지만 셰일가스에 대한 비중이 다른 가스들에 비해 적은 편이다. 새로운 자원으로 셰일가스가 떠오르고 있고 이에 따라 천연가스의 가격이 줄어들고 있는 상황이기에 셰일가스의 매장량이 적은 러시아 같은 경우 경제적으로 큰 손실을 입을 수밖에 없으며 미국이나 중국 등 셰일가스의 매장량이 풍부하고 기술력이 발달한 국가들은 거금을 들여 셰일가스 생산에 투자하는 추세이다.

2.4 셰일가스의 개발동향 및 전망

미국은 셰일가스 혁명으로 불릴 만큼 가장 활발하게 셰일가스 개발이 이루어지고 있다. 풍부한 매장량, 기술인력, 인프라 설비, 발달된 시추기술이 결합된 셰일가스 혁명의 진원지이다. 2010년 상반기 미국 셰일가스 부문 인수 비용 200억불 규모로 전 세계 M & A거래 금액의 30%를 차지하였으며 최근 중국, 말레이 국영기업과 일본 종합상사 중심으로 공격적으로 셰일가스 자산 매입 중이다. 셰일가스 부존량은 862 Tcf (Trillion Cubic Feet)로서 2035년경 미국 총가스 생산의 50%(2.9억 톤)을 차지할 전망이다. 캐나다의 경우, 셰일가스 부존량은 388 Tcf이고 현재 상업적 생산량은 미미하지만, Kirmat LNG 프로젝트 같은 수출 프로젝트와 함께 개발이 활성화 될 전망이며 아르헨티나는 세계 3위 셰일가스 부존 보유 국가(774 Tcf)이며 남미 지역에서 가장 활발한 움직임을 보이고 있으며 개발 초기단계이다. Total, Shell, ExxonMobil, Apache 등이 탐사개시 중이다. 브라질은 셰일가스 부존량 226 Tcf로서 현재, 브라질 해상 전통 자원인 Pre-Salt 개발에 집중하고 있으며 셰일가스 개발은 뒤로 미루고 있다. 파라과이는 인프라 부재, 탐사 초기 단계이다. 전통 자산 및 생산량 없고, 볼리비아는 전통자산 개발에 집중, 향후 10～20년 내 셰일가스 개발 가능성이 낮을 전망이다. 유럽 주요 가스공급이 대부 특정 국가들로부터(러시아 30%, 노르웨이 20%, 알제리 13%) 이루어져 향후 대체에너지원으로서의 셰일가스의 개발 필요성이 대두되고 있다. 유럽은 미국과 달리 셰일가스 개발에 대한 전망은 부정적이다. 셰일가스 개발 기술들이 대부분 수질 및 토양오염 등을 수반함에 따라 환경규제가 강한 유럽 셰일가스 개발은 쉽지 않을 전망이다. 또한 생산에 필요한 인프라 부족, 인구밀집지역 환경, 주거문제 대두 등이 장애요인으로 작용하고 있으며 대형 석유회사들은 북미지역 셰일가스 개발에 적극 참여하여 기술력을 획득하는데 노력 중에 있다.

중국은 2020년까지 35 Tcf 매장량 발견 및 연간 500～1000 Bcf개발/생산으로 중국 총 가스 생산(8～12%)을 목표로 하고 있다. 2011년 쓰촨 4개 지역을 셰일가스 개발지역으로 2개 지역에 광구분양 시행, 메이저 석유사는 중국 국영사와 공동 탐사 프로젝트 진행 중에 있다. 인도는 현재 셰일가스 탐사 초기 단계이며 인도 정부관련 탐사법을 13년도 시행, 인도 ONGC와 CoP사간 인도 및 북미 셰일가스 개발에 대한 협약 중에 있다. 호주는 CBM 개발에 집중하고 있고, 현재 셰일가스 탐사/개발 초기 단계로 상업적 생산은 앞으로 10여 년 정도 소요 전망이다. 중동지역은 아라비아 반도 전역에 걸쳐 셰일가스 부존이 가능한 분지가 발달되어 있다. 일부 치밀가스 개발 노력은 있으나 셰일가스 개발 사례는 없다. 러시아 서부지역 및 서시베리아 분지에 셰일가스 부존, 카자흐스탄 및 중앙아시아 지역은 아직 셰일가스 개발 움직임은 없다. 셰일가스 개발에 대한 인식 변환 중이다. 아프리카 지역은 북부, 동부, 남부 아프리카 지역을 합쳐 총 4,122 Tcf의 셰일가스 부존, 2011년 기준 생산이 이루어지고 있는 곳은 없으며 북부와 남부를 중심으로 탐사 및 개발 작업이 진행 중에 있다. 남아프리카 공화국 Karoon / Ecca 분지 중심으로 진출 기업의 탐사 활동활발, 북아프리카 지역은 Ghadamese Basin 위주로 탐사작업이 진행 중에 있다.

셰일가스 사용 확대가 신재생에너지 분야에 미치는 영향은 각국의 정책적 영향 및 청정무한 에너지로의 전환이라는 큰 틀에서 보면 제한적으로 보인다. 또한, 앞으로 셰일가스에 대한 연구가 심도 있게 진행될수록 급격한 개발 확대에 따른 추가적인 환경오염 문제가 부각될 것으로 보이기는 하지만, 셰일가스의 사용과 관련하여 정책적으로 다음과 같은 면도 고려할 필요가 있다. 첫째, 신재생에너지로의 전환을 위한 효과적인 에너지 전략으로서 셰일가스의 이용이 가능할 것이다. 셰일가스는 향후 기술개발에 따라 온실가스 배출이 감소할 여지가 있고 이산화탄소 포집 및 저장기술의 적용에 따라 그러한 가능성이 높다. 이에 화석연료의 대체에너지원으로서 다른 화석연료 및 신재생에너지와 에너지 믹스 정책을 통해 에너지의 가격 및 리스크를 분산하면서 저렴한 에너지 공급 구조를 유지하는 것이 필요하다. 중장기적으로는 신재생에너지의 비중 확대로 나아가기 위한 효과적인 에너지 믹스 전략을 구성하는데 셰일가스가 필요 불가결한 요인이 될 수 있다. 최근 원자력발전의 환경 및 안정성 측면에서의 한계 등을 감안해보았을 때, 신재생에너지로의 전환은 필수적이며 이러한 에너지 전략의 전환을 위해 과도기적 연료로 셰일가스의 이용을 고려할 수 있다. 둘째, 셰일가스는 분산 발전용 원료로 활용하는 것이 가능하며 신재생에너지와 함께 사용할 수 있다. 셰일가스를 이용한 연료전지로 분산 발전을 하게 될 경우에 셰일가스는 신재생에너지산업 발전에 직접적으로 기여할 전망이다.

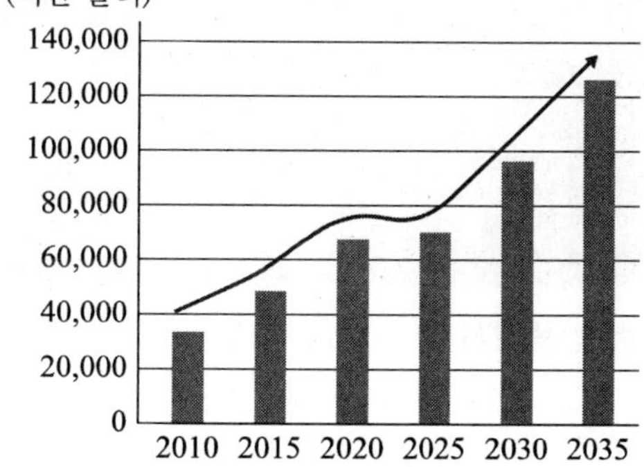

자료 : HMC투자증권

그림 3.3 미국의 셰일가스 개발 · 생산을 위한 투자 추이 전망

3 사고사례

1) 사고 사례명 : 행당동 CNG 버스폭발사고

① 사고일시 : 2010년 8월 9일

② 사고장소 : 서울시 성동구 행당동

③ 사고내용 : CNG버스 안에 실려 있던 CNG연료탱크가 폭발

④ 피해상황 : 17명 부상, 1명 중상

⑤ 사고원인 : CNG연료탱크의 노후화로 인한 밸브 오작동

⑥ 대책 : 버스 기계부품 및 용기 등은 노후화가 진행되므로 주기적인 안전점검이 필요하고, 원인 분석을 통한 종합적이고 장기적인 대책 마련이 필요하다.

그림 3.4 행당동 CNG버스 폭발사고

2) 사고 사례명 : 포항시 가스누출 화재사고

① 사고일시 : 2017년 3월 8일

② 사고장소 : 포항시 남구 대잠동 폐철도부지 공원화 사업장

③ 사고내용 : 지하 200 m 아래 지하수 관정을 뚫는 작업 도중에 천연가스가 누출되어 화재발생

④ 피해상황 : 2명 화상

⑤ 사고원인 : 관정을 뚫다가 발견이 되지 않았던 지반을 건드려 천연가스가 누출

⑥ 대책 : 작업을 실시하기 전에 지반에 대한 정보를 확실히 알고 작업을 할 필요가 있다.

그림 3.5 포항시 천연가스 누출사고

3) 사고 사례명 : 오스트리아 천연가스 공급 폭발사고

① 사고일시 : 2017년 12월 12일(현지시간)

② 사고장소 : 오스트리아 동부 바움가르텐

③ 사고내용 : 가스관 허브가 폭발하여 화재 발생

④ 피해상황 : 1명 사망, 18명 부상

⑤ 사고원인 : 운영사인 가스커넥트 오스트리아는 사고원인을 '기술적 문제'로 보고 즉시 시설을 폐쇄했다.

⑥ 대책 : 기술적 문제의 원인을 해결하기 위해서는 다각적인 측면에서의 분석이 중요하며 위험물 폭발 물질 주변에는 가연성 물질이 없는지 주기적으로 확인하여야 한다.

그림 3.6 오스트리아 천연가스 공급 폭발사고

제 3 장 연습문제

(1) 천연가스에 관한 설명 중 옳지 않은 것은?

① 공기보다 무겁다.
② 기체 상태로 운반할 경우 누출가능성이 있다.
③ 일산화탄소 배출량이 적다.
④ 국내는 LNG선박을 통해서 천연가스를 수입한다.

(2) 비 전통가스가 아닌 것은?

① 셰일가스 ② 석탄층 메탄가스
③ 수반가스 ④ 치밀가스

(3) 셰일가스에 관한 설명 중 옳지 않은 것은?

① 매장량이 풍부하다.
② 지하수의 오염이 전혀 없다.
③ 가스자원 중 부존량이 가장 많다.
④ 생산을 위한 기술력이 많이 요구된다.

(4) 셰일가스 매장량이 가장 풍부한 나라는?

① 러시아 ② 미국
③ 중국 ④ 아르헨티나

(5) 석탄을 원료로 천연가스의 주성분인 메탄을 합성하는 기술을 이용해 생산하는 천연가스는?

(6) 셰일가스, 치밀가스, 가스하이드레이트 등의 가스를 무슨 가스라고 하는가?

해답

1. ① 2. ③ 3. ② 4. ③
5. 합성천연가스(대체천연가스) 6. 비 전통가스

4

원자력에너지

1 원자력 에너지 개요

과학기술이 성장한 현대에 살고 있는 우리는 모두 '에너지'로 인해 편리한 생활을 영위하고 있다. 이렇듯 에너지는 모든 것을 움직이게 만드는 동력이다. 에너지의 대표적인 것으로 전기에너지를 들 수 있는데 우리는 이러한 전기에너지를 사용하기 위해서는 이를 생산하는 연료를 알아볼 필요가 있다. 이러한 연료의 예로는 석탄, 석유, 천연가스, 원자력 등이 있다. 그런데 이러한 에너지 자원은 전 세계적으로 매장량이 한정되어 있기 때문에 무한정 사용할 수 없다는 점이 큰 문제이고, 특히 화석연료는 고갈 에너지로서 석유는 40년, 석탄은 220년, 천연가스는 64년분밖에 남아 있지 않다. 우리나라는 자원이 많이 나오지 않아 에너지원의 대부분(약 97%)을 해외에서 수입하고 있는 상황이다. 여기에 계속되는 경제 성장과 국민 생활수준의 향상으로 에너지 소비는 더욱 증가하는 추세고, 현재 우리나라의 에너지소비 비율을 보면 화석연료(석유, 석탄, 천연가스)가 약 84%, 원자력이 14%, 나머지가 수력, 지열, 바이오 등 대체에너지로 구성되어 있다. 그런데 우리나라의 전력생산량 중 절반 이상을 원자력이 차지하고 있어 화석연료의 비중(특히 석유의 비중)을 크게 낮추어 주고 있다. 원자력은 우리나라처럼 에너지 부존자원이 부족하고 에너지 수입 의존도가 높은 나라에서는 필수적인 대체 에너지이고 앞으로 고갈될 걱정이 없는 청정에너지로서 고갈될 화석연료의 대체에너지로 성장할 에너지이다.

그림 4.1 원자력 발전소

2 원자력 발전의 기본 원리

원자력 발전은 화력 발전과 마찬가지로 증기의 힘을 이용하여 터빈을 돌려 전기를 생산하는 방식이다. 다만 차이가 있다면 화력발전은 석유나 석탄을 태운 열로 증기를 만든다는 점이다. 우라늄 1 g이 분열할 때 생기는 에너지는 석탄 약 3톤이 완전 연소될 때 생기는 에너지와 같다. 즉, 석탄의 300만 배의 열을 내어 에너지를 생산한다는 것이다. 원자력 에너지가 생성되는 과정은 핵분열, 열발생, 냉각제온도상승, 급수를 수증기로 전환, 터빈의 회전 순으로 진행이 된다. 핵분열 과정에서 우라늄 235의 원자핵은 중성자를 받아들이면 2개의 다른 원소와 약 2개 정도의 중성자로 쪼개지게 되며, 이때 방출되는 방대한 에너지로 열이 발생이 되어 물을 끓이는 것이다. 이 때 냉각수를 부어 온도가 상승이 되며, 나오는 수증기로 터빈을 돌려 전기를 생산하는 방식이다.

1) 핵분열

핵분열은 이론적 고찰과 이론적 설명을 다음과 같이 설명한다. 이론적 고찰을 살펴보면, 1938년 12월 독일의 오토 한(Otto Hahn, 1879~1968)과 프리츠

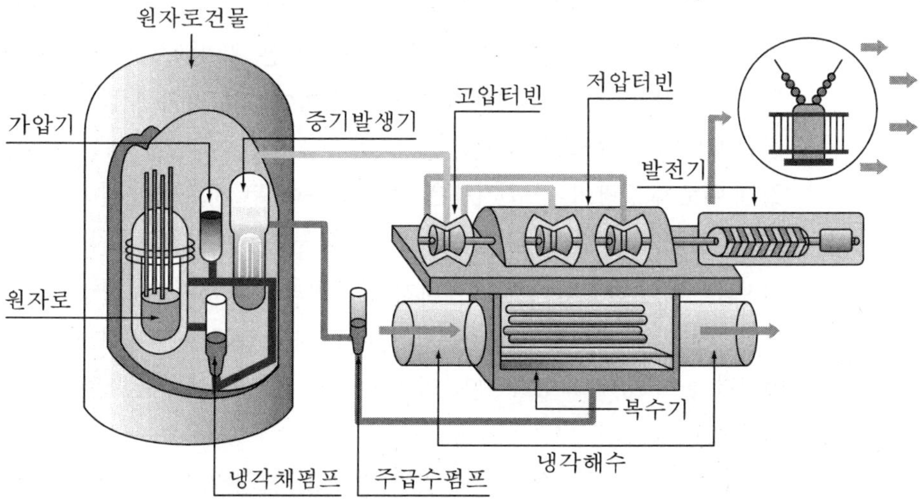

그림 4.2 원자력 발전 원리

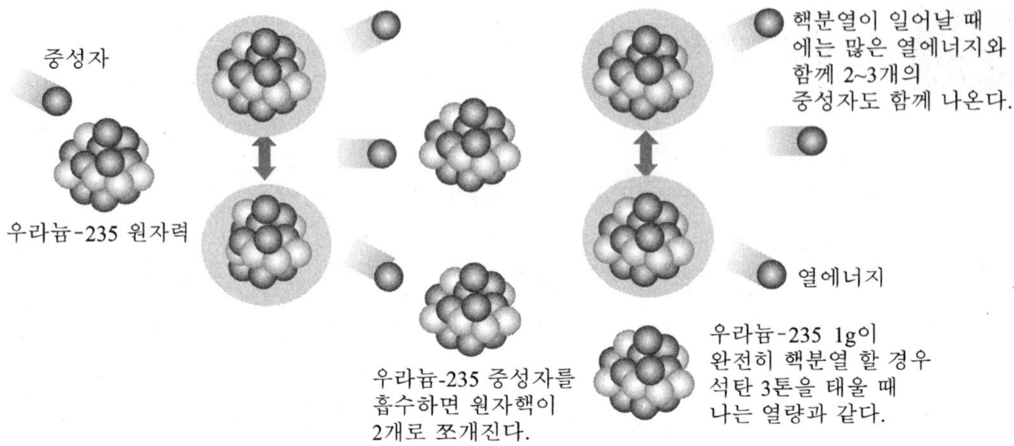

그림 4.3 핵분열의 원리

슈트라스만(Fritz Strassmann, 1902～1980)이 최초로 핵분열을 발표하였다. 그들은 우라늄 235(235U, 원자번호 92)에 열중성자를 충돌시키면 질량이 비슷한 두 개의 바륨(Ba, 원자번호 56), 크립톤(Kr, 원자번호 36) 동위원소로 갈라지고 중성자가 2～3개 방출되면서 기존의 핵반응과는 비교되지 않을 정도의 큰 에너지가 발생하는 것을 발견하였다. 그리고 1939년 1월에는 그들과 함께 연구했던 리제 마이트너(Lise Meitner 1878～1968)와 프리쉬(Otto Frisch)가 열중성자를 충돌시킨 우라늄 핵이 에너지를 방출하면서 비슷한 질량을 가진 두 개의 원소로 깨진다는 것을 실험하였다. 오토 한은 1944년에 이 공로로 노벨 화학상을 받았다. 무거운 원자핵은 핵분열을 일으키면 가벼운 원자핵으로 쪼개지면서 에너지를 방출한다. 이것은 원자핵의 핵자당 결합에너지 차이에서 발생한다. 핵자당 결합에너지는 철(Fe)에서 가장 크고 질량이 커질수록 감소하는 특성을 가지고 있기 때문에 질량이 큰 원자핵은 작은 원자핵 두 개로 핵분열하면서 두 결합에너지의 차이만큼의 에너지를 방출한다. 방출되는 에너지는 핵분열 전후의 질량 결손과 아인슈타인의 질량-에너지 등가원리($E=mc^2$)로 설명할 수 있다. 질량결손에 의해 생성된 에너지는 생성된 입자의 운동 에너지와 전자기파(γ선)의 에너지 등의 형태로 방출된다. 이 에너지를 원자핵 에너지 또는 원자력 에너지라고 한다.

이론적으로 설명하자면, 핵분열의 과정인 두 개의 핵으로 쪼개지거나 분열되는 과정에서 생성된 전체 질량은 원해의 무거운 핵자가 가지는 질량보다 작아지게 된다. 에너지가 작아서 느려진 속력의 중성자에 의해서 235U 원자가 핵분열을 일으키게 되면, 다음과 같은 과정을 거쳐 분열이 일어나게 된다. 이때, $^{236}U^*$이 핵분열이 일어나게 되어 X와 Y의 두 원자로 나누어 질 때 대략적으로 10^{-12} s의 시간이 걸리게 되는데 이 식에서 에너지와 전하의 보존을 만족시키는 X와 Y의 원자 종류는 여러 가지로 선택이 가능하다. 우라늄을 분열할 시에는 대략 90여 가지의 다른 딸핵들이 형성이 가능하다. 핵분열이 일어날 때마다 보통 2~3개 정도의 중성자가 생성되기 마련이다. 여기서 방출되는 중성자의 평균 개수는 2.47개로 이러한 반응의 대표적인 다음과 같은 식이 주어지게 된다. 다음 식의 분열 과정에 있어서 우라늄에 중성자가 들어가게 되면 Ba과 Kr 원자, 몇 개의 중성자들로 나뉘면서 상당량의 운동에너지를 갖게 된다. 이때 핵자의 수와 질량의 수를 더하게 되면 왼쪽과 오른쪽의 합의 상등하다는 것을 알 수 있다. 다음 식 (4.1)의 붕괴 과정에서 방출되는 에너지는 $KE_{처음} = 0$이라 가정을 하여 상대론적 에너지의 보존을 적용시킨다.

$$(KE + mc^2)_{처음} = (KE + mc^2)_{나중} \quad \text{식 (4.1)}$$

2) 방사능

방사선 – 높은 운동에너지를 가지고 흐르는 물질입자(이온・전자・중성자・양성자・뮤온 등으로 입자방사선이라고 한다)와 고에너지의 전자기파 즉 극히 파장이 짧은 전자기파(γ선, X선)를 총칭하여 방사선이라고 부른다. 보통 전리방사선이라고 부르는데 전리방사선은 물질을 통과할 때 직접 또는 간접적으로 그 물질의 원자를 전리시키는 능력을 가진 방사선이다. 방사능의 용어는 두 가지의 뜻으로 사용된다. 하나는 방사성물질이 자발적으로 방사선을 방출하는 성질을 의미한다. 다른 하나는 방사성물질의 양을 나타내는 것으로 방사능의 세기를 의미하는데 일반으로는 이것도 방사능이라고 부르고 있다. 후자의 방사능은 방사성물질에 포함된 방사성핵종의 원자 중 몇 개가 단위시간에 변환하는가에 따라 정의된다. 따라서 방사성핵종의 원자수가 같아도 보다 변환하기 쉬운 불안정한 방사성핵종에서는 보다 강한 방사능을 나타낸다. 방사능의 단위로는 퀴리로, 다음과 같이 정의한다.

$$1\ \mathrm{Ci} \equiv 3.7 \times 10^{10}\ 붕괴/\mathrm{s} \quad \text{식 (4.2)}$$

3) 핵융합

가벼운 원자핵끼리 합체하는 반응을 핵융합이라고 한다. 지상에서 가장 핵융합반응을 일으키기 쉬운 것은 수소의 일종인 중수소와 3중수소(트리튬)의 반응이다. 이것들이 핵융합반응을 일으키면 반응후의 질량은 반응전보다 약간 가볍게 된다. 이때 가볍게 된 만큼의 질량은 아인슈타인의 상대성이론 질량과 에너지의 등가성에 의하여 에너지로 변화한다. 중수소와 3중수소의 혼합연료 1그램을 핵융합 반응시키면 석유 8톤 분에 상당하는 막대한 에너지가 발생한다. 핵융합 반응은 두 개의 가벼운 원자핵이 반응하여 그것보다 무거운 원자핵을 만드는 반응을 말한다. 원자핵을 구성하는 핵자 (양성자, 중성자) 상호간에는 핵력이 작용하고 있으며 그것은 서로의 거리가 10^{-14} m보다 가까우면 같은 전하를 가진 양성자간의 전기적 반발력(쿨롬의 힘)을 이겨내는 인력으로 된다. 수소나 헬륨과 같이 비교적 가벼운 원자핵상호간에 위와 같은 조건을 부여하면 그 인력에 의해 결합하여 보다 무거운 원자핵이 생기면서 동시에 과잉의 질량(=결합에너지)을 방사선에너지로서 방출한다. 문제는 쿨롬의 힘을 이겨내고 원자핵끼리 근접시킬 수 있는가 하는 것인데, 고온의 플라즈마로 만들어 원자핵의 커다란 열속도(10^{-100} keV)를 이용해서 충돌시키는 방법이 열핵융합이다. 가장 실현성이 높은 핵융합 반응에 있어서는 수소 동위 원소인 중수소(D)와 삼중수소(T)를 원료로 사용한 반응장치가 있다. 반응과정은 다음의 식과 같다.

$$
\begin{aligned}
&{}^{2}_{1}D + {}^{2}_{1}D \;\rightarrow\; {}^{3}_{2}He + {}^{1}_{0}n \qquad Q = 3.27\ \mathrm{MeV} \\
&{}^{2}_{1}D + {}^{2}_{1}D \;\rightarrow\; {}^{3}_{1}T + {}^{1}_{1}H \qquad Q = 4.03\ \mathrm{MeV} \\
&{}^{2}_{1}D + {}^{3}_{1}T \;\rightarrow\; {}^{4}_{2}He + {}^{1}_{1}n \qquad Q = 17.59\ \mathrm{MeV}
\end{aligned}
\qquad \text{식(3)}
$$

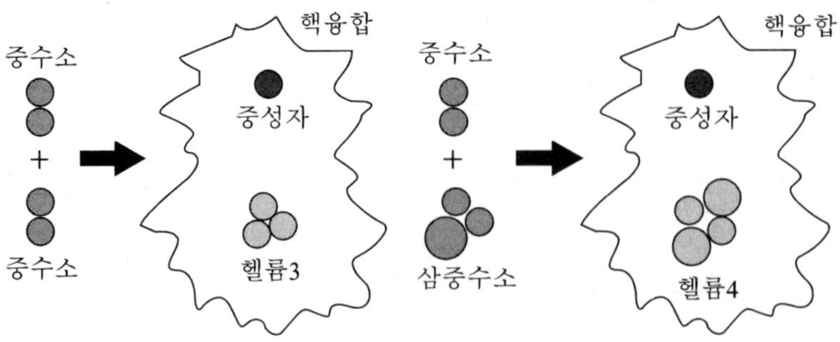

그림 4.4 핵융합의 원리

3 원자력 발전 시설

3.1 원자로

원자로 형에는 경수로, 중수로 그리고 영국에서 개발된 가스 냉각로가 있고 플루토늄 생산을 위한 고속증식로로 구분이 된다. 원자로 분류 기준은 중성자에너지, 원자로를 구성하고 있는 물질, 감속재나 핵연료 배치모양, 반사체 유무, 사용목적 등에 따라서 나타낸다.

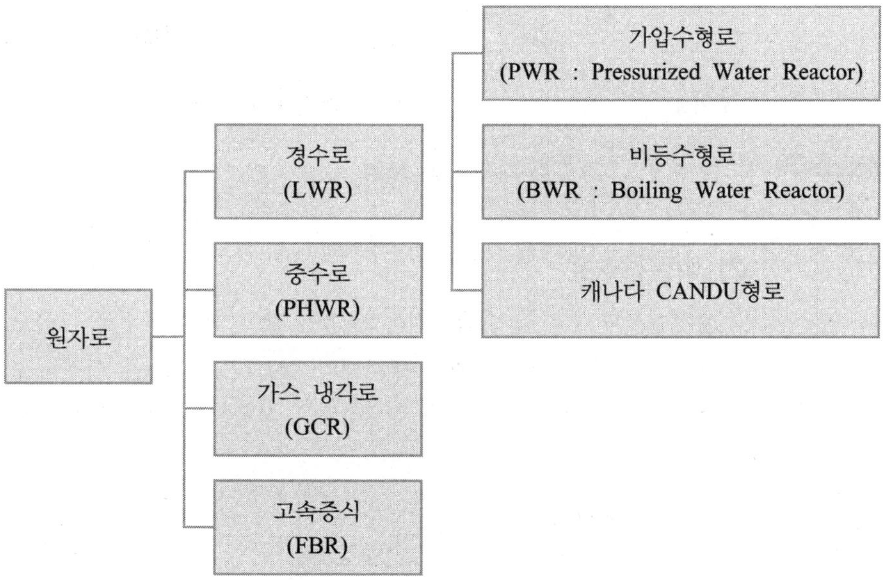

그림 4.5 원자로의 분류

1) 가압경수로

우리나라의 주력 원자로로서 약 320°C에서 비등이 일어나지 않도록 160기압의 고압으로 유지된다. 세계원전의 60% 정도를 차지하는 원자로로 냉각재와 감속재로 물인 경수를 이용한다. 가압경수로의 특징은 원자로에 연료를 농축 우라늄으로 하여 핵반응을 일으키면 엄청난 양의 온도가 올라가게 된다. 이 핵반응의 감속을 위해 사용하는 냉각수로 일반 경수를 사용하는 것을 경수로라서 칭하며 이 온도로 냉각수 물을 끓여 발전기의 터빈을 돌리는데 섭씨 100도의 온도로 끓지 않고 증기력의 힘을 올리기 위해 원자로의 압력을 160기압 정도까지 높이며 이 원리를 적용한 것이 가압경수로이다.

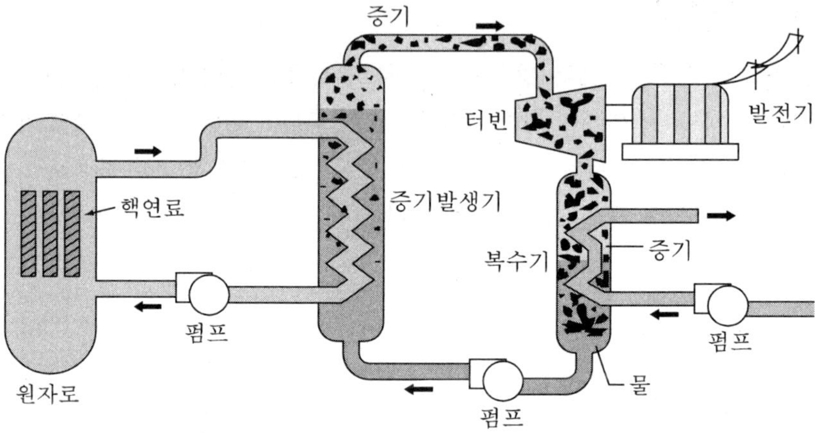

그림 4.6 가압경수로 기본 모형

2) 비등경수로

화력발전과 증기를 발생시키는 방법이 같고 가압 경수로 다음으로 많은 22% 비율을 차지하는 원자로이다. 냉각재와 감속재로 경수를 사용하고 연료로 우라늄235가 2%가 들어있는 저농축우라늄을 사용하는 경수로와 유사하다. 하지만

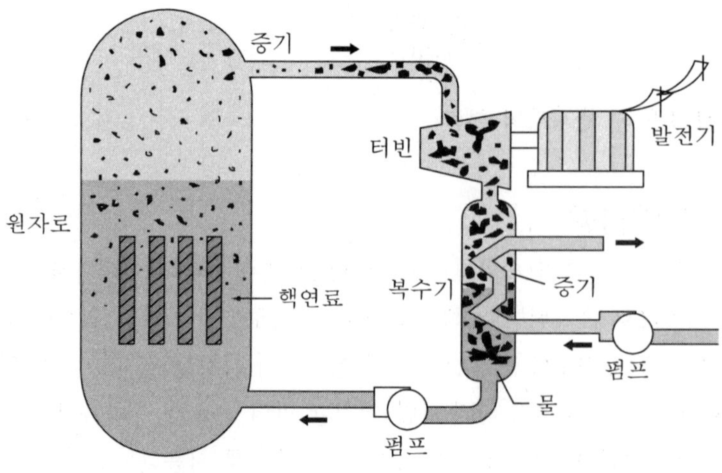

그림 4.7 비등경수로 기본 모형

냉각재가 직접 비등하여 증기가 되므로 높은 압력이 유지되지 않고 원자로계통과 터빈계통이 완전 분리가 되지 않아 방사선 차폐가 어렵다는 단점이 있다.

3) 가압중수로

핵반응의 감속재로 사용되는 중수는 경수와 같이 물 분자에 수소가 두 개이며 산소가 한 개 결합하는데 비해 수소 개수가 더 많다. 그리고 사용되는 원료는 천연우라늄과 반응을 더 잘하기에 천연우라늄을 사용한다. 여기서 압력을 가하는 방식을 원자로가 구성되기 때문에 가압중수로라고 한다.

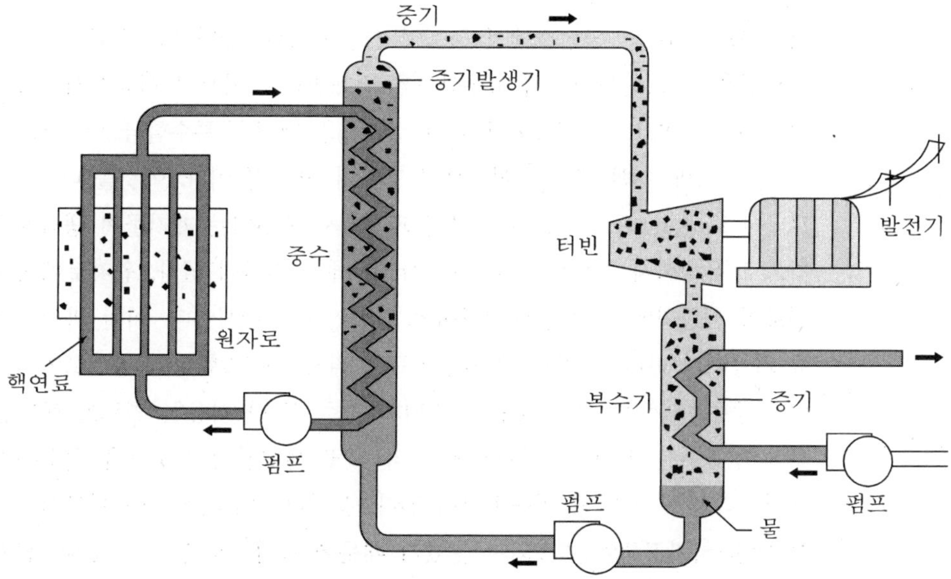

그림 4.8 가압중수로 기본 모형

표 4.1 가압경수로와 가압중수로 차이점

구분	가압경수로	가압중수로
연료	농축우라늄(U235, 약 2～5%)	천연우라늄(U235, 약 0.7%)
교체시기	발전정지 후(1/3씩 교체)	운전 중(메일 일정량 교체)
냉각제	감속재경수(H_2O)	사용중수(D_2O)
사용개발 국가	미국, 세계 원전의 60%	캐나다, 세계원전의 5%

3.2 원전 원료

1) 현황

원자력발전소의 연료로 사용이 되는 우라늄, 플루토늄 및 토륨은 석유, 석탄 등의 화석연료와 달리 아주 적은 양으로도 다량의 전기를 생산할 수 있다. 원자로에서 에너지를 얻기 위해 사용하는 핵연료로는 보통 농축 우라늄을 많이 사용한다. 우라늄은 석탄처럼 땅 속에 묻혀있기 때문에 먼저 채굴작업을 통해 이를 캐내야 한다. 자연 속에서 존재하는 천연 우라늄 중에서 원자핵 분열을 할 수 있는 우라늄235는 약 0.7%이고, 나머지는 핵분열을 하지 않는 우라늄238로 구성되어 있다. 채광된 우라늄은 정련, 변환, 농축 및 성형가공 등 일련의 가공과정을 거쳐 원자력 발전소에서 사용이 가능한 연료 집합체로 형태를 갖춘다. 농축과정을 통해 만들어진 농축우라늄을 담배필터 모양으로 만들어서 고온처리를 하면 원전 '연료소자(펠릿)'가 된다. 그 다음 펠릿을 특수합금으로 만든 가느다란 튜브 속에 수백 개씩 집어넣으면 그것이 '연료봉'이다. 이것을 다시 묶어 '연료다발'로 만든다. 연료봉은 핵분열 과정에서 생성되는 폐기물이 냉각재에 섞여 밖으로 유출되지 않도록 지르코늄 합금판에 둘러싸여 있다. 원자로에 들어가는 연료의 최종형태는 이런 다발형태의 원전연료 집합체이다. 이런 과정을 원전연료 가공이라 한다. 이렇게 제작된 연료는 원자로에 결합되어 경수로의 경우 3~5년, 중수로의 경우 1년 동안 연소되며 연소 후 다 사용한 연료는 장기간 냉각 후에 영구처분 되거나 미연소 된 우라늄 및 생성된 플루토늄을 회수하기 위한 재처리과정을 거친 후 영구처분이 된다. 우리나라의 경우 영구처분이나 재처리에 대한 **국가정책이** 결정되지 않았기 때문에 중간저장을 하고 있다. 원자력 위원회에서 **사용 후** 연료를 2016년까지는 원자력 발전소의 부지 내에 저장 용량을 확충하여 각 부지별로 관리하도록 하였다. 우라늄 원광의 채광에서부터 가공된 연료를 원자로에 장전하기까지의 과정을 '선행원전연료주기'라고 하며 원자로에서 연료 후 인출된 사용 후 연료를 발전소 외 저장시설이나 재처리시설로 이송하는 시점부터 이를 최종처분 하기까지의 과정을 '후행원전연료주기'라 일컫는다.

2) 원전 연료 확보 기본 방침

우리나라는 각 공정(정광, 변환, 농축, 성형가공)별로 구분하여 원전연료를 확보하고 있다. 즉, 발전소 별로 소요량과 시기를 맞추어 필요한 만큼 적절한 양의 정광을 구입하고 이를 변환, 농축, 성형가공 과정을 통해 원전연료로 제작, 가공 후 공급한다. 따라서 공정의 지연이 없이 안정적이고 경제적인 연료 공급을 위한 전략이 필요하고 이를 위해 공정별 공급원의 다원화, 적정 저장원료 유지 및 원전연료의 기술개발이 추진되고 있다. 우라늄 정광이란, 우라늄도 다른 금속과 마찬가지로 광석 형태로 존재하기에 노천광상이나 지하광상에서 채굴한다. 이렇게 채광한 우라늄 광석을 분해, 여과 및 화학적 처리 과정을 거쳐 우라늄 성분을 분리하는데, 이것을 정련이라고 한다. 정련된 우라늄을 우라늄 정광이라 한다. 질량비로는 약 85%의 우라늄을 가지고 있다. 세계 우라늄 확인 매장량은 약 764만 톤으로 인류가 120년 이상 사용할 수 있는 양이며 바다 속에는 전 세계 원자로가 6만년 동안 사용할 수 있는 막대한 양의 우라늄이 존재한다. 이처럼 우라늄은 21세기에도 인류의 에너지 문제를 해결하는 데 크게 기여할 것으로 예상된다.

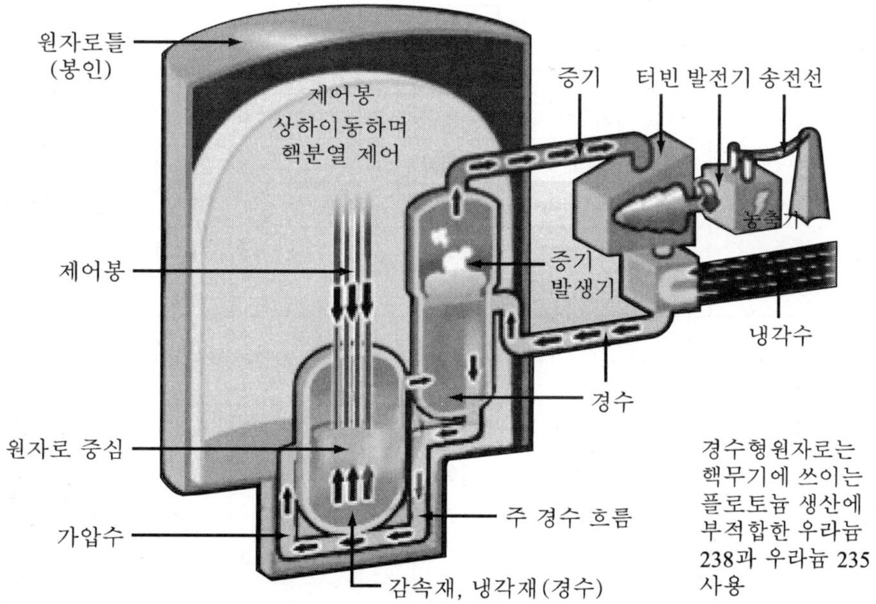

일반 물이나 경수를 감속재와 냉각재로 사용하는 원자로

그림 4.9 원자력 연료 가공 과정

4 원자력 발전 추이

중대 원전사고와 각국의 원전안전 규제 시스템의 중대 변화가 원자로의 운전 실적, 안전과 관련된 실적에 미치는 영향을 살펴보면, 표 4.2는 각국이 운영한

표 4.2 국가별 원자로 현황

국가코드	국가	운전 중		건설 중		장기 운전정지		영구 운전정지		계획 중	운영 경험	순위	
		원자로수	순용량(MV)	원자로수	순용량(MW)	원자로수	순용량(MV)	원자로수	순용량(MW)	원자로수	(년)	순용량(MW)	운영경험
US	미국	100	99,081	5	5,633			32	13,340	16	3,912	1	1
FR	프랑스	58	63,130	1	1,630			12	3,789		1,932	2	2
JP	일본	48	42,388	2	1,325	1	246	11	6,164	9	1,646	3	3
GB	영국	16	9,243					29	4,225		1,527	11	4
RU	러시아	33	23,643	10	8,382			5	786	22	1,124	4	5
DE	독일	9	12,068					27	14,301		799	9	6
CA	캐나다	19	13,500					6	2,143		655	7	7
UA	우크라이나	15	13,107	2	1,900			4	3,515		428	8	8
KR	대한민국	23	20,721	5	6,370						427	5	9
SE	스웨덴	10	9,474					3	1,210		412	10	10
IN	인도	21	5,308	6	3,907					4	397	14	11
ES	스페인	7	7,121			1	446	2	621		301	12	12
BE	벨기에	7	5,927					1	10		261	13	13
CH	스위스	5	3,308					1	6		194	17	14
TW	대만	6	5,032	2	2600						194	15	14
CN	중국	20	16,038	29	28,774					35	160	6	16
BG	불가리아	2	1,906					4	1,632		155	19	17
SK	슬로바키아	4	1,815	2	880			3	909		148	23	18
FI	핀란드	4	2,752	1	1,600						139	18	19

원자로의 수, 총 순용량, 원자로의 운전경험을 수치화하여 나타내고 있다. 원자력 발전소 운전경험은 미국, 프랑스, 일본, 영국, 러시아, 독일, 캐나다 순으로 높으며 한국 또한 9위의 높은 운전경험을 가지고 있다. 순발전용량 기준으로 순위를 살펴보면 1위부터 3위까지는 운영경험과 순위가 같으나 영국의 201년 순발전용량의 순위는 11위에 그쳤다. 최근 중국은 낮은 운전경험에도 불구하고 많은 원전 건설을 하고 순발전용량은 한국 다음으로 6위에 차지하였다.

표 4.3에서 알 수 있듯이 원자력은 발전원 중 설비용량으로 상당히 많은 부분을 차지하고 있다. 원자력 발전으로 인한 전력 생산량은 해마다 증가하는 추세이지만 2005년에는 전체 전력 생산량의 28%를 차지하며, 2006년에는 27%, 2007년에는 26%로 전체 전력 생산량의 비율은 감소하는 추세이다.

표 4.3 발전원별 발전설비 추이량(MW)

구분	원자력	수력	석탄	유류	가스	집단	대체	합계
2005	17,716	3,883	17,965	4,710	16,447	1,382	156	62,258
2006	17,716	5,485	18,465	4,790	17,436	1,382	240	65,514
2007	17,716	5,492	20,465	5,404	17,948	893	351	68,268
2008	17,716	5,505	23,705	5,407	17,969	1,460	728	72,491
2009	17,716	5,515	24,205	5,438	17,850	1,610	1,136	73,470
2010	17,716	5,525	24,205	5,400	19,417	2,067	1,749	76,078
2011	18,716	6,418	24,205	5,405	20,116	2,623	1,859	79,342
2012	20,716	6,446	24,534	876	23,790	3,106	2,338	81,806
2013	20,716	6,454	24,534	4,850	23,790	3,106	3,519	86,969
2014	20,716	6,467	27,036	4,255	30,269	-	4,474	93,216
2015	21,716	6,471	27,327	4,243	32,244	-	5,649	97,649
2016	23,116	6,485	32,023	4,141	32,602	-	7,499	105,866

표 4.4 세계 원자력 발전소 설비 용량 전망

구분	2014년	2015년	2016년	2020년	2025년	2030년
설비용량(GWe)	358.1	378.3	396.9	433.4	491.1	574.4

5 안전대책

현재까지 원전에서의 국내·외 대형 사고는 1979년 TML사고, 1986년 체르노빌 사고, 2011년 후쿠시마 사고 등 세 가지가 있다. 이러한 사고들은 매우 드문 일이지만 일단 발생하게 되면 전 세계적으로 막대한 피해와 비용을 초래하며 후세에도 영향을 끼치기 때문에 국제적인 공조 하에 원전 사고의 확률을 줄이고 안정성을 확보하기 위한 노력이 지속되어 왔다. 이처럼 원자력에너지를 평화적으로 사용하였을 경우에는 인류에게 많은 도움을 줄 수 있지만 원자력에너지를 잘못된 방향으로 사용하거나 부적절한 관리는 인류에 큰 재앙을 가져올 수 있다. 원자력발전소의 시스템은 백 만 개 이상의 부품으로 구성된 기계인 만큼 언제든지 고장이 발생할 가능성이 있으며 자연재해나 그 밖의 외부 충격에도 안전하여야 한다. 따라서 원자력에너지의 평화적 이용과 안전한 관리는 개발하여야 할 필수적인 과제이다.

1) 위험요소 통제

원자력 발전 중에 발생하는 방사능이 사고로 밖으로 유출되는 경우, 인간과 환경에 심각한 피해를 끼친다. 노출된 방사선은 통제가 어려우며 피해는 장기적으로 인간에게 고통을 준다. 그렇기에 매우 높은 수준의 안전을 고려하는 것이 원자력 에너지 사용의 핵심이다. 즉, 원자력 안전의 목적은 위험요소인 방사능을 효과적으로 통제하는 것이다. 원자력 발전소는 항상 방호 시스템의 실패, 인간의 실수, 자연현상에 의해 사고가 발생한다. 재해를 예방하기 위해 안전성 5단계라는 철학을 기본으로 방어 시스템을 가지고 있다.

보다 구체적으로 살펴보자면, 첫 번째는 예방이 최선이라는 원칙을 두고 있다. 어떠한 사고도 발생되지 않도록 철저하게 사고의 원인이 될 수 있는 가능성을 배제하는 것이다. 이를 위한 것이 대표적으로 음의 기포계수와 음의 온도계수이다. 이것은 원자로가 비정상적인 요인으로 핵분열 연쇄반응이 증가할 때 스스로 핵분열을 억제하여 사고를 저지할 수 있는 안정성을 가지고 있다. 그러나 아무리 철저한 예방이라 할지라도 발생할 수 있는 사고를 대비하기 위해 두 번째는 사고결과를 최소화하기 위한 냉각을 충분히 공급할 수 있는 여러 안전 시스템을 구축하는 것이다. 핵분열 생성물의 방출을 줄이기 위한 긴급 노내장치가 설치가 되어있다. 또한 원자로를 정지시킬 수 있는 다양한 방법의 정지 시스템을 갖추고 있어 정지를 시키는 어느 한 장치가 고장 났다고 하더라도 다른 장치를 통해 안전하게 원자로를 정지시킬 수 있다. 세 번째는 사고 발생 시 그 범위가 설계 기준 이내로 국한되게 하는 것이다. 방사능이 외부로 유출이 된다면 그에 대한 피해는 시간적으로나 공간적으로나 막대한 피해를 야기한다. 네 번째는 사고가 발생하였을 경우 사고 피해를 최소화하고 피해상황을 복구하는 것이다. 극도의 낮은 확률에 대한 사고여도 인명 및 환경에 대한 피해를 최소화할 수 있도록 추가의 안전계통을 설치하는 것이다. 대표적인 예로는, 1 m의 두꺼운 철근 콘크리트 건물로 원자로를 둘러싸고 있는 격납건물을 설치하여 심각한 원전 사고가 발생할 경우 원자력 시설이 넘어지지 않도록 하기 위한 것이 있다. 마지막 다섯 번째는 중대사고 발생 시 피해를 최소화하기 위해 외부에서 비상조치를 하는 것이다. 방어벽을 여러 겹 설치하여 외부 노출을 막을 수 있을 지라도 역시 가장 좋은 방어수단은 핵연료 파손을 미연에 방지하는 것이다. 특히 방사성 물질 대부분이 핵연료 내에 있기 때문에 원천적으로 핵연료의 안전성을 유지하는 것이 최선의 방어책이다.

2) 국제적 안전 문화

1986년 구소련에서 발생한 체르노빌 원전사고는 세계의 원자력 발전 분야에 큰 파장을 일으켰다. 체르노빌 원전 사고 이후 IAEA를 중심으로 하는 원자력 및 안전전문가들이 이 사고를 조사하고 대책을 논의하며 과학적・기술적 원인이 아닌 다른 요인에 초점을 두고 검토가 이루어졌다. 이로 인해 안전문화가 중요하다는 인식이 공유되며 원전 안전성 향상을 위한 원자력 안전문화 조성에 힘을 쓰고 3년 주기로 원자력 체약국들 간에 원전 운영상황을 상호 검토하도록 하였다. 이러한 국제사회의 노력으로 전 세계의 안전문화가 확산되었다. 또한 국제사회는 과거 원자로 발전 실적 향상에 요점을 둔 원전정책에서 방향을 바꾸어 안전을 최우선의 가치로 설정하는 정책을 추구하게 되었다. 그림 4.10은 전 세계 원자력 사용의 연평균 이용률 추이를 그래프로 나타낸 것이다. 1970년대 말부터 체르노빌 사고가 발생하기 전인 1985년까지의 원자로 이용률은 급격히 상승하는 모습을 볼 수 있다. 체르노빌 원전사고 이후 원전 이용률의 증가세는 크게 꺾이고 1990년대 초반까지 평균 약 75%대의 이용률을 보이고 있지만 원전

이용률이 저하되지는 않는다. 오히려 원전운영기술이 발달함에 따라 원전 이용률은 1993년부터 다시 상승세를 보였고 후쿠시마 원전사고 이전까지 80%에 달하는 높은 경제성을 가지고 있다. 이러한 높은 이용률의 배경은 발전소를 중지하지 않고 출력 운전 중에 폭 넓은 검사를 진행하는 온라인 유지보수의 작업, 정기검사 기간 단축, 운전주기 연장, 발전소 운전 정지 요인이 되는 문제의 감소 등이 있다. 이는 원전의 성능지표 중 이용률의 향상과 더불어 원자로 강제중단에 따른 발전 기회비용을 낮춘 것으로 보고 있다.

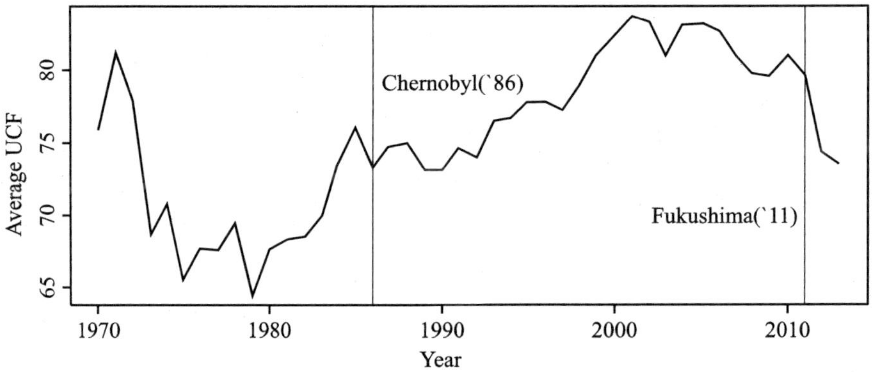

그림 4.10 세계 원자력 사용 연평균 이용률

3) 원자력시설 방재 대책

원자력 시설 등의 방호 및 방사능 방재대책법은 핵물질 및 원자력 시설의 안전한 운영을 위한 방사능방재 및 시설방호체제를 강화하고 방사능 방재에 대한 전문성 등을 고려하여 방사능재난에 효율적으로 대처하도록 방사능재난관리체제를 구축하기 위한 법적·제도적 기틀을 마련하기 위해 만들어졌다. 2003년 5월 법률 6873호로 제정된 이 법은 2009년 5차례 개정이 있었다. 당시 개정은 국가의 핵에 대한 투명성을 높이고 국제사회의 신뢰성을 확보하기 위해서 국가원자력통제업무를 수행할 독립전문기관인 한국원자력통제기술원을 설립하게 되었다. 본 법률의 주요 내용을 종합하면 다음과 같다.

① 정부는 핵물질 및 원자력시설의 안전한 운영을 도모하기 위한 시책을 강구하기 위하여 핵물질 및 원자력시설에 대한 물리적 방호체제를 수립하도

록 한다.

② 핵물질 및 원자력시설에 대한 물리적 방호에 관한 국가의 중요정책을 심의하기 위하여 교육과학기술부장관 소속하에 원자력시설 등의 물리적 방호협의회를 두고 원자력시설 등이 위치하는 지역에는 시・도 방호협의회 및 시・군・구 방호협의회를 두도록 한다.

③ 원자력사업자는 당해 원자력시설에 대하여 물리적 방호 운영체제・물리적 방호 규정 및 방호비상계획을 수립하여 핵물질의 불법이전, 원자력시설 등에 대한 위협에 대응하도록 한다.

④ 교육과학기술부장관은 피폭방사선량 등이 일정 수치 이상인 경우에는 방사능재난을 선포하고 방사능재난 상황 및 긴급대응조치사항 등을 국무총리를 거쳐 대통령에게 보고하도록 한다.

⑤ 교육과학기술부장관은 방사능방재에 관한 긴급대응조치를 하기 위하여 그 소속하에 중앙방사능방재대책본부를 설치하도록 한다.

⑥ 방사능재난의 대비태세를 유지하기 위하여 원자력사업자는 방사능감시시설, 방사능오염제거시설 등 방사능재난대응 시설 및 장비를 확보하도록 한다.

⑦ 시・도지사 등은 방사능재난상황이 해제된 경우에는 방사능재난 발생구역 거주자들에 대한 의료 조치 등 방사능재난의 확대방지 및 피해복구를 위한 사후대책을 수립하고 시행하도록 한다.

6 사고 등급 및 사례

6.1 국제 원자력 사고 등급

국제원자력기구(IAEA)는 1992년부터 원자력 사고의 정도를 일관성 있고 일반인들이 이해하기 쉽게 사건등급을 도입하여 평가하고 있다. 국제원자력사고등급은 0~7등급으로 구분된다. 0등급은 변이, 1~3등급은 사건, 4~7등급은 사고로 구분된다. 사건은 위험이 시설 내부로 국한된 경우이고 사고는 위험이 외부로 확대된 경우이다. 그동안 5등급까지의 사고는 여러 차례 발생했으나 6등급과 7등급의 사고는 각각 한 차례씩 밖에 발생하지 않았다. 가장 큰 사고는 1986년 구소련(현재 우크라이나)에서 발생한 체르노빌 원전 폭발 사고이다. 표 4.5는 국제원자력사고등급에 대한 설명이다.

표 4.5 원자력사고 등급 및 위험도

등급정도	위험 정도	위험 수준
0등급	척도 미만(Deviation – no safety significance)	경미한 이상. 사건이 발생했으나 안전에 중요하지 않아서 사건으로 간주하지 않는다.
1등급	이례적인 사건 (Anomaly)	운전제한 범위에서의 이탈. 큰 문제는 아니지만 사건이 생기면 세계 뉴스에 오른다.
2등급	이상 (Incident)	시설물 내의 상당한 방사능 오염. 시설 종사자들의 법정 연간 피폭 한계치 내의 방사선 노출. 시설 내부에서 방사능 오염과 피폭이 있었지만 안전상 심각한 정도는 아니다.
3등급	중대한 이상 (Serious)	시설물 내의 심각한 방사능 오염. 시설 종사자들의 심각한 피폭. 시설 내부에서 안전상 심각한 방사능 오염과 피폭이 발생했다.
4등급	시설 내부의 위험사고 (Accident with local consequences)	원자로 노심이 상당한 손상을 입었고 시설 종사자들이 심각한 피폭으로 사망. 소량의 방사능이 외부로 유출되어 주변 지역에 대한 경고가 시작된다.
5등급	시설 외부로의 위험사고 (Accident with wider consequences)	원자로용기에 중대한 손상을 입은 경우. 노심 융해가 시작되고 원자로 격벽의 일부가 파손되어 방사능이 외부로 누출되어 시설 및 주변 지역에 대한 대피 권고가 발동된다.

6등급	심각한 사고 (Serious accident)	상당량의 방사성 물질 외부 유출. 사고지점과 인근 지역에서 신속하게 대피하지 않으면 매우 위험하다.
7등급	대형사고 (Major accident)	대량의 방사성 물질 외부 유출. 생태계에 심각한 영향 초래. 광범위한 지역에 방사능 물질을 누출시켜 엄청난 재앙을 몰고 온다.

6.2 사고사례

1) 사례 사고명 : 체르노빌 원자력 발전소 폭발 사고(1986년 소련, 7등급)

① 개요

사고가 발생한 체르노빌 원자력 발전소는 1978년에 가동이 된 원자력 발전소로서, 현재의 우크라이나와 벨라루스 국경 근처, 체르노빌에서 북서쪽으로 약 18 km 떨어진 곳에 위치한다. 사고 당시에는 체르노빌 발전소는 총 4기의 원자로를 운용 중이었고, 2기의 원자로를 추가로 짓는 중이었다. 4기의 원자로는 모두 RBMK-1000형 원자로를 운용 중이었다. 각각의 원자로의 전력 출력은 1기가 와트(GW)이고, 이는 열 출력으로 3.2 GW의 출력에 해당되는 값이다. 사고가 일어난 4호기는 1983년 운전하였고, 2세대 RBMK-1000형 원자로를 운용 중이었다.

그림 4.11 체르노빌 원전사고

② 사고발생

이 사고는 1986년 4월 26일 오전 1시 24분경, 체르노빌 발전소의 원자로 4호기의 비정상적인 핵반응으로 발생한 열이 냉각수를 열분해로 인하여 발생한 수소가 원자로 내부에서 폭발함으로써 발생한 끔찍한 사고이다. 폭발은 원자로 4호기의 천장을 파괴당했고 파괴된 천장을 통해 핵반응으로 생성된 다량의 방사성 물질들이 존재하였다. 누출된 물질에 의한 방사능의 총량은 약 5.3엑사 베크렐로 추정되며 국제 원자력 사고 척도(INES)에 의해 분류된 사고 등급 중 가장 심각한 사고를 의미하는 7등급에 해당한다.

그림 4.12 체르노빌 인근 오염지역

③ 피해상황

사고 당일 체르노빌 원전에서 근무했거나 4호기의 사고를 처리하기 위해 파견되어 사고 현장에 있었던 사람은 총 600명이며 이들 중 누구도 충분한 방사능 측정 장비나 방사능 방호 장비를 가지고 있지 않았다. 원자로 근무자들은 감지 한도가 20밀리 시버트인 필름형 감지 장치만을 가지고 있었으며 화재 진압을 위해 파견된 소방대원들은 어떠한 방호 장비도 가지고 있지 않았다. 사고 당일, 사고가 일어난 4호기와 그 천장 주변에서의 흡수선량은 시간당 200그레이 이상이었다. 초기 작업자들 중 급성 방사선 피폭으로 확진된 134명 중 93명은 온 몸이 2.2그레이 이상의 방사능에 노출되었으며 그 중 21명은 6.5에서 16그레이에 이르는 방사능에 노출되었다. 또 누출 방지와 누출 방사능 처리 작업에 투입된 해체작업자들 중 작업 초기인 1986년에서 1987년 사이에 투입된 22만 6천 명의 작업자들은 평균적으로 130～170밀리 시버트의 방사능에 계속해서 피폭되었다. 공식 보고에 따르면, 이들 중 25,000명이 사망하였다. 이들의 사망 원인과 방사능 피폭과의 직접적인 관계는 입증되지 않았다.

④ 사고원인

사고의 원인에 대한 공식적인 발표는 1986년 8월과 1992년에 각각 한 차례씩 있었다고 한다. 사고가 일어난 이후 국제 원자력 기구(IAEA)에서는 체르노빌 사고의 원인을 조사하기 위하여 국제핵안전자문그룹(INSAG : International Nuclear Safety Advisory Group)라는 이름으로 전문가 그룹을 만들었다. 이들은 소련 정부가 제공한 자료와 전문가들의 증언을 토대로 원인을 조사한 후 1986년 8월에 INSAG-1이라는 이름으로 사고 원인 보고서를 처음 제작했다. 사고 원인은 체르노빌 원자력 발전소의 구조적 결함이 가장 결정적이라는 주장을 내세웠다. 사고 당시에 체르노빌 원자력 발전소는 흑연을 감속재로 사용하는 RBMK형 원자로를 사용하였는데 이것은 물을 감속재로 사용하는 PWR형에 비해 조작이 복잡하고 안전성이 결여된 구조를 가진 원자로 상태였다. RBMK형 원자로는 노심에 핵연료가 들어가는 여러 개의 압력관이 모여 있는 구조를 띠게 되므로 노심에 압력관을 추가하게 되면 쉽게 원자로의 출력을 높일 수 있는 이점이 있지만 다른 원자로에 비해 매우 불안정 하다. 하지만 초기의 원자로는 비상시 핵반응의 폭주를 막는 비상노심냉각장치(ECCS)의 설계에 결함이 있었고 이후 이 문제를 개선하여 새로 설계된 2세대 원자로에서도 방사능이 누출되었을 때 원자로 외부로 방사능이 유출되는 것을 막는 역할을 하는 격납장치가 서유럽과 미국에서 설계된 원자로에 비해 거의 없다고 봐야했다. 또한 냉각재와 감속재가 분리되어 있는 설계상, 노심에 있는 증기의 압력이 증가하면 감속재인 흑연에 비해 냉각재인 경수가 감소하므로 핵반응 속도가 더욱 증가하는 특성을 나타낸다. 이는 피드백과 상쇄된다. 또한 RBMK형 원자로에는 제어봉이 삽입되기까지 지나치게 긴 시간이 걸리며 제어봉이 감속재의 위에서 아래로 내려가는 형식이므로 흑연에 걸려서 제어봉이 내려가지 않는 경우도 있다. 사고 전, 체르노빌 발전소에서는 기술적인 문제로 인한 원자로의 긴급 정지가 1980년부터 사고 당시까지 총 71건이 일어났지만 소련 측에서는 이러한 결함과 사고를 감추기 바빴고 폭발 직전까지 체르노빌 발전소를 세계에서 가장 안전한 원자력 발전소 중 하나로 홍보하고 있었다고 한다.

⑤ 사고처리

화재 진압과 방사능의 긴급 누출 방지한다. 폭발의 여파로 인하여 4호기의 잔해와 3호기에서 발생한 화재를 진압하기 위하여 1986년 4월 26일 사고 직후 소방대원들을 파견했다. 사고 직후 14명의 소방대원이 파견되어 화재를 진압하였고 250명의 대원이 추가로 배치되었다. 이로 인해 기계 동 천장의 가장 큰 불이 진압되었고 폭발한 반응로 건물 천장의 화재 또한 진압되었다. 또한 반응로 주변에 일어난 대부분의 화재가 모두 진압되었다. 이 시점에 아무도 폭발이 일어난 반응로 근처로 가지 못하여 반응로의 잔해가 계속 불타고 있었는지는 확실하지 않다. 하지만, 이후 처음 20시간 동안 소방대원과 발전소 직원들의 화재 진압 시도로 인해 뿌려진 물이 기화해, 반응로 주변은 증기로 가득하였다. 이 증기는 가열된 흑연이나 반응로 내부의 지르코늄과 같은 물질과 반응해서 수소 가스를 비롯한 많은 가연성 물질들을 만들었다. 이 가연성 물질들은 사고 발생 후 약 20시간이 지난 4월 26일 오후 9시 41분에 반응로의 잔해를 폭발하게 된다. 폭발의 여파로 만들어진 불기둥은 거의 50 m에 달할 정도의 규모에 달한다. 이 화재를 진압한 뒤 그로 인한 방사능의 누출을 막기 위하여 군용 헬리콥터 30대가 동원되어 여러 물질들을 투하했는데 이 물질에는 중성자를 흡수하여 연쇄 반응을 막기 위한 40톤의 붕소 화합물, 열을 흡수하고 이산화탄소를 발생시켜 화재를 진압을 위한 돌로마이트 600톤, 방사능 차폐를 위한 2,400톤의 납과 1,800톤의 모래와 진흙 등이 있다. 동원된 헬리콥터와 그 조종사의 방사능 피폭을 줄이기 위하여 헬리콥터들은 반응로를 직접 날아 통과하여 투하물을 떨어뜨렸다. 그러므로 투하물의 일부는 목표인 노심을 빗나가 그 주변에 떨어졌고 이렇게 주변에 떨어진 투하물은 반응로 내부의 열을 흡수하지 못하고 잡아두는 역할을 해 반응로의 온도를 높여 방사능의 추가 누출을 불러일으킨 것으로 예상된다. 헬리콥터에 의한 화재 진압 시도는 지속되었지만 폭발로 인하여 건물의 구조가 약화되어 추가 폭발 또는 노심 용해 사고가 발생할 우려가 있어 결국 중단하였다. 헬리콥터에 의한 시도가 중단된 이후에는 원자로 3호기에 있던 액체 질소를 노심에 주입해 5월 9일 반응로의 화재가 마침내 진압되었다.

2) 사고 사례명 : 키시팀사고(1957년 구소련, 6등급)

1957년 9월 29일에 구소련의 마야크 핵연료 재처리 공장에서 일어난 사고이다. 이 공장은 오조르스크시에 있었지만 오조르스크는 여행이나 거주가 제한된 폐쇄도시이기에 가까운 이웃도시인 키시팀시의 이름을 따서 키시팀 사고라고 불린다. 사고는 70～80톤의 방사성 폐기물을 모아둔 저장탱크가 냉각장치 이상으로 온도가 올라가 폭발하여 발생했다. 이 폭발로 방사성 폐기물을 모아둔 콘크리트 뚜껑이 날아가 방사성 물질이 대기 중으로 유출되었다.

하지만 이 공장은 비밀시설이기에 사고를 숨기고 있다가 사고발생 1주일 후에야 이유를 설명하지 않고 주변지역의 주민 10,000명에게 대피령을 내려 상황만 악화되었다. 그 결과 47만 명이 방사능에 피폭되어 최소한 200명 이상이 사망한 것으로 추정된다. 방사성 물질은 바람을 타고 퍼져 800 km^2에 달하는 넓은 지역을 오염시켰다. 소련은 오염된 지역을 자연보호구역으로 위장하고 주민들의 출입을 금지시켰다. 이 오염지역은 '동우랄 방사능 흔적'이라 불리며 이 사고는 조레스 메드베데프가 「네이처」지에 폭로하여 서방세계에 알려졌으며 체르노빌 사고가 일어나기 전 최악의 원전 사고로 기록되었다.

그림 4.13 오조르스크 원자력 발전소

3) 사고 사례명 : 스리마일 섬 원자력 발전소 사고(1979년 미국, 5등급)

1979년 3월 28일 미국 펜실베이니아주 미들타운의 스리마일 섬 원자력 발전소에서 일어난 노심 융해 사고이다. 이 발전소에는 2대의 가압수형 원자로가 있었는데 가압수형 원자로는 압력을 가한 물을 원자로의 냉각재 및 중성자 감속재로 사용한다. 따라서 가압수형 원자로는 압력을 가한 물을 끊임없이 순환시켜서 물이 끓지 않도록 하는 것이 중요했다. 사고는 이 급수 시스템에 문제가 생겨서 발생했다. 하지만 관리자들이 사고 원인을 찾지 못하는 동안 노심의 절반 이상이 녹아내리는 대형사고로 발전되었다. 주 정부는 만약의 경우에 대비해 인근 지역 주민들에게 대피령을 내렸고 주민들은 충격과 공포에 질려 정신없이 탈출하였다. 다행히 사고 발생 16시간 만에 사고 원인이 파악되어 원자로가 파괴되거나 붕괴되는 사태는 모면했으며 또 외부로 누출된 방사선 양도 자연 방사선에 못 미쳐 민간인들에게 피폭피해는 없었다. 하지만 이 사고는 미국 내에서 반핵 여론을 불러일으켜서 카터 대통령은 미국에서는 더 이상의 원자력 발전소를 건설하지 않는다고 선언하게 되었다. 이로 인해 미국은 70여개의 원전 건설계획이 백지화되고 30년 동안 원전 건설이 중단되기에 이르렀다.

그림 4.14 스리마일 섬 원자력 발전소

4) 사고 사례명 : 윈드스케일 원자로 사고(1957년 영국, 5등급)

1957년 10월 10일 영국의 윈드스케일이라고 불리던 원자력 단지에서 발생한 방사능 누출사고이다. 현재는 그 원자력 단지를 셀라필드라 부른다. 사고는 원자로 내에서 중성자 감속재로 쓰이는 흑연에 쌓인 위그너 에너지를 줄이기 위해 흑연을 가열하는 과정에서 발생했다. 흑연을 가열하는 동안 과열되어 원자로의 온도가 높아지는 사고가 발생하였다. 이틀 후 원자로의 온도는 다시 낮아졌으나 측정 모니터 상에는 계속 온도가 상승하는 것으로 나타나 냉각팬을 가동시켜 공기를 집어넣어서 방사성 물질이 외부로 퍼져나가는 사고가 발생하였다. 이 사고로 인명피해는 없었으나 방사성 동위원소를 머금은 지역 주변에서 생산한 우유와 기타 작물들을 폐기처분하였다. 셀라필드 원자력 단지는 영국의 주요 핵시설 중 하나로 여러 공장과 원자력 발전소가 같이 붙어 있는데 이 원자력 단지에서는 이 사건 외에도 1955년도부터 1979년까지 수차례나 4등급의 원자력 사고가 발생하기도 했다.

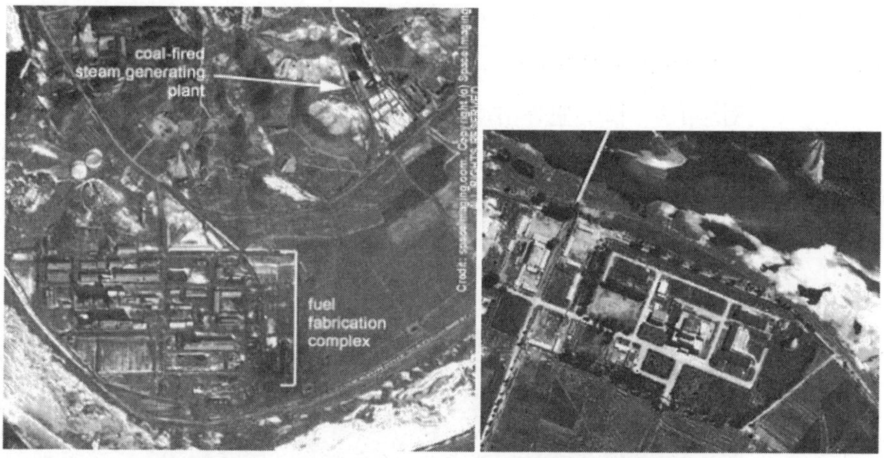

그림 4.15 윈드스케일 원자로 사고

5) 사고 사례명 : 후쿠시마 원자력 발전소 사고(2011년 일본, 5등급 이상)

2011년 3월 11일 발생한 도호쿠 대지진과 쓰나미로 인해 이튿날 후쿠시마에서 일어난 원자력 사고이다. 현재까지도 사고가 진행 중이며 노심용융이 발생하여 세계의 관심과 우려를 낳고 있다. 사건 발생 당시에는 온도나 압력 등이 심각한 수준에 이르지는 않았지만 지진과 쓰나미 때문에 전력이 끊어지고 장비들이 망가져서 도쿄 전력이나 일본 정부의 계산과는 달리 일이 잘 수습되지 않고 있다. 게다가 원자로의 수도 6개나 되어서 연속적으로 문제를 일으켰다. 사고 당일 사고 등급은 4등급으로 발표되었지만, 사태가 악화되어 국제원자력기구(IAEA)에서 사고 등급을 공식적으로 5등급으로 상향 조정하였다. 하지만 이것이 최종 등급은 아니며 경우에 따라 6~7등급의 재앙으로 확대될 가능성도 충분히 남아있다. 2013년 3월 11일 기준으로 후쿠시마 원전 사고 때문에 사망한 사람은 최소 789명이라고 한다.

이들 모두가 후쿠시마 원전에서 일하다가 사망한 건 아니고 대부분은 원전 사고 때문에 병원이 마비되면서 숨지거나 피난 도중에 죽은 사람들을 합한 수치다. 하지만 아직까지 본격적인 방사능 후유증이 나타난 것은 아니기 때문에 장기적으로 사망자가 추가 발생할 가능성이 있다. 후쿠시마 원자력 발전소 사고로 유출된 방사능 총량은 피어리뷰되는 저널에 나오는 논문들에 의하면, 체르노빌 사고의 10~15% 정도로 추정되며 그나마도 80% 이상이 태평양으로 갔을 것이라 추정된다. 또한 주로 문제가 되는 악티나이트(플루토늄 포함) 원소의 유출량은 체르노빌의 약 1/10,000 수준으로 본다. 특히 플루토늄의 경우 후쿠시마 원자력 발전소 사고에서 유출된 총량을 1 g 이하로 보는 견해가 지배적이다. 핵실험, 각종 사고, 원폭 투하 등으로 지금까지 전 세계에 유출된 플루토늄의 양을 톤 단위로 추산하기 때문에 후쿠시마에서 방출된 플루토늄이 아직까지 공식적으로 일본의 건강에 미치는 영향, 그리고 지구에 쌓인 인공 방사능 총량에 미치는 영향은 사실상 없다.

그림 4.16 후쿠시마 원전 사고

7 원자력 안전법

원자력안전 관련하여 국내에서 원자력안전법이 법률 제14839호(2017.7.26)가 시행 중에 있으며 본 법률 내용 중 안전과 관련된 주요 내용을 발췌하면 다음과 같다.

제1장 총칙

제1조(목적) 이 법은 원자력의 연구·개발·생산·이용 등에 따른 안전관리에 관한 사항을 규정하여 방사선에 의한 재해의 방지와 공공의 안전을 도모함을 목적으로 한다.

제2장 원자력안전종합계획의 수립·시행 등

제3조(원자력안전종합계획의 수립) ① 「원자력안전위원회의 설치 및 운영에 관한 법률」 제3조에 따른 원자력안전위원회(이하 "위원회"라 한다)는 원자력이용에 따른 안전관리(이하 "원자력안전관리"라 한다)를 위하여 5년마다 원자력안전종합계획(이하 "종합계획"이라 한다)을 수립하여야 한다.

② 종합계획에는 다음 각 호의 사항이 포함되어야 한다.

1. 원자력안전관리에 관한 현황과 전망에 관한 사항
2. 원자력안전관리에 관한 정책목표와 기본방향에 관한 사항
3. 부문별 과제 및 그 추진에 관한 사항
4. 소요재원의 투자계획 및 조달에 관한 사항
5. 그밖에 원자력안전관리를 위하여 필요한 사항

③ 위원회는 종합계획을 수립하려면 미리 관계 부처의 장과 협의하여야 한다. 수립된 종합계획을 변경하려는 때에도 또한 같다.

④ 종합계획의 수립 및 변경은 위원회의 심의·의결을 거쳐 확정한다. 다만, 대통령령으로 정하는 경미한 사항의 변경은 그러하지 아니하다.

⑤ 위원회는 종합계획의 수립을 위하여 필요하다고 인정하면 관계 기관의 장에게 종합계획의 수립에 필요한 자료의 제출을 요구할 수 있다.

제5조(원자력안전전문기관) ① 위원회의 감독 하에 원자력안전관리에 관한 사항을 전문적으로 수행하기 위하여 원자력안전전문기관을 둘 수 있다.

② 제1항에 따른 원자력안전전문기관의 설치・운영에 관한 사항은 따로 법률로 정한다.

제9조(원자력안전연구개발사업의 추진 등) ① 위원회는 제4조 제1항에 따라 수립된 부문별 시행계획에 따라 원자력안전연구개발사업계획을 수립하고, 이를 효율적으로 추진하기 위하여 매년 연구개발과제를 선정하여 다음 각 호의 기관 또는 단체와 협약을 맺어 연구개발하게 할 수 있다.

1. 제5조에 따라 설립된 기관
2. 통제기술원
3. 「기초연구진흥 및 기술개발지원에 관한 법률」 제14조 제1항 각 호의 기관 또는 단체

② 제1항에 따른 원자력안전연구개발사업을 실시하는 데에 드는 비용은 다음 각 호의 재원으로 충당한다.

1. 정부의 출연금
2. 「원자력 진흥법」 제17조 제2항에 따른 원자력기금의 원자력안전규제계정
3. 원자력안전연구개발사업의 실시과정에서 발생한 잔액과 그 밖의 수입금

③ 제1항에 따른 원자력안전연구개발사업의 실시와 제2항에 따른 비용의 운용에 필요한 사항은 대통령령으로 정한다.

제15조의2안전관련 설비 계약 신고) 제10조 제2항에 따라 허가신청서를 제출한 자 또는 발전용 원자로 설치자가 안전관련 설비에 대하여 다음 각 호의 어느 하나에 해당하는 계약(도급을 받는 자의 하도급거래를 포함한다)을 체결한 때에는 계약을 체결한 날부터 30일 이내에 총리령으로 정하는 바에 따라 위원회에 신고하여야 한다. 신고한 사항을 변경하려는 때에도 또한 같다.

1. 안전관련 설비의 설계에 관한 사항(건설과 관련된 설계를 포함한다)
2. 안전관련 설비의 제작에 관한 사항
3. 안전관련 설비의 성능검증에 관한 사항

제74조(사고의 조치 등) ① 원자력관계사업자 또는 원자력관계사업자로부터 방사성물질 등의 운반을 위탁받은 자는 방사성물질 등의 운반 또는 포장 중에 발생할 수 있는 사고에 대비하여 총리령으로 정하는 바에 따라 비상대응계획을 수립・시행하여야 한다.

② 원자력관계사업자 또는 원자력관계사업자로부터 방사성물질 등의 운반을 위탁받은 자는 방사성물질 등의 운반 또는 포장 중 방사성물질 등의 누설・화재와 그 밖의 사고가 발생한 때에는 대통령령으로 정하는 바에 따라 필요한 안전조치를 취하고 지체 없이 이를 위원회에 보고하여야 한다.

제 4 장 연습문제

(1) 우리나라 에너지원별 생산량이 가장 많은 에너지는 무엇인가?

① 천연가스 ② 원자력에너지
③ 지열에너지 ④ 석탄에너지

(2) 자연 속에 존재하는 천연 우라늄 중 핵분열을 하는 것은 어느 것인가?

① U 258 ② U 232
③ U 235 ④ U 238

(3) 우리나라의 경우 방사능 폐기물을 어떻게 관리하고 있나?

① 영구처분 ② 재처리
③ 열처리 ④ 중간저장

(4) 핵분열 반응이 일어나면 중성자가 분리 되는데, 이때 무엇 때문에 막대한 에너지가 방출되는가?

① 질량결손 ② 알파붕괴
③ 핵융합 ④ 광전자효과

(5) 주력 원자로로서 물(경수)을 냉각재로 사용하며 320도에서 비등현상이 일어나지 않도록 160기압을 유지하는 원자로는 무엇인가?

① 가압중수로 ② 가압경수로
③ 비등경수로 ④ 비등중수로

(6) 연료봉을 가느다란 특수합금 튜브에 수백 개 씩 주입하여 만든 다발은 무엇인가?

(7) 원자력 사고의 대표적인 원인 3가지를 쓰시오.

해답

1. ② 2. ③ 3. ④ 4. ① 5. ②
6. 연료다발 7. 자연재해, 인간의 실수, 방호시스템의 결함

5

신재생에너지

1 신재생에너지의 개요

신재생에너지의 중요성으로는 화석연료의 고갈로 인한 자원 확보 경쟁 및 고유가의 지속 등으로 에너지 공급방식의 다양화가 필요하고, 기후변화협약 등 환경규제에 대응하기 위한 청정에너지 비중 확대의 중요성이 증가되며 IT, BT, NT 산업과도 더불어 차세대 산업으로 시장규모가 급격히 팽창하고 있는 미래산업이다. 신재생에너지는 공공미래 에너지로서 시장 창출 및 경제성 확보를 위한 장기적인 개발보급 에너지원이다. 신재생에너지는 화석연료 사용에 의한 이산화탄소 발생이 거의 없는 환경친화형 청정에너지, 비고갈성에너지이고 연구개발에 의해 에너지 자원이 확보 가능한 특성을 지니고 있다. 신재생에너지는 국내시장 창출 및 수출지원 등 산업화 확산효과로 전략적 지역 신재생에너지 개발체계를 구축하고 있다.

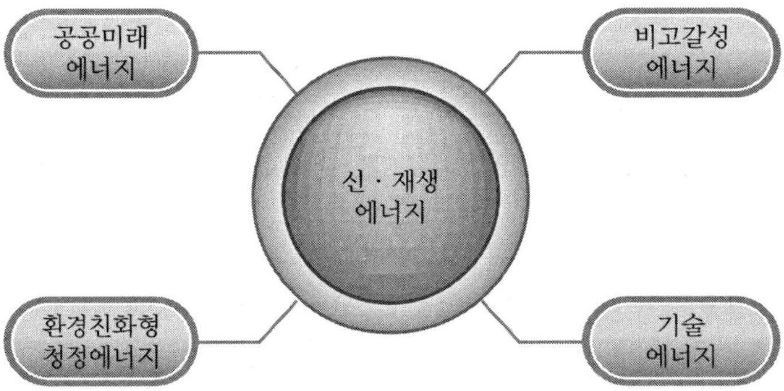

(산업 통상 자원부, 2012)

그림 5.1 신재생에너지 특성

2 신재생에너지의 분류

국내에서 신재생에너지는 「신에너지 및 재생에너지개발・이용・보급촉진법」 제2조에 따라 「기존의 화석연료를 변환시켜 이용하거나 햇빛・물・지열・강수・생물유기체 등을 포함하여 재생 가능한 에너지를 변환시켜 이용하는 에너지」로 정의하고 12개 분야로 구분된다. 신에너지는 수소, 연료전지, 석탄가스화 및 중질산사유 가스화로 구분하고, 재생에너지는 태양광, 태양열, 바이오, 풍력, 수력, 해양, 폐기물, 지열, 수열로 나뉜다.

2.1 태양광에너지

태양광이란 태양광발전시스템(태양전지, 모듈, 축전지 및 전력변환장치 등으로 구성)을 이용하여 태양광을 직접 전기에너지로 변화시키는 기술이다. 태양광 이용기술은 태양광 발전은 태양의 빛에너지를 변화시켜 전기를 생산하는 발전기술이며 태양광발전시스템은 태양전지로 구성된 모듈과 축전지 및 전력변화장치로 구성된다. 태양전지에 의한 발전원리는 두 가지가 있다. 첫 번째는 태양전지의 발전방식이고 두 번째는 PN접합에 의한 발전원리이다. 태양전지는 태양에너지를 전기에너지로 변화할 목적으로 제작된 광전지로서 금속과 반도체의 접촉면 또는 반도체의 PN접합에 빛을 조사하면 광전효과에 의해 광기전력이 일어나는 것을 이용한 것이다. 또한, 금속과 반도체의 접촉을 이용한 것으로는 셀렌광전지, 아황산구리 광전지가 있고 반도체 PN접합을 사용한 것으로는 태양전지로 이용되고 있는 실리콘광전지가 있다. PN접합에 의한 발전원리는 태양전지는 실리콘으로 대표되는 반도체이고 반도체기술의 발달과 반도체 특성에 의해 자연스럽게 개발되거나 전기적 성질이 다른 N형 반도체와 P형 반도체를 접합시킨 구조를 하고 있으며 2개의 반도체 경계 부분을 PN접합이라고 말한다. 이러한 태양전지에 태양빛이 닿으면 태양빛은 태양전지 속으로 흡수되며 흡수된 태양빛이 가지고 있는 에너지에 의해 반도체 내에서 정공(+)과 전자(−)는 N형 반도체 쪽으로 정공(+)은 P형 반도체 쪽으로 모이게 되어서 전위를 발생시킨다. 이 때문에 앞면과 뒷면에 붙여 만든 전극에 전구나 모터와 같은 부하를 연결하게 되면 전류가 흐르게 되는데 이것이 태양전지의 PN접합에 의한 태양광발전의 원리이다. 태양광에너지의 장단점은 다음과 같다.

장점

① 에너지원이 청정무제한이다.
② 필요한 장소에서 필요한 발전가능하다.
③ 유지보수가 용이하고 무인화 가능하다.
④ 수명이 길다.

단점

① 전력생산량이 지역별 일사량에 의존한다.
② 에너지밀도가 낮아 큰 설치면적 필요하다.
③ 설치장소가 한정적, 시스템 비용이 고가이다.
④ 초기투자비와 발전단가 높다.

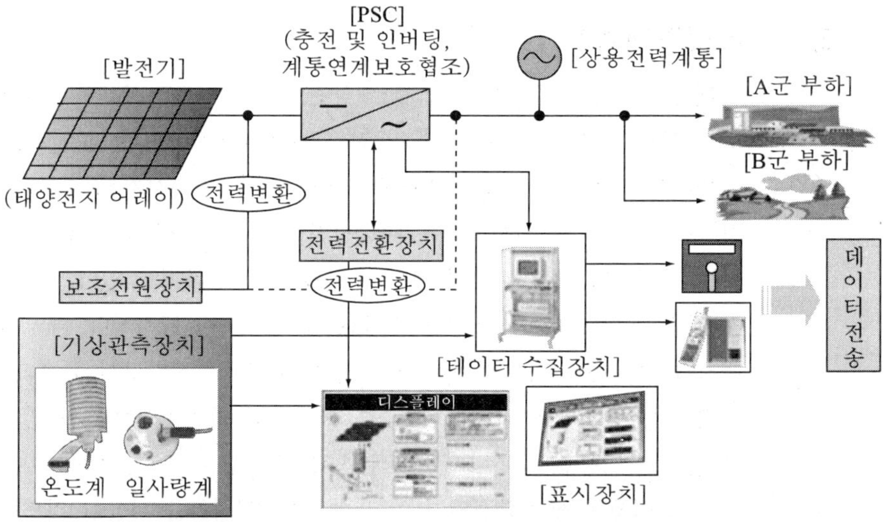

그림 5.2 태양광발전시스템 구성도

2.2 태양열에너지

태양열에너지란 태양열이용시스템을 이용하여 태양광선의 파동성질과 광열학적성질을 이용 분야로 태양열 흡수·저장·열 변환 등을 통하여 건물의 냉난방 및 급탕 등에 활용하는 기술이다. 태양열 이용기술로는 태양광선의 파동성질을 이용하는 태양에너지 광열학적 이용분야로 태양열의 흡수·저장·열변환 등을 통하여 건물의 냉난방 및 급탕 등에 활용하는 기술이고 태양열이용기술의 핵심은 태양열 집열기술, 축열기술, 시스템 제어기술, 시스템 설계기술 등이 있다.

태양열의 시스템 구성 및 집열기의 종류로는 태양열시스템은 태양열 집열이 이루어지는 부분으로서 집열온도는 집열기의 열손실율과 집광장치의 유무에 따라 결정되는 집열부(Collecting part), 열 시점과 집열량이 이용시점과 부하량에 일치하지 않기 때문에 필요하나 일종의 버퍼 역할을 할 수 있는 열저장 탱크인 축열부(Heat insulating part), 그리고 태양열 축열조에 저장된 태양열을 효과적으로 공급하고 부족할 경우 보조원에 의해 공급받는 이용부(Utilization part), 태양열을 효과적으로 집열 및 축열하고 공급, 태양열시스템의 성능 및 신뢰성 등에 중요한 역할을 해주는 제어장치로 이루어져 있다.

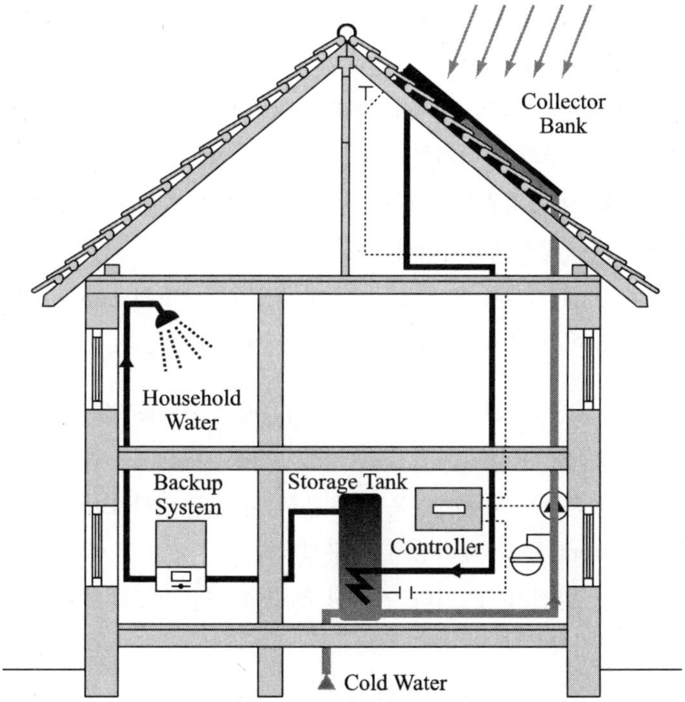

그림 5.3 태양열 주택의 구성도

2.3 풍력에너지

풍력에너지란 풍력발전시스템을 이용하여 바람의 힘을 회전력으로 전환시켜 발생하는 유도전기를 전력계통이나 수요자에게 직접 공급하는 기술이다. 풍력이용기술은 풍력은 바람에너지를 변환시켜 전기를 생산하는 발전기술이다. 우리

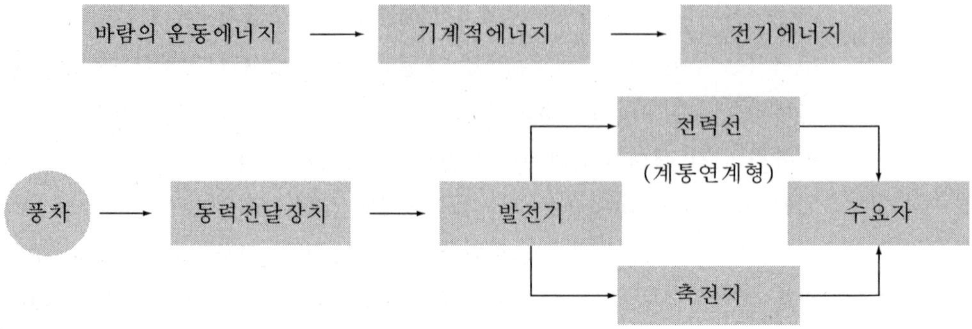

그림 5.4 풍력발전기의 구성요소

나라의 경우 바람이 많이 부는 산이나 해안선이 긴 바닥에 있어 풍력발전시스템으로 많은 전기를 생산할 수 있는 지리적 이점이 있다. 풍력발전으로 발생하는 에너지의 양은 풍속의 날개의 크기에 의해 결정되기 때문에 풍속이 강하고 회전날개가 클수록 큰 용량의 에너지를 얻을 수 있다. 풍력발전은 태양, 물 등을 이용하는 다른 신재생에너지원들과 더불어 무제한 지속 가능한 발전이며 공해물질을 배출하지 않는 청정에너지이다.

풍력시스템은 기계장치부, 전기장치부, 제어장치부, Pitch control, Stall control 등으로 구성되어 있으며 이에 대한 특징은 다음과 같다.

① 기계장치부 : 바람으로부터 회전력을 생산하는 Blade(회전날개), Shaft(회전축)를 포함한 Rotor(회전자), 이를 적정 속도로 변환하는 증속기(Gearbox)와 기동·제동 및 운용 효율성 향상을 위한 Brake, Pitching & Yawing system 등의 제어장치로 구성된다.
② 전기장치부 : 발전기 및 기타 안정된 전력을 공급하도록 하는 전력안정화 장치로 구성된다.
③ 제어장치부 : 풍력발전기가 무인 운전이 가능토록 설정, 운전하는 Control system 및 Yawing & Pitching controller와 원격지 제어 및 지상에서 시스템 상태 판별을 가능하게 하는 Monitoring System으로 구성된다.
④ Pitch control : 날개의 경사각(Pitch) 조절로 출력을 능동적 제어한다.
⑤ Stall control : 한계풍속 이상이 되었을 때 양력이 회전날개에 작용하지 못하도록 날개의 공기역학적 형상에 의해 제어된다.

풍력시스템의 방식에 따른 분류 및 종류는 표 5.1과 같다.

표 5.1 풍력시스템 분류 및 종류

방식에 따른 분류	방식의 종류
분구조상 분류 (회전축 방향)	수평축 풍력시스템(HAWT) : 프로펠라형
	수직축 풍력시스템(VAWT) : 다리우스형, 사보니우스형
운전방식	정속운전(Fixed roter speed type) : 통상 Geared형
	가변속 운전(Variable roter speed type) : 통상 Gearless형
출력제어방식	Pitch(날개각) control
	Stall(失速) control
전력사용방식	계통연계(유도발전기, 동기발전기)
	독립전원(동기발전기, 직류발전기)

2.4 연료전지에너지

수소, 메탄 및 메탄올 등의 연료를 산화시킨 후에 생기는 화학에너지를 직접 전기에너지로 변화시키는 기술이다. 연료전지는 수소와 산소의 화학반응으로 생기는 화학에너지를 직접 전기에너지로 변화시키는 기술이다. 생성물이 전기와 순수(純水)인 발전효율 30~40%, 열효율 40% 이상으로 총 70~80%의 효율을 갖는 신기술이다. 연료전지에너지 발전원리로는 연료극에 공급된 수소는 수소이온과 전자로 분리한다. 다음 수소 이온 전해질 층을 통해서 공기 극으로 이동하고 전자는 외부 회로를 통해 공기 극으로 이동하여 전류를 발생시킨다. 공기 극에서 산소이온과 수소이온이 및 전자가 만나 반응하여 전기, 물 및 열을 발생시킨다.

연료전지의 시스템 구성에서 개질기란 화석연료(천연가스, 메탄올, 석유 등)로부터 수소를 발생시키는 장치로서, 이 시스템에 악영향을 줄 수 있는 황(10 ppb 이하), 일산화탄소(10 ppm 이하)의 제어 및 시스템 효율 향상을 위한 컴팩트(Compact)가 핵심기술이다. 스텍이란 원하는 전기출력을 얻기 위해 단위전지를 수십 장, 수백 장 직렬로 쌓아 올린 본체를 말하며 단위전지 제조, 단위전지 적층 및 밀봉, 수소공급과 열회수를 위한 분리판 설계・제작 등이 핵심기술을 말한다. 전력변환기는 연료전지에서 나오는 직류전기를 우리가 사용하는 교류로 변화시키는 장치이다. 주변보조기기는 연료, 공기, 열회수 등을 위한 펌프류, Blower, 센서 등을 말하며 연료전지에 특성에 맞는 기술이 미비하다.

표 5.2 연료 전지의 개발상황

No.	연료전지명	연료전지의 개발 상황
1	알칼리형 (AFC : Alkaline Fuel Cell)	순 수소 및 순 산소를 사용한다.
2	인산형 (PAFC : Phosphoric Acid Fuel Cell)	현재 가장 앞선 기술로 미국, 일본에서 실용화 단계에 있다.
3	용융탄산염형 (MCFC : Molten Carbonate Fuel Cell)	미국, 일본에서 기술개발을 완료하고 성능평가 진행중에 있다(250 kW 상용화, 2 MW 실증).
4	고체산화물형 (SOFC : Solid Oxide Fuel Cell)	최근 해외에서는 가정용, 자동차용 등으로도 연구를 진행하고 있으나 국내에서도 다른 연료전지에 비해 기술력이 가장 낮다.
5	고분자전해질형 (PEMFC : Polymer Electrolyte Membrane)	가장 활발하게 연구되는 분야이며 실용화 및 상용화도 타 연료전지보다 빠르게 진행되고 있다.

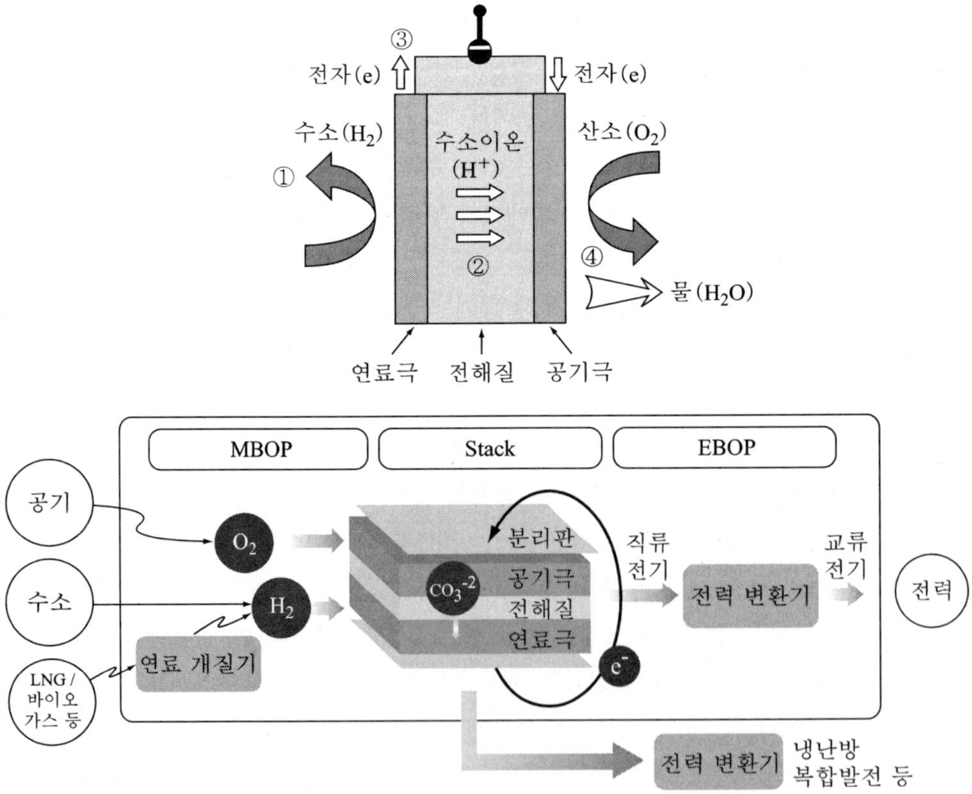

그림 5.5 연료 전지 발전시스템

2.5 수소에너지

수소에너지기술은 수소를 기체 상태에서 연소할 때, 발생되는 폭발력을 이용하여 기계적 운동에너지로 변환하여 활용하거나 수소를 다시 분해하여 에너지원으로 활용하는 기술이다. 수소는 물의 전기분해로 가장 쉽게 제조할 수 있으나 입력에너지에 비해 수소에너지의 경제성이 너무 낮으므로 대체 전원 또는 촉매를 이용한 제조기술을 연구 중에 있다. 또한, 수소는 가스나 액체로 수송할 수 있으며 고압가스, 액체수소, 금속수소화물 등의 다양한 형태로 저장이 가능한데 현재 수소는 기체 상태로 저장하고 있으나 단위 부피당 수소저장밀도가 너무 낮아 경제성과 안전성이 부족하여 액체 및 고체저장법을 연구 중에 있다.

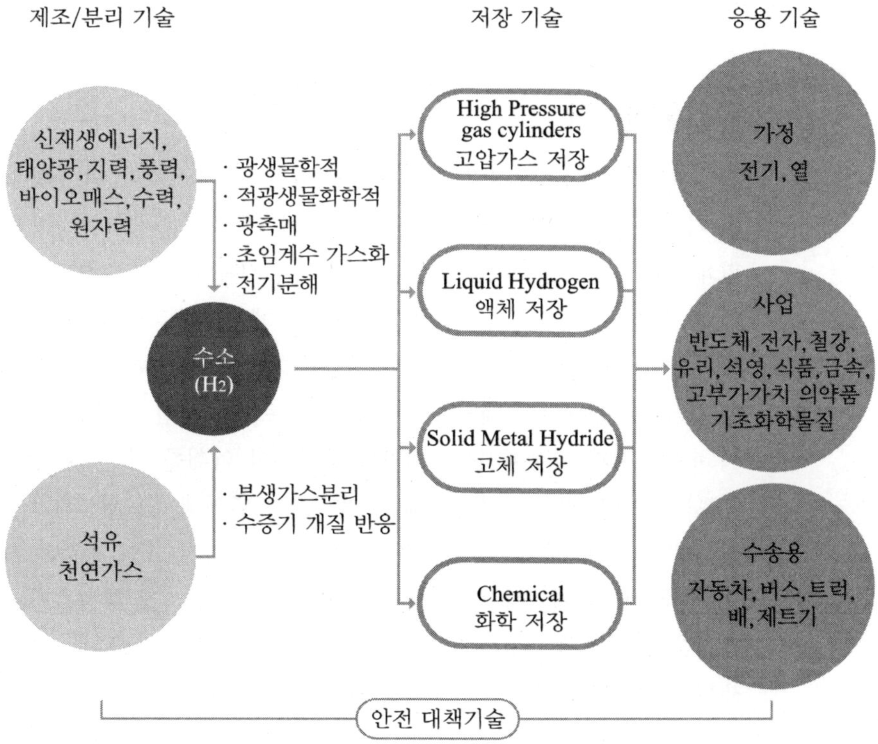

그림 5.6 수소에너지 도표

2.6 바이오에너지

태양광을 이용하여 광합성 되는 유기물 및 동유기물을 소비하여 생성되는 모든 생물 유기체의 에너지이다. 바이오에너지 이용기술이란 바이오매스(Biomass : 유기성 생물체)를 직접 또는 생·화학적, 물리적 변환과정을 통해 액, 가스, 고체연료나 전기·열에너지 형태로 이용하는 화학, 생물, 연소공학 등의 기술을 일컫는다. 바이오매스를 에너지원으로 이용하면 물과 온도조건만 맞으면 지구 어느 곳에서나 얻을 수 있고 적은 자본으로도 개발이 가능하며 원자력 등 다른 에너지와 비교할 때 환경 보전적으로 안전하다. 하지만 바이오매스를 얻기 위해서는 넓은 면적의 토지가 필요하며 자원량의 지역적 차이가 큰 것이 단점이다. 바이오매스를 에너지원으로 사용하는 방법으로는 직접연소, 메테인 발효, 알코올 발효 등이 있다.

2.7 폐기물에너지

폐기물에너지는 버려지는 폐기물을 연료 및 에너지로 변환시켜 만드는 것으로 가정이나 기업에서 발생되는 가연성 폐기물 중 에너지 함량이 높은 폐기물을 파쇄, 건조, 분쇄, 입도, 선별, 성형 등의 공정을 거쳐 고체연료, 액체연료, 가스연료, 폐열 등을 에너지로 바꾸는 것이다. 폐기물에너지 중 고형연료제품으로는 생활폐기물, 폐타이어, 폐고무류, 폐합성수지 등과 같은 발열량이 높은 가연성 폐기물을 가공하여 고체연료로 만들고 주로 전력생산 및 보일러 연료로 이용되며 수송과정과 저장이 쉽고 폐기물의 부패와 악취를 막을 수 있다. 그 외의 종류로는 성형고체연료, 폐유정제유, 플라스틱 열분해 연료유, 폐기물 소각열 등이 있다. 특히, 폐기물에너지는 태양광의 10%, 풍력의 66% 수준의 낮은 생산단가에 비해 폐기물에너지화로 인한 경제적 가치는 일자리 창출효과, 폐기물처리비용절감, 원유대체효과, 온실가스 감축효과 등이 크기 때문에 가장 효율적인 신재생에너지 확대방안으로 꼽히고 있다. 이와 함께 우리나라는 도시 인구밀집도가 높고 서비스 산업이 발달해 플라스틱, 비닐류, 목재류, 음식물쓰레기 등 에너지원으로 활용 가능한 폐자원이 많이 나오며 세계 어느 나라보다도 분리수거가 잘 되어있어 에너지화하기에 좋은 여건을 갖추고 있다.

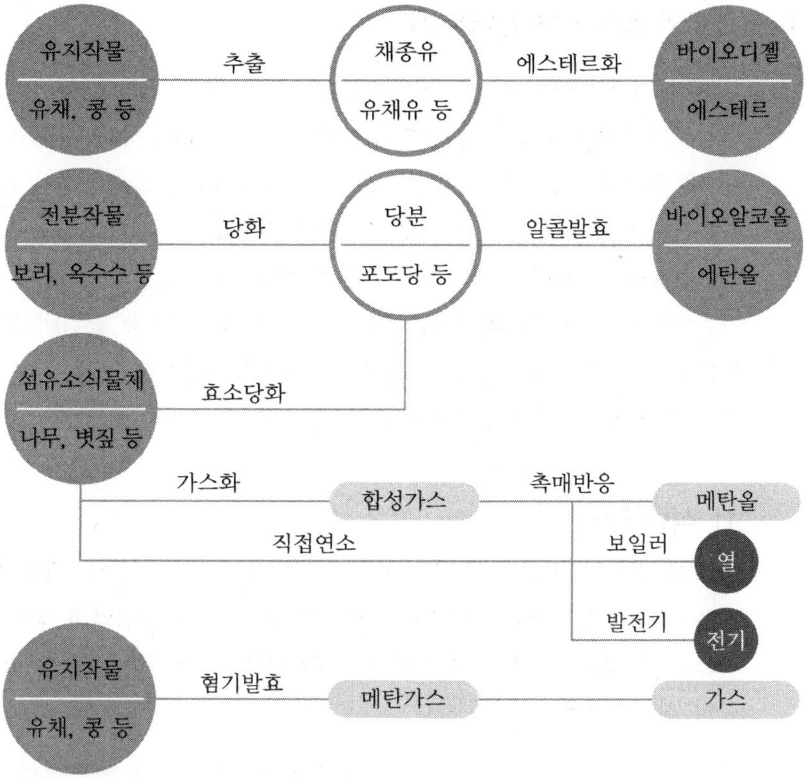

그림 5.7 바이오에너지 교환 방식

표 5.3 폐기물 신재생에너지의 종류

구 분	종 류
성형고체연료	종이, 나무, 플라스틱 등의 가연성 폐기물을 파쇄, 분리, 건조, 성형 등의 공정을 거쳐 제조된 고체연료
폐유 정제유	자동차 폐윤활유 등의 폐유를 이온정제법, 열분해정제법, 감압증류법 등의 공정으로 정제하여 생산된 재생유
플라스틱 열분해 연료유	플라스틱, 합성수지, 고무, 타이어 등의 고분자 폐기물을 열분해하여 생산되는 청정 연료유
폐기물 소각열	연성 폐기물 소각열 회수에 의한 스팀생산 및 발전으로의 이용

2.8 석탄가스화 · 액화에너지

석탄, 중질산사유 등의 저급원료를 고온, 고압 하에서 불완전연소 및 가스화 반응시켜 일산화탄소와 수소가 주성분인 가스를 제조하여 정제한 후에 가스터빈 및 증기터빈의 구동하여 전기를 생산하는 새로운 발전기술이다. 석탄(중질잔사유) 가스화 기술 중 가스화 복합발전기술(IGCC : Integrated Gasification Combined Cycle)은 석탄, 중질잔사유 등의 낮은 등급의 원료를 고온·고압의 가스 화기에서 수증기와 함께 한정된 산소로 불완전연소 및 가스화 시켜 일산화탄소와 수소가 주성분인 합성가스를 만들어 정제공정을 거친 후 가스터빈 및 증기 터빈 등을 가동하여 발전하는 신기술이다.

1) 석탄액화

고체 연료인 석탄을 휘발유 및 디젤유 등의 액체연료로 전환시키는 기술로 고온 고압의 상태에서 용매를 사용하여 전환시키는 직접액화 방식이 있고 석탄가스화 후 촉매상에서 액체연료로 전환시키는 간접액화 기술이 있다. 석탄가스화의 장·단점은 다음과 같다.

장점

① 고효율발전이다.
② SO_x를 95% 이상, NO_x를 90% 이상 저감하는 환경친화기술이다.
③ 다양한 저급연료(석탄, 중질잔사유, 폐기물 등)를 활용한 전기 생산 가능, 화학플랜트 활용, 액화연료생산 등 다양한 형태의 고부가가치의 에너지화가 가능하다.

단점

① 소요 면적이 넓은 대형 장치산업으로 시스템 비용이 고가이므로 초기 투자비용이 높다.
② 복합설비로 전체 설비의 구성과 제어가 복잡하여 연계시스템의 최적화, 시스템 고효율화, 운영 안정화 및 저비용화가 요구된다.

기술의 종류에는 석탄가스화 기술, 가스터빈 복합발전 시스템, 수소 및 액화연료 생산, 가스정제공정 등이 있다. 먼저 석탄가스화 기술은 석탄을 고온 고압 상태의 가스화기에서 한정된 산소와 함께 불완전 연소시킨 후, CO와 H_2가 주성분인 합성가스를 생성하는 기술로 전체 시스템 중 가장 중요한 부분으로 석탄 종류 및 반응조건에 따라 생성가스의 성분과 성질이 달라지며 건식가스화 기술과 습식가스화 기술이 있다.

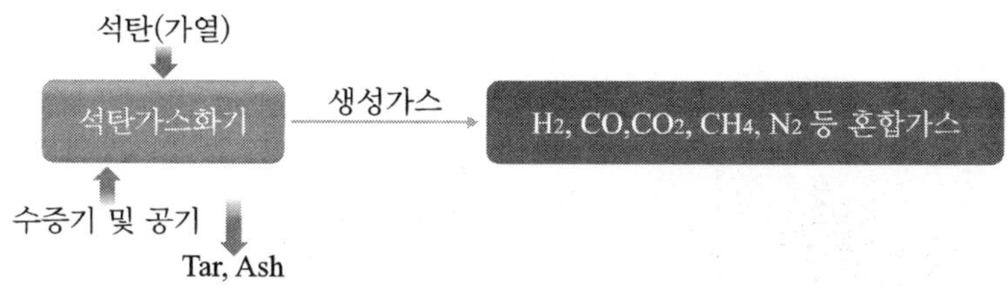

그림 5.9 석탄 가스화 기술

가스터빈 복합발전 시스템은 정제된 가스를 사용 1차로 가스터빈을 돌려 발전하고 배기가스 열을 이용하여 보일러로 증기를 발생시켜 증기터빈을 돌려 발전하는 방식을 말하며 수소 및 액화연료 생산은 연료전지의 원료로 사용할 수 있도록 합성가스로부터 수소를 분리하는 기술과 생성된 합성가스의 촉매 반응을 통해 액체연료인 합성석유를 생산하는 기술이다. 가스정제공정은 생성된 합성가스를 고효율 청정발전 및 청정에너지에 사용할 수 있도록 오염가스와 분진 등을 제거하는 기술이다.

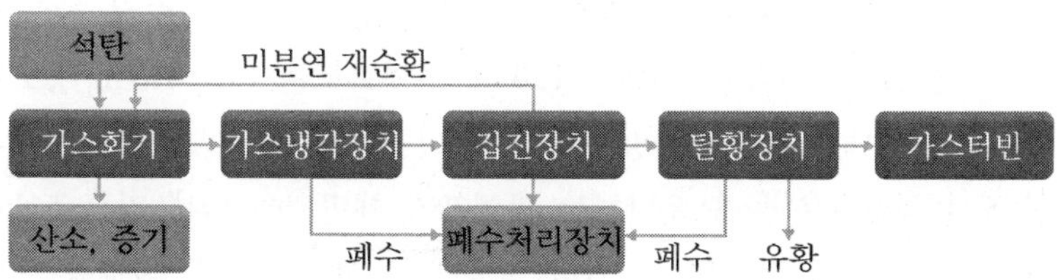

그림 5.8 가스 정제법

2.9 지열에너지

지표면으로부터 지하로 수 m(미터)에서 수 km(킬로미터)깊이에 존재하는 뜨거운 물(온천)과 돌(마그마)을 포함하여 땅이 가지고 있는 에너지를 이용하는 기술이다. 지열에너지는 물, 지하수 및 지하의 열 등의 온도차를 이용하여 냉·난방에 활용하는 기술이며 태양열의 약 47%가 지표면을 통해 지하에 저장되고 이렇게 태양열을 흡수한 땅속의 온도는 지형에 따라 다르지만 지표면 가까운 땅

속의 온도는 대략 10~20°C 정도 유지해 열펌프를 이용하는 냉난방시스템에 이용하며 국내 일부지역의 심부(지중 1~2 km) 지중온도는 80°C 정도로서 직접 냉난방에 이용 가능하다.

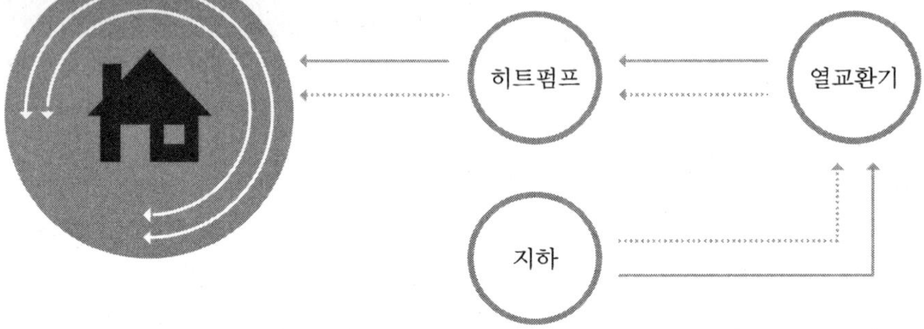

그림 5.10 지열에너지 도표

지열시스템의 종류는 대표적으로 지열을 회수하는 파이프(열교환기) 회로구성에 따라 폐회로(Closed loop)와 개방회로(Open loop)로 구분된다. 일반적으로 적용되는 폐회로는 파이프가 폐회로로 구성되어 있는데 파이프 내에는 지열을 회수(열교환)하기 위한 열매가 순환되며 파이프의 재질은 고밀도 폴리에틸렌이 사용된다. 폐회로시스템(폐쇄형)은 루프의 형태에 따라 수직, 수평루프시스템으로 구분되는데 수직으로 100~150 m, 수평으로는 1.2~1.8 m 정도 깊이로 묻히게 되며 상대적으로 냉난방부하가 적은 곳에 쓰인다. 개방회로는 온천수, 지하수에서 공급받은 물을 운반하는 파이프가 개방되어 있는 것으로 풍부한 수원지가 있는 곳에서 적용될 수 있다. 폐회로가 파이프내의 열매(물 또는 부동액)와 지열 Source가 열교환 되는 것에 비해 개방회로는 파이프 내로 직접 지열 Source가 회수되므로 열전달효과가 높고 설치비용이 저렴한 장점이 있으나 폐회로에 비해 보수가 필요하다는 단점이 있다.

2.10 소수력에너지

개천, 강이나 호수 등의 물의 흐름으로 얻은 운동에너지를 터빈을 통해 전기에너지로 변환하여 전기를 발생시키는 시설용량 10,000 kw 이하의 소규모 수력발전이다. 수력발전은 물의 유동 및 위치에너지를 이용하여 발전한다. 2005년도

이전에는 시설용량 10 MW 이하를 소수력으로 규정하였으나, 새로 제정된 「신에너지 및 재생에너지 개발이용보급촉진법」에서는 소수력을 포함한 수력 전체를 신재생에너지로 정의한다. 신재생에너지 연구개발 및 보급 대상은 주로 발전설비용량 10 MW 이하를 대상으로 하고 있으며, 발전차액지원제도는 5 WM 이하를 지원하고 있다.

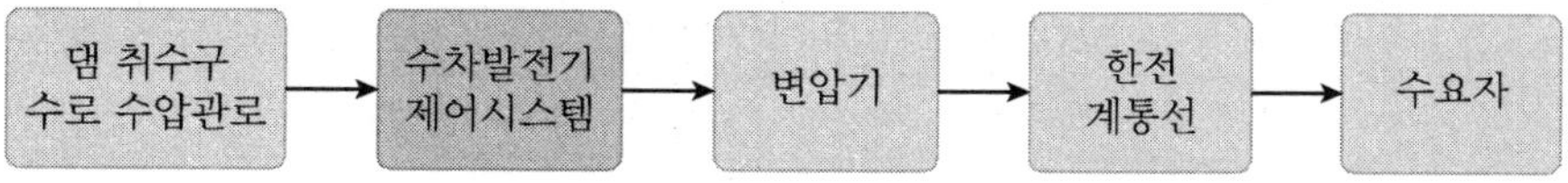

그림 5.11 소수력 발전 시스템

2.11 해양에너지

해수면의 상승하강운동을 이용한 조력 발전과 해안으로 입사하는 파랑에너지를 회전력으로 변환하는 파력발전, 그리고 해저 층과 해수표면층의 온도 차를 이용해서 열에너지를 기계적 에너지로 변환 발전하는 온도차를 사용하는 발전이다. 해양에너지는 해양의 조수 · 파도 · 해류 · 온도차 등을 변환시켜 전기 또는 열을 생산하는 기술로서 전기를 생산하는 방식은 조력 · 파력 · 조류 · 온도차 발전 등이 있다.

표 5.4 해양에너지 발전 종류 및 특징

발전 종류	특 징
조력 발전	조석간만의 차를 동력원으로 해수면의 상승하강운동을 이용하여 전기를 생산하는 기술
파력발전	연안 또는 심해의 파랑에너지를 이용하여 전기를 생산하는 기술
조류발전	해수의 유동에 의한 운동에너지를 이용하여 전기를 생산하는 발전기술
온도차발전	해양 표면층의 온수(예 : 25～30°C)와 심해 500～1,000 m 정도의 냉수(예 : 5～7°C)와의 온도차를 이용하여 열에너지를 기계적 에너지로 변환시켜 발전하는 기술

3 신재생에너지 이용사례

① 태양광 설치사례

시설명	가든파이브
설치연도	2008년
설치장소	서울시 송파구 문정동
용량	599 kw
형태	• 건물일체형(BIPV) • LIFE동 352 kw, Tool동 247 kw

② 태양열 설치사례

시설명	㈜경동
시설연도	2009년
설치장소	대구광역시 달서구 대천동
용량	4089.6 m^2
형태	• 태양열냉난방 시스템 • 생산라인의 냉난방에 이용

③ 바이오에너지 설치사례

시설명	순천 축분 바이오가스 발전시설
시설연도	2008년
설치장소	전남 순천시 월등면 대평리
용량	67 kW
형태	• 하루 20톤의 축산분뇨 처리 • 1000 kW 전력생산

④ 수력에너지 설치사례

시설명	광양 소수력발전소
시설연도	2007년
설치장소	전남 광양시 금호동 광양만
용량	300 kw
형태	● 연간 3,000여 톤의 이산화탄소 감축효과 발생

⑤ 풍력에너지 설치사례

시설명	군사풍력발전단지
시설연도	2007년
설치장소	전북 군산시 비응도 군장산업단지 내
용량	7.9 Mw
형태	● 750 kW급 6기, 850 kW급 4기 설치 ● 온실가스 배출 저감사업으로 등록

⑥ 폐기물에너지 설치사례

시설명	생활 폐기물 연료화 시설
시설연도	2006년
설치장소	강원도 원주시 흥업면 사제리
용량	80톤/일
형태	● 생활폐기물 1일 80톤 처리 ● RDF적용

⑦ 석탄가스·액화 설치사례

시설명	가스화 복합발전
시설연도	2014년
설치장소	충남 태안군 원북면 태안발전본부 부지
용량	300 kW
형태	● 발전효율 42% 이상, SO_x 15 ppm 이하, NO_x 30 ppm 이하 목표

⑧ 수소에너지 설치사례

물품명	수소연료전지 자동차
사용연도	2004년
용량(속도)	152 km/h
형태	• 1회 충전 400 km 운행 • 2012년 양산 예정

⑨ 연료전지 설치사례

물품명	건물용 연료전지시스템
시설연도	2009년
설치장소	서울시 관악구 관악로 서울대학교
용량	2 kW
형태	• 고분자 전해질 연료전지

4 신재생에너지 기업현황

세계 경제침제와 국가 재정 악화로 인한 불확실한 지원 정책, 생산설비공급 과잉, 셰일가스 개발과 저유 등으로 인해 미래 신 성장 동력으로 주목받던 신재생에너지 산업 성장은 2010년 이후 둔화되었다. 하지만 2015년 12월에 채택된 파리 유엔기후변화협약에 따라 선진국에 국한되었던 수요가 개발도상국으로 확산되는 계기가 마련됐고 최근에는 원자력 발전의 문제점과 대기오염 등 환경문제에 대한 심각성이 부각되면서 신재생에너지 시장은 재도약의 시기를 맞이하고 있다. 특히 정책적으로 일자리 창출 등 지속가능한 성장 측면에서 주목받고 있는데 신재생에너지는 2015년 세계에너지 최종 소비의 19.3%를 점유했으며 한국에서도 2015년 1차 에너지 공급의 4.6%를 점유했다. 이에 따라 한국의 신재생에너지 제조 기업체수는 2016년 405개에서 2018년 576개로 증가할 것으로 예상되며, 2018년 매출액도 12조 5,000억 원 이상으로 확대될 전망이다. 특히 폐기물, 바이오, 태양이 체의 78%를 차지한다.

표 5.5 신재생에너지 기업 현황

구분		2014년	2015년	구분		2014년	2015년
태양광	기업 수	123	127	수열	기업 수	0	3
	비중	28	26		비중	0	1
태양열	기업 수	24	21	수력	기업 수	4	4
	비중	5	4		비중	1	1
풍력	기업 수	34	27	바이오	기업 수	100	128
	비중	8	8		비중	22	26
연료전지	기업 수	11	15	폐기물	기업 수	125	132
	비중	2	3		비중	28	27
지열	기업 수	26	26				
	비중	6	5	합계	기업 수	438	473

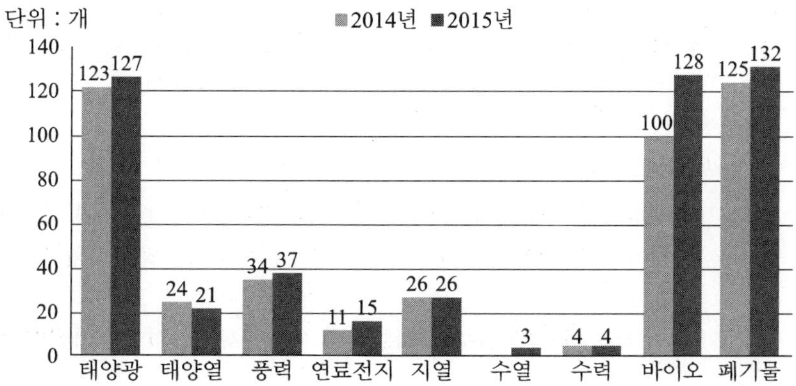

그림 5.12 신규 등록된 기업 수

제 5 장 연습문제

(1) 다음 중 신에너지가 아닌 것은?

① 수소에너지 ② 연료전지 에너지
③ 석유가스화 · 액화 에너지 ④ 바이오매스 에너지

(2) 재생에너지 중 비중을 제일 많이 차지하는 것은?

① 수력에너지 ② 태양광에너지
③ 바이오에너지 ④ 폐기물에너지

(3) 다음 중 폐기물 신재생에너지의 종류가 아닌 것은?

① 성형고체연료 ② 플라스틱, 캔
③ 폐유정제유 ④ 플라스틱 열분해 연료유

(4) 태양광을 이용하여 광합성 되는 유기물 및 동유기물을 소비하여 생성되는 모든 생물 유기체의 에너지인 것은?

① 바이오에너지 ② 태양광에너지
③ 지열에너지 ④ 폐기물에너지

(5) 풍력에너지의 장점으로 아닌 것은?

① 에너지 밀도가 낮다. ② 원료에 종속되지 않는다.
③ 전기 생산 비용이 낮다. ④ 시장 투명성이 높다.

(6) 해협이 좁고 바닷물의 유속이 빠른 남해, 서해에서 집중적으로 이루어지는 발전은?

(7) 석탄가스화 · 액화 기술을 통해 정제과정을 거치게 되는데, 이 과정으로 무슨 효과를 볼 수 있는가?

해답

1. ④ 2. ③ 3. ② 4. ① 5. ①
6. 조류발전 7. 환경・친화적 효과

6

태양열 및 태양광에너지

1 태양열에너지 개요

태양으로부터 방사되어 지구상에 도달하는 열을 이용하는 에너지를 말한다. 열을 한 곳에 모아 얻은 고열을 직접 난방에 이용하거나 열교환기를 이용해 물을 끓여 발생시킨 고압수증기를 터빈을 돌리는 힘으로 이용하여 전기를 생산하는 태양열발전 등에 활용된다. 태양열을 이용해 가정에서는 온수, 난방, 냉방에 이용할 수 있으며 공장이나 발전소를 움직이는 산업에너지로도 사용되고 있다.

일사광선이란 지표면에 도달되는 태양복사에너지는 저밀도의 에너지(최대 1,100 W/m^2 이하)로 주간에만 존재하며 시간에 따라 변화가 크다. 파장대별 분포를 가지고 있으며 우리가 주로 열에너지로 이용하는 태양복사의 파장은 가시광선 구간이다. 태양으로부터 지표면에 도달되는 복사광선은 크게 직달 일사와 확산 일사 두 가지로 구분된다. 직달 일사는 태양으로부터 구름이나 먼지 등에 산란이나 굴절되지 않고 지표면에 직접 도달되는 복사광선이며 임의의 면에 도달되는 이들 광선의 입사각도는 동일하다. 그러나 확산 일사는 태양으로부터 지구로 오는 도중에 먼지나 구름 등에 산란/확산되어 지표면에 도달되는 복사광선으로 임의의 면에 도달되는 이들 광선의 입사각도는 제각각 다르다. 일부 복사광선은 구름 등에 의해 반사되어 대기권 밖으로 빠져나가기도 한다. 따라서 고

그림 6.1 태양열에너지

온을 얻기 위해서 집광하는 경우에는 확산 일사는 집광할 수가 없으며 직달 일사만이 가능하게 된다.

지표면에 도달되는 전체 일사량 중 직달 일사가 차지하는 비율이 높으면 높을수록 날씨가 청명하다는 것을 의미한다. 구름이 많거나 오염이 심한 지역의 일사는 대부분 확산 일사인 것이다. 앞서 설명한 바와 같이 태양열에너지는 태양으로부터 오는 복사에너지를 흡수하여 열에너지로 변환해서 이용하는 방법과 복사광선을 집광해서 전기를 발생하는 방법이 있으며 대부분의 경우가 태양에너지를 열에너지로 변환해서 사용되고 있다. 국내 일사량의 분포는 전국적인 수평면 전일사량 분포상 특징을 보면, 남해중서부지방과 태안반도 일대 그리고 안동 및 영주분지 일원의 일사조건이 전국에서 가장 좋은 곳으로 나타났으며 그 다음으로 호남 및 김해평야 일대, 중부이남 및 중부이북지방, 제주도 순으로 나타났다. 대기오염이 심각한 서울지방은 전국에서 가장 낮은 일사량을 기록했다. 또 우리나라의 수평면 전일사량 자원에 대한 계절별 일사량 분포 특성은 봄철과 가을철의 일사조건은 대체로 내륙지방보다는 해안지방이 좋으며 여름철은 전국이 고른 분포를 나타낸 반면에, 겨울철은 남해 일원 지역의 일사량이 다른 지역들보다 상대적으로 높은 형태를 나타냈다.

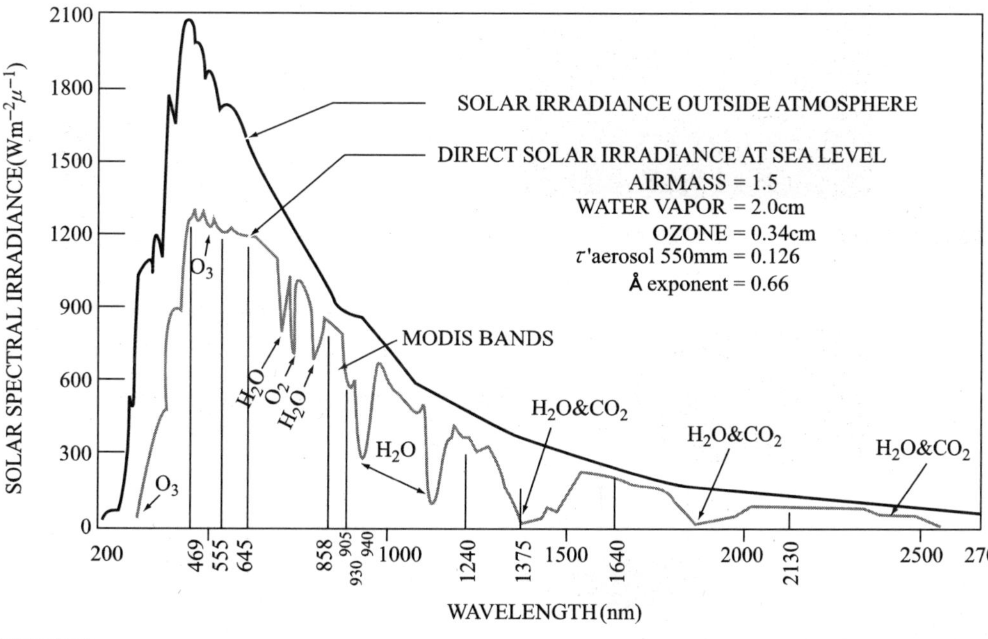

그림 6.2 태양복사 스펙트럼

2 태양열에너지 발전원리

태양열에너지는 태양열을 모아서 거울을 통해 한 점으로 집중시켜 발생한 열로 물을 끓여서 발생하는 증기로 터빈을 돌리는 방식을 통해 발전한다. 태양열을 집열장치에 집중을 시켜 그 열로 물을 끓여 증기를 이용하여 터빈을 돌려 전기를 생산한다. 터빈을 돌릴 때 생기는 저온열과 집열장치에 모이는 고온열을 축열장치에 저장해 두었다가 일몰 직후 다시 한 번 터빈을 돌려 저장된 에너지를 사용하는 방식이다. 이에 반면 태양광에너지는 태양전지를 이용하여 빛을 전기에너지로 변환하는 방식이다.

그림 6.3 무한한 태양에너지

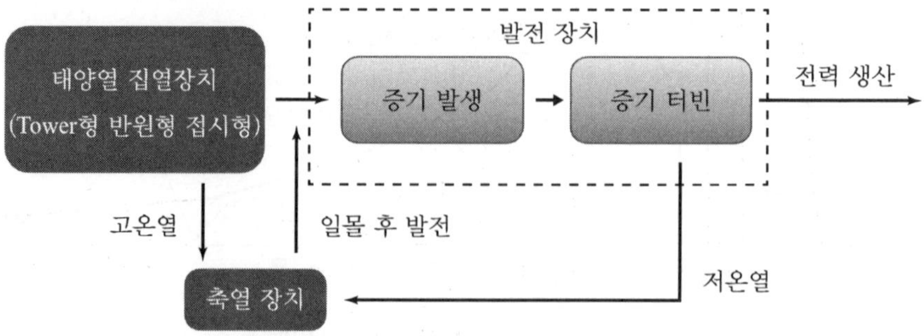

그림 6.4 태양열 발전장치

3 태양열 발전 시스템의 구성

태양열에너지는 태양으로부터 방사되어 지구상에 도달하는 열을 이용하는 에너지로서 태양열을 흡수, 저장, 열변환 등을 통하여 건물의 냉난방 및 급탕 등에 활용하는 기술을 말한다. 태양열에너지 시스템은 집열부, 축열부, 이용부, 제어장치로 구성되어 있고 집열부는 태양으로부터 에너지를 모아 열로 변환하는 장치로 태양열에너지 시스템의 핵심적인 부분이기도 하다. 축열부는 모아진 열을 저장했다가 필요할 경우 다시 사용하기 위한 저장 탱크 역할을 하고 있으며 이용부는 태양열을 효과적으로 공급하고 사용량이 부족할 시 보조열원에 의해 공급되는 장치이다. 마지막으로 제어장치는 위 과정들을 효과적으로 공급할 수 있는 조정 장치이다.

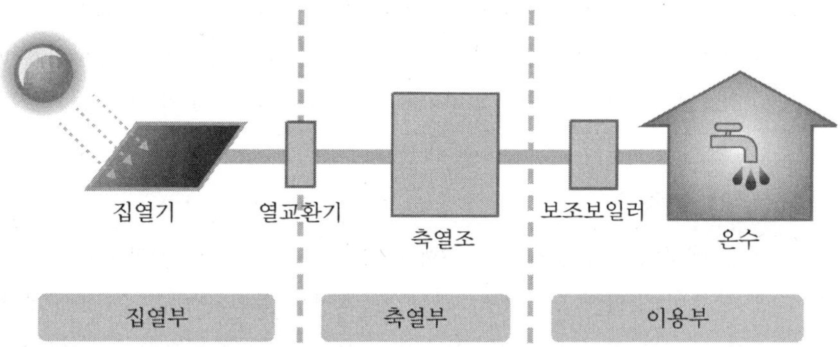

그림 6.5 태양열시스템 구조

4 태양열시스템 구성요소

4.1 주요 구성 장치

1) 집열기

태양복사에너지를 열에너지로 변환시키는 것이 집열기이다. 집열 온도는 집열기의 열손실율의 크고 작음과 집광장치의 유무에 따라서 결정된다. 즉, 집열기의 열성능에서 언급할 열손실 계수가 작고 집광비가 클수록 높은 온도를 얻을 수가 있는 집열기이다. 저온용 집열기는 태양광선을 집광하는 장치 없이 집열을 하는 집열기로, 평판형 집열기와 진공관형 집열기가 보통 대표적인 집열기이다. 이중에서도 진공관형 집열기는 유리관 내부를 진공으로 만들어 열손실을 최소화시킨 것으로 비 집광형 집열기임에도 불구하고 비교적 높은 온도를 집열하는데 효과적이다. 중온용 및 고온용 집열기는 집광장치가 있기 때문에 일사광선을 고밀도로 집광해서 집열하는 집열기들이며 대체적으로 집광비에 따라 집열온도가 달라진다. 즉, 집광비가 큰 것일수록 집열온도가 높은 집열기이다.

2) 축열조

태양열 축열조는 집열기에서 집열된 태양열을 저장하였다가 필요한 시간에 필요한 양만큼 공급하기 위한 열 저장장치이다. 태양열시스템에서 축열은 집열되는 시점과 사용시기가 일치하지 않기 때문에 필요하다. 태양열 축열은 현열축열과 상변화 물질을 활용한잠열축열에 의한 방법이 있으나, 현재 저온용으로 물의 온도를 올려서 축열하는 현열축열방법이 주로 사용된다. 주택용 태양열 축열조의 여러 가지 형태를 나타내었다. 축열조 내부에 태양열 집열 열교환기의 삽입 여부, 난방 축열조 내부에 온수열교환기 또는 온수탱크의 삽입 여부 등에 따라서 여러 가지 형태가 있을 수 있다. 대부분의 태양열 축열조는 일반적으로 물의 온도를 높여 열에너지를 저장하는 수축열조이며 온도가 높은 물이 축열조 상단부에, 그리고 온도가 낮은 물은 하단부에 위치하도록 하는 온도 성층화 장치가 있다. 최근 펌프, 열교환기, 각종 액세서리 등을 축열조와 함께 컴팩트화 시켜서 설치가 간편하고 적은 공간에도 설치할 수 있도록 하는 공장 제작형 컴팩트형 축열시스템이 개발 및 보급되어 주택용 태양 축열조로 사용되고 있다.

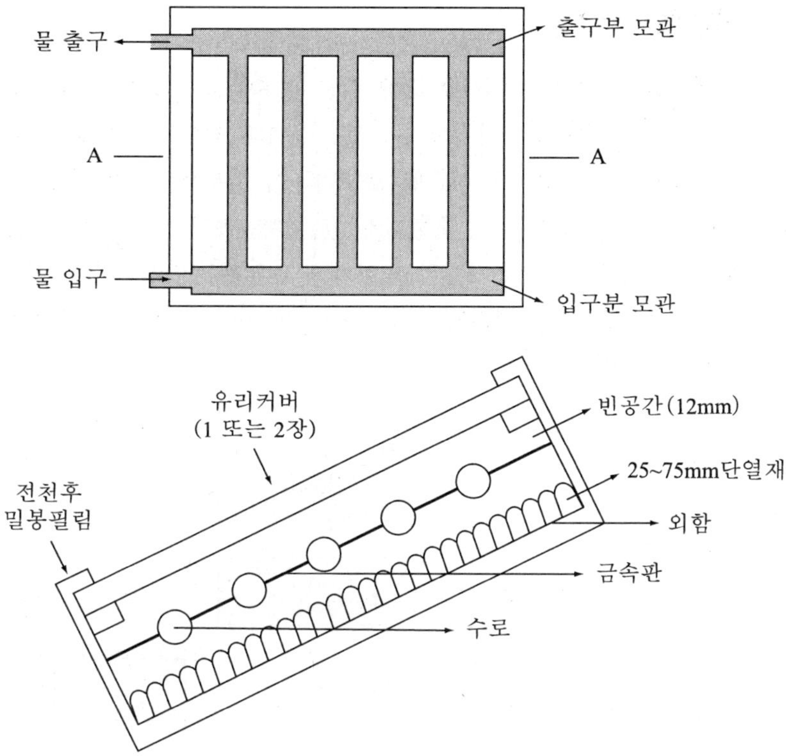

그림 6.6 태양열 평판형 집열기

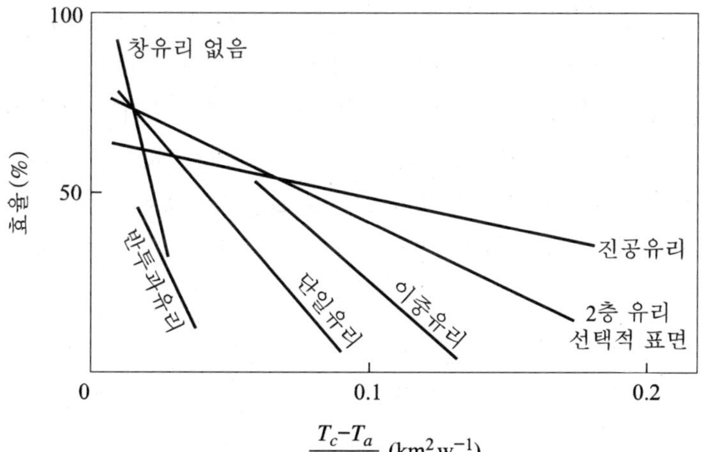

그림 6.7 집열기의 효율

4.2 시스템의 이용

태양열시스템의 핵심기술 크게 집열기, 축열조와 같은 주요 컴포넌트 기술과 시스템 설계기술(엔지니어링 기술)로 나뉜다. 태양열시스템은 열 부하 조건과 동파방지, 과열방지 등 시스템 보호기능이 있도록 적정하게 설계되어야 한다. 우리나라와 같이 동절기, 혹한기가 있는 지역에서는 동파방지를 위해서 대부분 부동액을 집열 매체로 사용하고 있지만 자동배수 방식 등 다른 여러 가지 방법도 사용될 수 있다. 여기서는 몇 가지 전형적인 태양열시스템에 대해서 언급하고자 한다.

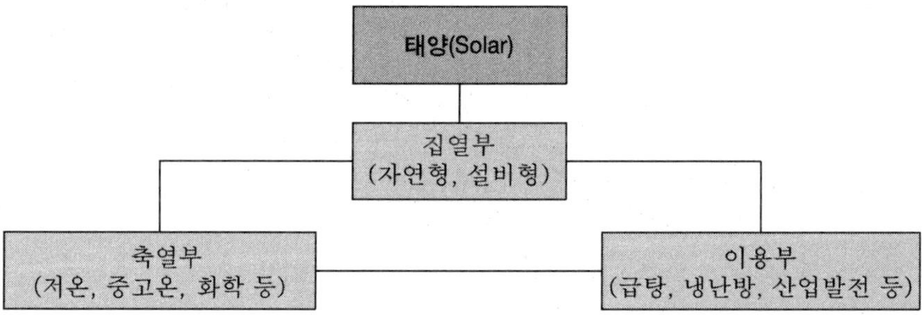

그림 6.8 태양열 발전원리

1) 태양열 온수기

태양열 온수기라고 하면 일반적으로 패키지화된 하나의 제품으로 현장에서 간단히 설치될 수 있도록 개발된 가정용 태양열 온수기를 의미한다. 이 제품은 국내에 약 18만 대 이상이 보급되어있다. 태양열 온수기는 태양열 집열판과 축열조로 구성되어 있으며 축열조 내부에 열교환기가 내장되어 있다. 이 온수기는 집열판에서 가열된 집열 매체(부동액)가 집열기와 축열조 내부의 열 교환 기간에 자연 순환에 의해 순환되면서 축열조 내부의 물을 가열시킨다. 즉, 집열기에서 가열된 열매체는 밀도가 낮아져 상단부인 축열조 내부(열교환기나 2중 탱크 사이)로 올라가서 온수탱크 내부의 온수를 가열하고 다시 온도가 낮아져서 집열기 하단부로 들어가서 집열기에서 다시 가열되면서 상단부로 올라가게 된다.

2) 태양열 냉방시스템

태양열 냉방은 난방 및 온수부하가 적은 하절기에 일사량이 많은 태양열을 냉방에 사용할 수 있다는 측면에서 상당히 매력적인 분야이다. 일반적으로 태양열 냉방은 기존의 냉방시스템 중 열에 의해서 구동되는 것을 태양열로 대체한 것이다. 따라서 태양열을 높은 온도로 집열하고 축열함으로써 생기는 단점을 줄이기 위해 가능한 낮은 온도로 작동될 수 있도록 개발된 것이 태양열 구동 냉동기이다. 지금까지 태양열 냉방기로 개발되어 사용되고 있는 것들은 다음과 같다.

① LiBr/물과 같은 작동매체를 활용하는 1중 효용 흡수식 냉동기
② 액체 및 고체 흡수제를 활용한 제습냉방 시스템
③ 제올라이트, 실리카겔과 같은 고체 흡착제를 활용한 흡착식 냉방시스템

상기 냉방장치는 이미 가스와 같은 화석연료를 사용하여 개발된 것으로 이것을 태양열에 적합하도록 보완된 것이라고 볼 수 있다. 참고로 최근에는 1중, 2중 겸용 흡수식 냉동기도 연구된 바가 있다. 이 냉동기는 태양열로 구동될 때는 성능이 낮으나 작동온도가 낮은 1중 효용으로 작동되고 보조열원으로 작동될 때는 작동온도도 높고 효율이 높은 2중 효용으로 작동된다.

3) 태양열 산업 공정열

산업분야에서 필요로 하는 열(온수 및 스팀)을 태양열시스템으로부터 공급하는 것으로서 저온에서부터 고온까지 다양하며 하절기에도 태양열을 효과적으로 사용할 수 있다. 태양열이용 산업공정 열 시스템을 위해서 현재 중고온용 집열기와 축열 기술이 연구되고 있다. 현재 상용화된 중고온용 분야(산업공정열 및 태양열 발전)에 적용되고 있는 집열장치는 태양추적 기능이 있으며 선집광이 되는 구유형 및 선형프레넬 집열기가 주로 사용된다.

4) 태양열 발전 시스템

태양열로 고온을 집열하여 스터링 엔진이나 터빈을 구동시켜 전기를 생산하는 방식이다. 태양열 발전 시스템은 크게 4가지 형태가 있으며 대표적인 태양열 발전시스템 나타내었다. 집광형식으로 구분하면 태양을 1축으로 추적하며 선(Line) 집광이 가능한 구유형과 선형 프레넬형이 있으며 태양의 고도와 방위를 추적하여 고온의 점(Point) 집광이 가능한 타워형(또는 중앙흡수형)과 접시형(Dish)이 있다. 이를 발전형식으로 나누면 기존 발전소의 증기터빈으로 구동하는 방식으로 구유형, 타워형 및 선형 프레넬형이 있으며 외부 열원으로 구동하

는 엔진으로 전력을 생산하는 접시형이 있다.

현재 구유형과 타워형은 이미 상용화 보급단계이며 구유형은 이용 가능한 온도한계로 인하여 기술적 포화단계에 있지만, 타워형의 경우 고온을 이용한 발전이 가능하여 초임계 발전 등 다양한 발전 형태와의 접목을 통해 발전효율을 높이고 발전단가를 낮추기 위한 연구개발이 추진 중에 있다. 선형 프레넬 집광은 중고온 생산이 가능하여 고효율 냉방에도 활용할 수 있으며 발전측면으로는 초기 시장 진입단계라고 할 수 있다. 구유형과 같이 선 집광으로 발전효율은 타워형에 비하여 낮지만, 사용 부지가 작고 시스템이 간단하여 비용이 적게 드는 장점이 있다. 접시형은 분산형 발전 형태로 활용이 가능하며 태양에너지 전환 전기 생산 효율이 30%에 도달할 정도로 높은 효율을 나타내지만 가장 가격이 높은 시스템이기 때문에 보급에 한계를 보이고 있다. 공기식 태양열 발전 시스템은 타워 상부에 설치된 고온의 흡수기로 외부에서 유입된 공기를 통과시켜 고온의 공기를 만들고 이를 물과 열 교환하여 증기를 생산하고 터빈을 구동하여 전력을 생산하는 시스템으로 국내 유일의 타워형 태양열 발전 연구 설비로 건설되었다.

표 6.1 태양열 발전방식 요약

종류	특 징	
구유형	• 50 MW 이상 급 대규모 상업 발전 • 효율 : ~27%(최대) • 열저장 가능	• 기술개발 포화상용화 보급단계 • 가동율 : ~50%
타워형	• 120 MW급 대규모 상업발전 • 효율 : ~27%(최대) • 열저장 가능	• 기술개발진행, 상용화 초기단계 • 가동율 : ~50%
접시형	• 25 kW급 Stirling 발전 • 효율 : ~30%(최대) • 열저장 불가능	• 개발완료, 상용화추진 • 가동율 : ~22%
선형 프레넬	• ~3 MW급 증기터빈 발전 • 효율 : ~22%(최대) • 열저장 가능	• 개발완료, 상용화진입 • 가동율 : ~30%

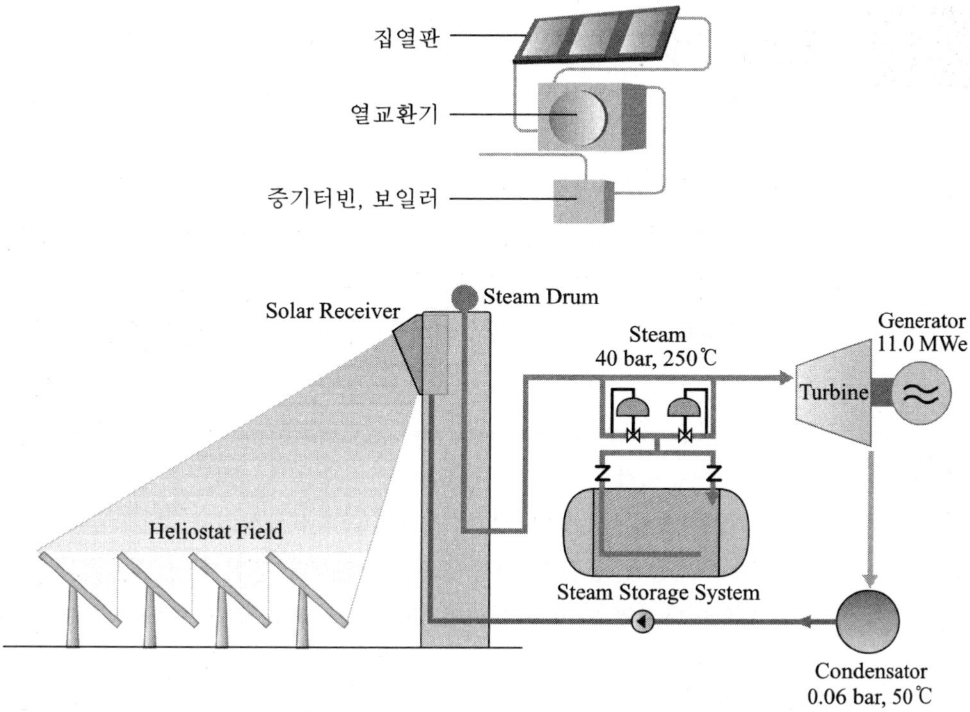

그림 6.9 태양열 발전 시스템

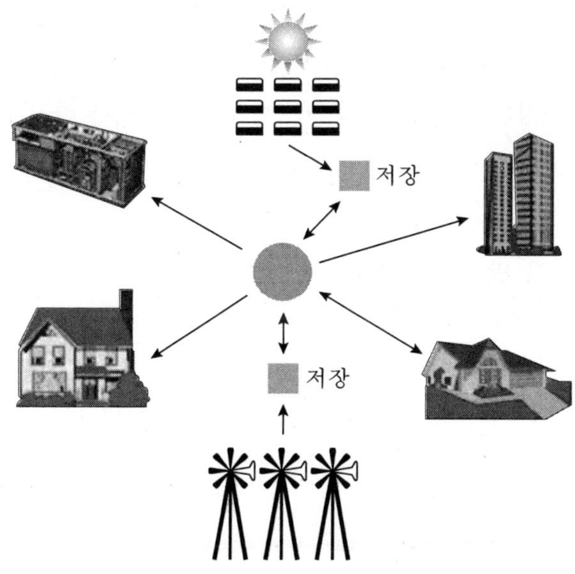

그림 6.10 태양열 보급시스템의 구성

5 태양열에너지 특징

태양열발전은 태양으로부터 나오는 무한한 에너지를 이용하여 깨끗하고 공해가 발생하지 않는 에너지이다. 따라서 태양열 발전은 이처럼 장점을 갖고 있지만, 단위면적당 공급 받을 수 있는 에너지의 양이 적고 흐린 날이나 비가 오는 날에는 이용할 수 없다는 점에서 어려움이 있다. 태양열에너지의 장·단점은 다음과 같다.

장점	① 유지보수비가 적다. ② 발전용량에 신축성이 있고, 발전시설의 유동성이 있다. ③ 20년 이상의 장수명, 자동화로 유지관리가 용이하다. ④ 태양에너지의 양이 거대하여 고갈될 염려도 없고 또한 환경오염 물질의 배출이 없다. ⑤ 미래의 에너지 산업에서 잠재력을 갖고 있다. ⑥ 발전용량에 신축성이 있고, 발전시설의 유동성이 있다. ⑦ 다양한 적용(온수, 전기 등)이 가능하다. ⑧ 여러 분야에 적용 가능하다. ⑨ 에너지 안보와 전략기술, 장기간의 경제성장과 밀접한 관련이 있다. ⑩ 무공해, 무한정한 태양에너지를 이용함으로 연료비가 들지 않는다.
단점	① 태양에너지 자체는 무공해이나 태양전지를 만들 때 필요한 반도체의 경우 오염물질이 발생한다. ② 일사량에 따라 발전량이 달라진다. ③ 태양에너지 자원은 에너지 밀도가 아주 낮아 수집하여 이용하는데 아직까지는 많은 비용을 필요로 한다. ④ 자연조건 등에 따라 출력이 변동하는 결점이 있으나 다른 에너지원과 병행하여 사용함으로써 문제를 해결할 수 있다. ⑤ 초기 설치비가 높다.

6 태양열에너지 시장 현황

6.1 국내 현황

태양열에너지는 국내 신재생에너지 중에서 가장 오랜 역사를 가지고 있는 에너지원 중 하나이지만 그 역사에 비해 시장규모 및 발전 현황은 매우 낮은 상태이다. 1990년대 태양열 온수기 붐이 일어났을 때만해도 높은 보급률을 기록했으나 2000년대 들어서면서 보급량이 급격히 감소하였다. 또한 2015년 기준으로 세계시장 보급량 1%도 안 될 정도로 점점 줄어 태양열산업이 성장 중인 세계시장 비해 매우 대비되는 모습을 보이고 있다. 따라서 내수를 늘이고 해외시장을 공략할 필요가 있다. 국가전략과제 가운데 고부가가치 창출 미래형 신산업 발굴·육성과 관련해 기후변화협약 등 온실가스 감축에 대응할 재생에너지산업 육성이 포함되어 있다. 산업유발효과가 큰 태양광과 풍력 등 재생에너지산업을 육성하는 것이 그것이다. 우리 경제는 성장 동력의 고갈과 고용창출의 둔화로 인한 청년 실업률의 급증 등 극심한 고통을 겪고 있는 상황에서 글로벌 수준의 경쟁력을 보유한 기존 산업과의 연관성이 높고 고용 창출력이 뛰어난 재생에너지 산업의 지속발전을 위한 실효성 높은 정책을 추진할 필요가 있다. 우선 국내 태양광 및 풍력 관련 업계에 대해 최소한의 시장규모를 보장할 뿐만 아니라 해외 진출의 테스트베드 역할에 우선적으로 국내 태양광 및 풍력 내수규모를 지속적으로 증가시킬 필요가 있다. 현재 공공부문을 중심으로 의무설치를 규정하고 있는데, 공공부문만으로는 규모 확대에 근본적인 한계가 있을 수밖에 없으므로 내수 시장의 획기적인 확대 방안이 다각적으로 강구될 필요가 있다.

1) 태양열 집열기

현재까지 국내에 신재생에너지설비로 인증을 받은 태양열 집열기는 다음과 같은 3가지 종류가 있는데 평판형 집열기, 단일 진공관형 집열기, 이중 진공관형 집열기 등이다. 대체적으로 평판형 집열기가 약 절반을 차지하고 있고 나머지 절반은 진공관형 집열기가 차지하고 있다. 평판형 집열기는 거의 대부분 국내에서 생산되는 집열기이다. 단일진공관형 집열기 일부는 국내에서 생산되고 일부는 중국으로부터 수입되고 있다. 이중진공관형 집열기는 대부분 중국에서

완제품이 수입되고 있으며 일부가 국내에서 진공관을 제외한 특정 부품을 자체 생산을 하여 조립하고 있는 실정이다. 이 이중진공관형 집열기의 진공관 자체는 현재 중국에서만 생산되고 있으며 막대한 자국 시장을 기반으로 전 세계로 시장을 확대해가고 있다. 우리나라도 최근 들어 중국으로부터 수입되는 이중진공관 집열기가 차지하는 비중이 점차 증가하고 있다. 일부에서는 인증 받지 않은 저가의 중국산 이중진공관형 태양열온수기가 수입되어 과대 홍보를 통해 농촌 주택을 중심으로 보급되어 심각한 문제를 발생시키고 있다. 정부의 신재생에너지 설비 인증제도가 실시된 이후 집열기에 대한 신뢰도가 점차 향상되고는 있으나 협소한 국내 시장규모로 인한 생산설비투자의 어려움 등으로 선진외국에 비해 생산기반이 다소 열악한 실정이다.

2) 태양열 온수기

국내・외적으로 가장 큰 태양열 시장을 차지하는 있는 가정용 태양열 온수기 및 온수급탕시스템(이하 태양열온수기라 함)은 1990년대 초반 보급이 확대되면서 1997년까지 18만여 대가 보급되었다. 이 당시 국내 태양열 시장은 현재보다 2~3배 정도 컸으며 현재와 같은 정부의 보조금 지원 없이 단순히 저리융자 지원에 의한 보급이었다. 그러나 IMF 이후 심야전기온수기의 등장으로 인한 경쟁력 상실과 업계의 도산과 사후관리 소홀로 인한 제품의 신뢰성 하락 등으로 보급이 거의 중단되었다. 2000년에 들어와서 정부의 신재생에너지 설비 인증제도가 도입되면서 인증된 설비에 한해 정부의 보급지원이 지속되어 왔으나 태양열 온수기는 대상 품목에서 제외되어 버리고 말았다. 이후 2012년 10월부터 태양열 온수기에 대한 정부의 지원이 재개되기 시작하여 주택 지원 사업 및 건물지원 사업에서는 6.0 m^2급에 대하여 설치설비 대당 보조금을 정하여 지원하고 있다.

3) 태양열 온수급탕 시스템

현재 국내 태양열 시장은 주로 지역지원 사업, 주택 및 건물지원 사업, 설치의무화사업 등에 의하여 연중 태양열 활용효과가 좋은 중대규모 온수급탕용에 초점이 맞춰져 시장이 형성되고 있다. 이를 통해서 보급되는 분야는 수영장, 복지시설, 학교식당, 목욕탕 및 온수급탕, 온수를 많이 사용하는 스포츠시설 등이다. 많지는 않으나 온수를 많이 사용하는 산업체 시설에도 적용이 되고 있다.

2016년 1월 13일 고시된 신・재생에너지보급 지원 사업 중 주택지원 사업에서는 세대 당 20 m^2 이하의 규모의 태양열설비에 한하여 보조금을 지원하고 있다. 설치면적별로 7.0 m^2 이하, 7.0 m^2 초과 14.0 m^2 이하, 14.0 m^2 초과 20.0 m^2 이하의 설비에 대한 단위설치면적당 보조금이 정해져 있으며 동일한 설치면적에 대해서도 단위면적당 1일 집열량에 따라 보조금을 차등 지급하고 있다. 건물지원 사업에서는 1,500 m^2 이하 규모의 설비에 한하여 보조금을 지원하고 있다. 주택지원 사업과 같이 단위면적당 1일 집열량에 따라 보조금 수준이 정해져 있으며 주택지원 사업보다는 보조금단가가 낮은 수준에 이른다.

4) 태양열 주택

2007년부터 그린홈 100만호 보급 사업을 통해 난방 및 급탕 겸용의 주택용 태양열시스템이 보급되고 있다. 주택에 태양열 난방 및 급탕시스템은 부하의 대부분을 차지하는 난방부하가 주로 동절기에 치중되어 있어 부하가 거의 없는 하절기 태양열 적용효과가 적을 뿐만 아니라 이로 인하여 하절기 과열문제와 부실한 사후관리 등이 문제점으로 지적되고 있는 실정이다.

5) 기타 태양열시스템

1990년대부터 꾸준히 제기되어오던 태양열 냉난방시스템도 시범적용을 통해서 보급되고 있다. 태양열 냉방은 1중 효용 흡수식 냉동기를 이용하는 흡수식 태양열 냉방시스템이다. 태양열로부터 고온의 스팀을 만들어 전기를 생산하는 타워형 태양열발전시스템이 해외 수출을 목표로 연구되고 있다. 국내에서는 최초로 100 kW급 태양열발전시스템이 대구에 설치되어 시험운전 중에 있다. 이외에도 PTC 집광장치를 활용한 소규모 태양열발전시스템이 최근에 연구목적으로 시범 설치된 바 있다. 하지만 최근 세계적으로 지구온난화와 이산화탄소 감축에 대한 중요성이 높아지면서 우리나라도 태양열시스템 보급 확산을 계획하고 있는데 2020년까지 매년 11.6%, 2030년까지 매년 6.9%의 증가량을 기록할 것으로 전망하고 있다. 신재생에너지 태양열 비중은 2020년에 2.0%, 2030년에 5.7%에 이를 것으로 전망한다. 2012년, 2020년, 2030년 보급 전망은 2012년까지 단기 동안에는 매년 24%, 중기 2020년까지는 매년 11.6%, 그리고 2030년까지 매년 6.9%의 증가량을 기록할 것이 예상된다.

표 6.2 태양열 보급 전망 목표

구 분	2010	2015	2020	2030
1차 에너지(백만 TOE)	253	270	287	300
신재생에너지(천 TOE)	7,566	11,731	17,520	33,027
- 1차 대비 신재생 비중	2.98	4.33	6.08	11.0
태양열(천 TOE)	40	63	342	1,882
- 신재생 중 태양열 비중(%)	0.5	0.5	2.0	5.7

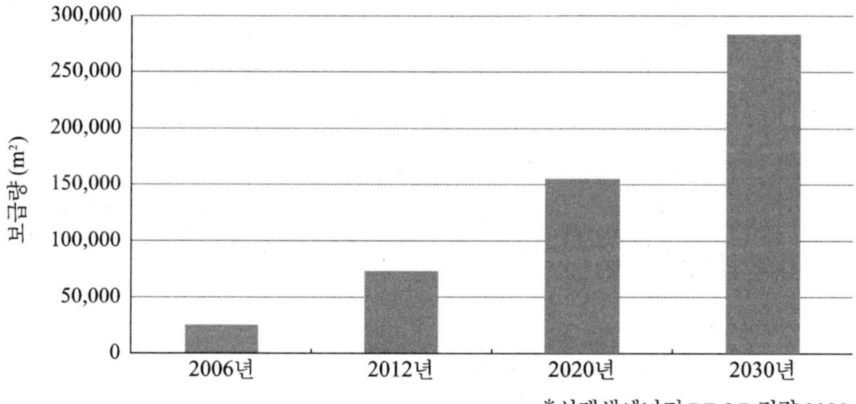

그림 6.11 기간별 국내 태양열 공급량 소비 및 전망

6.2 국외 현황

전 세계적으로 경제가 불황임에도 불구하고 태양열에너지 시장은 지난 10년간 꾸준히 성장해 왔고 2000년부터 매년 평균 17% 이상 성장하고 있는 추세이다. 세계적으로 보았을 때 가장 많은 태양열에너지 시스템을 보급량을 나타낸 국가는 중국으로 최근 몇 년 동안 급격한 성장과 함께 태양열 온수 용량 및 신규용량에서 가장 높은 순위를 차지하면서 태양열에너지 산업에서 다년간 정상의 위치를 유지하고 있다.

해외 국가들의 태양열에너지 시스템 대부분은 가정용 온수기로 활용되어 지고, 일반적으로 소비량의 40~80%를 차지하고 있다. 이외 호텔, 학교 등 대규모 단지에서는 대규모 온수 시스템을 도입하고 있으며 유럽 최대 태양열 설치

국가인 독일은 온수와 난방을 병행하는 콤비 시스템이 40% 이상의 비중을 차지하고 있다. 2014년 말 기준, 유럽 국가에서 227개의 태양열 지역난방 발전소(Solar Thermal District Heating Plants, 551 MWth)가 가동 중인데 이중 최근 유럽 11개 신규 발전소는 모두 덴마크에 설치되었으며 기존에 비해 43%가 상승한 61개 발전소로 총 389 MWth을 기록했다. 또한 태양열 냉방 시장은 아직까지는 미미한 수준이지만 2004년 이후로 연평균 40%를 초과하는 성장률을 기록해 오고 있으며 태양열에너지를 활용한 냉방 시장은 피크 전력수요를 낮추는 잠재량이 있다. 냉방수요가 높은 국가에 필요한데 2014년 남아공의 첫 태양열에너지를 활용한 냉방설비 사업이 요하네스버그에서 이루어졌으며 세계 최대의 설비가 미국 애리조나주의 학교에 완공되었다. 뿐만 아니라 소규모 태양열 냉방설비의 경우 중부 유럽과 타 지역에서 주목을 받고 있는 추세이다.

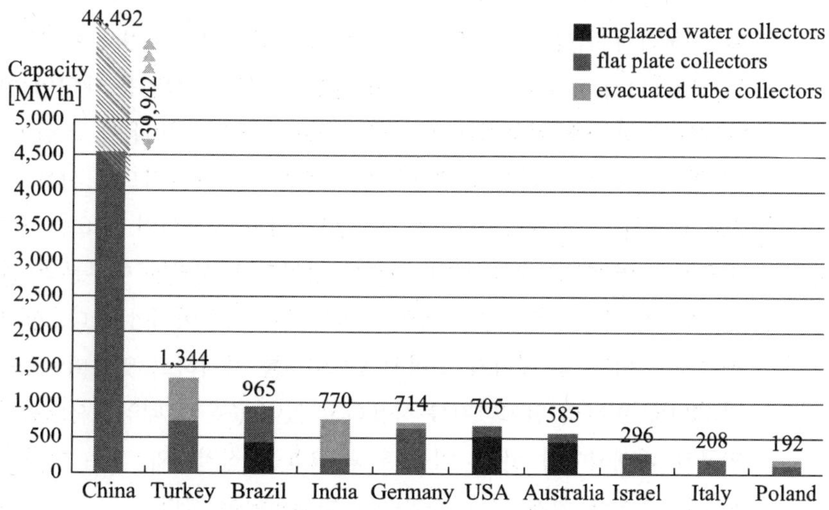

그림 6.12 주요 국가의 태양열 집열기 신설 현황(2013)

7 향후 전망

최근에 EU에서 발표한 중장기 기술개발 로드맵인 "Solar Heating and Cooling for a Sustainable Energy Future in Europe-A Strategic Research Agenda"은 태양열 시장을 성공적으로 확대하기 위해서 기술적인 측면과 시장 개척적인 측면에서 단기, 중기 및 장기적인 차원에서 수행되어야 할 방향을 잘 제시해주고 있다. 유럽보다 기술적인 측면, 특히 산업화 측면에서 뒤지고 있는 우리로서는 현재 보급되고 있는 기술의 신뢰도를 높이기 위한 연구와 산업화 연구 그리고 태양열 제조설비에 대한 시설투자가 추가로 있어야 가능하다. 이것은 현재 보급되고 있는 태양열시스템 기술에 대한 신뢰성이 향상되지 않고서는 시장 확대는 불가능할 것으로 사료되기 때문이다. 이를 위해서는 기업의 설비투자를 유도하기 위한 최소한의 국내 태양열 시장 확보나 비전이 제시되어야 한다. 태양열에너지 시장의 큰 부분을 차지하는 건물 및 상업용 태양열 이용시스템 기술개발은 보급을 위한 신뢰성 향상, 고효율화 및 저비용에 초점이 맞춰져야 하며 열부하가 적은 하절기 태양열과 보조열원을 효과적으로 사용할 수 있는 1중 2중 겸용의 소형 태양열 냉방 시스템도 역시 상용화가 필요한 시점이다. 특히, 주택용 태양열시스템의 설비 중에서 집열기를 제외한 대부분의 설비가 공장에서 제작이 가능하도록 시스템의 컴팩트화가 이루어져야 한다. 산업부분 에서의 에너지 소비는 총 에너지 소비의 약 50%를 차지하고 있으며 이 중, 절반 정도가 280°C 이하의 열에너지를 사용하고 있어 중온형 태양열시스템의 산업체적용 연구가 확대되어야 한다. 이를 위해 고효율 집열기와 같은 핵심기술의 연구와 시스템 최적화 설계 및 실증연구가 병행되어야 한다.

최근 오일달러에 힘입어 신재생에너지 활용을 서두르고 있는 중동이나 동남아 등의 국가에 진출을 위한 기술개발 및 시범적용 연구도 있어야 할 것으로 본다. 유럽에서 최근에 보급 확대되고 있는 중소 용량급의 계간 축열식 태양열 블록 열 공급 시스템이나 계간축열조가 쓸모없게 되는 대용량급의 태양열 지역난방시스템은, 기존의 태양열시스템이 안고 있는 하절기 태양열의 효율적 이용과 사후관리 문제를 해결할 수 있기 때문에 이 분야에 대한 연구 및 시범적용도 중요한 현안 중에 하나로 사료된다. 유럽에서 2000년대 들어와서 시범보급을 통해 확대 보급되고 있는 계간축열 시스템이 있는 태양열 블록히팅 및 지역난방

직접 연계형 태양열지역난방시스템은 특히나 하절기 태양열의 효율적인 이용이나 분산 또는 집중 설치되는 태양열시스템의 사후관리의 용이성 측면에서 큰 장점이 있다. 또한 태양열시스템의 경제성도 향상시킬 수 있기 때문에 향후 태양열 분야가 나가야 할 한 방향 중에 하나가 될 것이다.

현재 미래부에서 추진하고 있는 진천 친환경 에너지 타운 실증 연구 사업에서는 태양열 집열기, 연료전지, 히트펌프 등이 계간 축열조를 중심으로 융·복합화 된 신재생하이브리드시스템이 설치되어 실증될 예정이므로 이러한 융·복합시스템의 성능평가가 매우 중요할 것으로 보인다. 또한 한국에너지공단의 신재생 융·복합 지원 사업에서도 태양열식 계간 축열조를 이용한 에너지원간의 융합사업을 지원하도록 하고 있어 이러한 정부보급지원을 통한 대규모 태양열 등 신재생 열 공급 시스템의 보급이 기대된다. 태양열 블록히팅이나 태양열 지역난방시스템은 바이오에너지, 지열에너지 등 타 신재생에너지원과 융합되는 신재생 융·복합을 통해 혁신도시, 공공건물 등 신축단지나 건물에 적용하여 효율적으로 에너지를 줄이거나 자립할 수 있다. 건물별로 신재생에너지를 적용하는 것보다는 이들 시스템을 하나로 묶어서 통합 관리하는 것이 태양열을 포함한 신재생에너지 의존율을 높일 수 있을 뿐만 아니라 사후관리, 그리고 계절별로 차이가 큰 부하 대응 등의 차원에서 효과적이기 때문에 현재 유럽을 중심으로 이러한 사업이 확대되고 있다. 태양열시스템의 경제성 향상을 위해서 선진국에서 현재 수행 중에 있는 폴리머와 같은 저가의 신소재를 활용한 태양열 집열기 및 기타 부품 개발 등에 대한 연구도 적극적으로 할 필요성이 있다. 이외에도 중고온 태양열 분야는 고일사 지역을 중심으로 하는 태양열 발전 시장의 확대에 따라 기업의 세계시장 진출을 위한 태양열 집광, 엔지니어링, 가격 저비용화 기술개발이 필요하다. 이와 더불어 국내에서 보유 중인 200 kW 태양열 발전설비를 이용하여 개발 제품의 장기 운전성능 평가 확보, 국제 표준화 작업 참여 등의 활동을 통해 실용화 및 수출을 위한 중장기적 전략이 필요하다. 이처럼 태양열 이용기술의 경제성과 신뢰성 확보 및 태양열 이용 극대화와 기술 산업화 촉진을 위한 연구가 기술개발 분야에 필요하고 보급 확대 정책으로는 신재생 열에너지 공급 확대를 위해 RHO (Renewable Heating Obligation) 등 새로운 정책수립이 필요하며 유럽이나 중국의 태양열보급과 관련한 태양열의무화제도 등을 검토하여 국내실정에 적합한 정책수립이 고려되어야 할 것이다.

8 태양광에너지 개요

태양으로부터 지표면에 도달하는 복사에너지는 거의 무한대이다. 지구상으로 1시간 내리쬐는 태양에너지의 양은 전 세계가 1년 동안 소비하는 에너지와 동일하다. 그러나 태양에너지는 에너지밀도가 낮으므로 이를 실생활에 이용하거나 산업용으로 쓰기 위하여 값싸고 효율적으로 태양에너지를 포집하고 이를 다시 전기에너지나 열에너지로 바꾸어 주는 기술이 필요하다. 태양광 발전이란 태양의 빛에너지를 변환시켜 전기를 생산하는 발전기술을 말한다(햇빛을 받으면 광전효과에 의해 전기를 발생하는 태양전지를 이용한 발전방식). 태양광발전시스템은 태양전지(Solar cell)로 구성된 모듈(Module)과 축전지 및 전력변환장치로 구성되어 있다. 태양광분야에서 세계시장은 2000년 이후 연평균 30% 이상 증가하고 있으며 2002년 태양전지모듈 생산실적은 562 MWp이며 2003년도에는 전년도 대비 36% 성장하여 760 MWp 규모가 되는 등 최근 5년 동안 30% 이상의 높은 신장 추세이다. 2004년 말 세계 시장은 약 1,200 MW(83억불)의 태양전지를 생산하였으며 시장규모의 확대로 업체마다 증설계획을 발표하고 있다. 향후 지속적으로 30% 이상의 성장이 예측되고 있다.

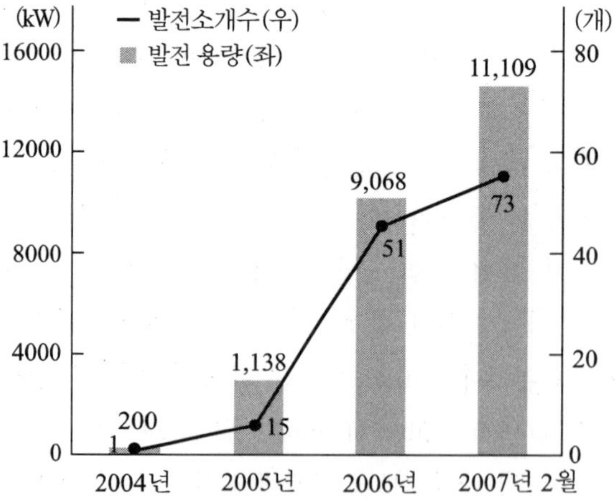

그림 6.13 태양광발전 증가 추이

9 태양광에너지 발전원리

트랜지스터나 집적회로에 이용되고 있는 규소(Si : 실리콘)로 대표되는 반도체 재료에 빛이 조사되면 전기를 발생하는 성질, 즉 광전효과(Photovoltaic effect)를 이용한 기술로서, N형 반도체는 광조사에 의해 음의 전하를 가지는 전자를, P형 반도체는 양의 전하를 가지는 정공(전자가 빠져나온 구멍)을 발생하는 성질이 있다. 두 개의 반도체를 접합하면 그 경계에 에너지의 단차가 생기는데 전자는 이 단차에 의해 전자는 P층에서 N층으로, 정공은 반대로 N층에서 P층으로 이동하면서 양측의 전극에 수집된다. 이것을 결선하면 전류가 흐르고 전력을 뽑아낼 수 있는 것이다. 즉, 태양에너지를 전기에너지로 변환할 목적으로 제작된 광전지로서 반도체와 금속의 접촉면 또는 반도체의 PN접합에 빛을 받으면 광전효과에 의해 전기가 발생된다.

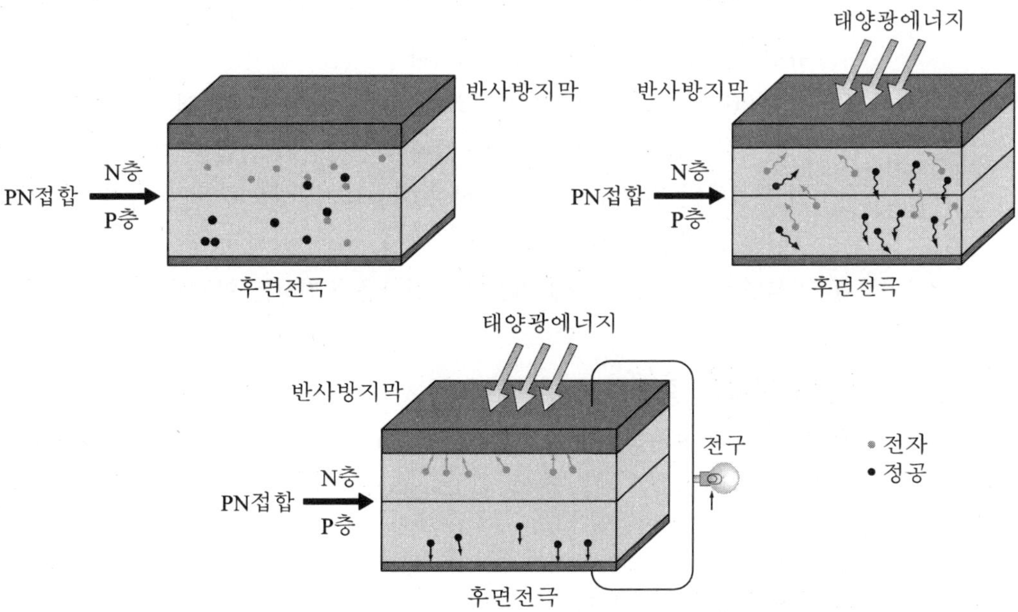

그림 6.14 PN연결에 의한 태양광 발전 발전 원리

10 태양광에너지 장치구조

1) 태양광발전시스템 구성품

① 셀(Cell) – 태양전지의 가장 기초적인 형태이며 태양에너지를 전기에너지로 변환시켜주는 반도체 소자로 된 매체이다.

② 모듈(Modul) – 다수의 셀의 집합체로 태양전지라고 부를 수 있는 형태이다. 모듈은 다결정 혹은 단결정으로 분류되는데 그 분류는 결정질의 차이로 구분 짓는다.

③ 어레이(Array) – 여러 장의 모듈이 구성되어 이루어지는 모듈끼리의 집합을 뜻한다. 어레이의 수는 고정되지 않으며 변동이 된다.

④ 접속함 – 모듈과 인버터 중간지점에 설치되어 인버터 입력 단에 직류전원과 각종 센서류의 신호선들을 전달한다.

⑤ 인버터(Inverter) – 모듈에서 생성되어 접속반을 지나 온 직류전기를 교류전기로 변환을 시켜주는 장치이다.

⑥ 축전지(ESS : Energy Storage System) – 독립형 시스템의 태양광발전시스템에서 사용되며 태양광 발전설비에서 생산된 전력을 저장하다가 전력이 부족하면 전력을 다시 방출하여 사용할 수 있도록 하는 안정적인 전력 공급을 도와주는 장치이다.

⑦ 계통연계 – 전력계통에 연결되어 전기를 송전하는 역할을 하는 지점이다.

2) 태양전지의 종류

태양전지는 사용하는 재료에 의해 화합물 반도체, 실리콘, 유기반도체로 분류되지만, 주로 이용되고 있는 것은 실리콘으로 단결정, 다결정, 어모퍼스 등으로 분류된다.

① 단결정 실리콘 태양전지

최초로 개발이 진행된 태양전지로, 변환효율도 소면적에서는 20% 이상 높은 값이 얻어지고 있고, 원자가 3차원적으로 질서정연하게 배열된 실리콘으로, LSI 등 집적회로의 기판으로 이용되고 있다. 그러나 IC산업에서 이용하고 있는 실리콘 웨이퍼와 같은 양상의 웨이퍼를 이용하는 등 재료비용이 들고 제조공정이 복잡해서 비용이 많이 든다는 결점이 있다.

② 다결정 실리콘 태양전지

단결정 실리콘 태양전지의 결점을 개선하기 위해 용융한 실리콘을 주형 중에 고화하고 이것을 슬라이스해서 웨이퍼로 한다. 변환효율이 단결정 실리콘 태양전지에 비해 다소 떨어지지만 저비용화가 가능하다는 장점을 가지고 있다. 즉, 단결정 실리콘 영역의 집합체이며 단결정 실리콘보다 전기적 성질은 뒤지지만 집적회로에서의 전도체나 전극으로서는 우수한 성질을 갖는다.

③ 어모퍼스 태양전지

태양의 빛에너지를 전력으로 변환시키는 소자로서 어모퍼스(비정질)의 실리콘을 이용한 태양전지이다. 단결정과 다결정 실리콘에 비해서 사용재료 및 제조 에너지가 적다는 것 등의 장점이 있으며 비정질 실리콘을 사용하면 실리콘을 사용하면 실리콘 원료가 소량으로 가능해서 생산비가 대폭 낮아진다. 결정 실리콘계 태양전지에서는 도달할 수 없는 더욱 저비용인 태양전지로서 기대되고 있다. 이 전지를 넣은 시계, 계산기 등이 이미 시판되고 있다.

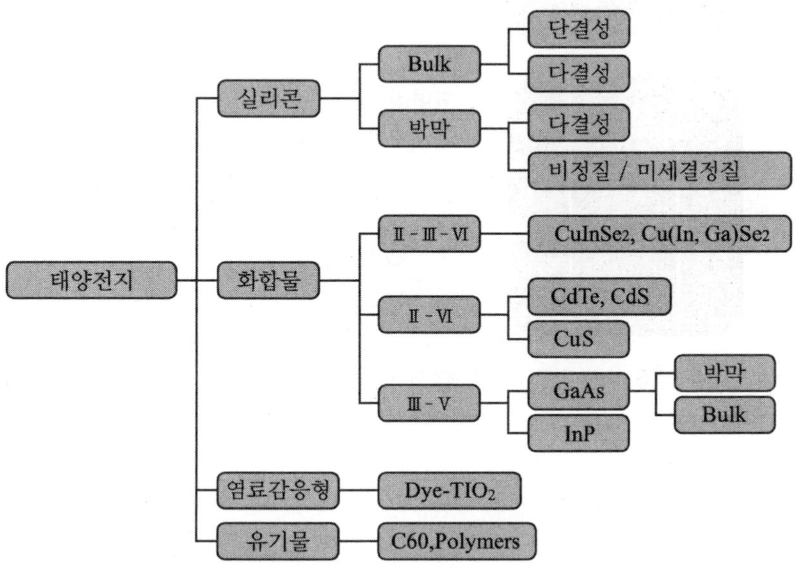

그림 6.15 태양전지 형태

표 6.3　태양전지 형태별 비교

형태		실험실 규모		대량생산	
		면적(cm^2)	효율(%)	면적(cm^2)	효율(%)
실리콘	단결정	4	23.3	100	15～18
	다결정	4	17.8	100	12～14
	비정질	1	11.5	1,000	5～8
GaAs		0.25	25.7	4	17
CdTe		1	10.9	-	-
$CuInSe_2$		3.5	14.1	-	-
GaAs/GaSb		0.005	34	-	-

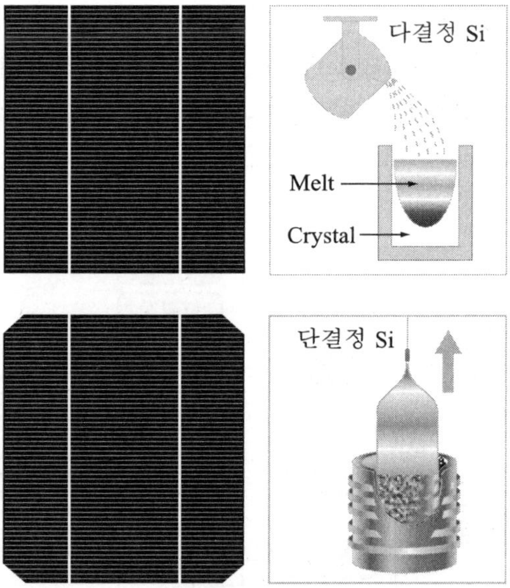

그림 6.16　단결정 및 다결정 태양전지

11 태양광발전시스템

11.1 시스템 개요

태양광에너지를 전기에너지로 변환한 다음에 실제로 활용할 수 있는 규격의 전기로 만들어주는 기술적 체계를 말한다. 태양전지 어레이에서는 태양광에너지를 직류의 전기 에너지로 변환한다. 내환경성을 늘리기 위해 태양전지의 최소단위인 셀을 수지나 유리로 봉입한 것을 모듈이라 명명한다. 이 모듈을 직렬 연결한 것을 스트링이라 하고, 그것들을 모아서 배선하여 조합한 일식을 태양전지 어레이라 한다. 태양광에너지의 장·단점은 다음과 같다.

장점

① 에너지원이 청정하고 무제한이다.
② 필요한 장소에서 필요량만큼 발전이 가능하다.
③ 유지 보수가 용이하고 무인화가 가능하다.
④ 20년 이상의 긴 수명을 가진다.
⑤ 건설기간이 짧아서 수요 증가에 따른 신속한 대응이 가능하다.
⑥ 기계적인 진동과 소음이 적다.

단점

① 전력 생산량이 지역별의 일사량에 의존된다.
② 에너지 밀도가 낮아 큰 설치 면적이 필요하다.
③ 설치 장소가 한정적이고 시스템 비용이 고가이다.
④ 초기 투자비와 발전 단가가 높다.
⑤ 일사량 변동에 따른 출력이 불안정하다.

11.2 태양광발전시스템의 종류

1) 계통연계형 시스템

태양광으로 발전된 직류 전기 에너지를 인버터에 공급하여 사용 전력으로 변환시켜 안정된 전원을 수요자에게 공급하는 시스템이다. 계통, 연계가 가능하게 하여 야간이나 태양광 발전 전력이 부족할 경우에 계통 전압을 유입하여 사용하게 하고 잉여전력이 발생할 경우 계통전원으로 역으로 전송하도록 하는 방식이다. 즉, 태양광 발전에서 생산된 직류전력을 인버터를 거쳐 교류로 바꾼 다음 상용교류 전력선 망에 연계시키는 방식을 말한다. 이 경우 양쪽의 주파수와 전압이 정확히 같아야 하기 때문에 기술적으로 어려운 점은 있지만, 환경보호의 본래 뜻대로 축전지를 사용하지 않는 이점뿐만 아니라 에너지의 효율성 때문에 최근에는 대부분의 태양광발전시스템이 계통 연계형으로 설치되고 있다.

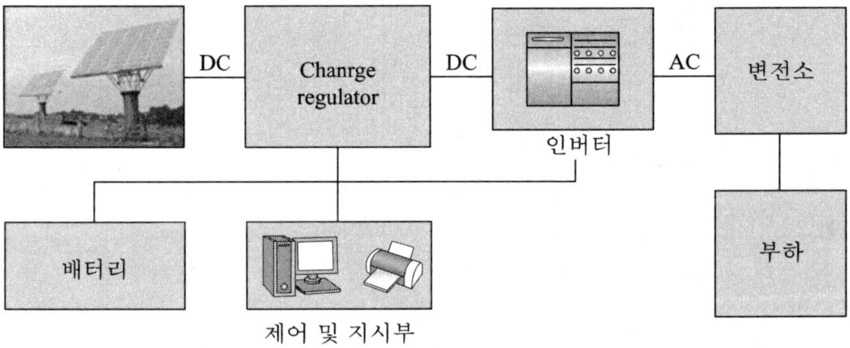

그림 6.17 태양광발전시스템의 구조

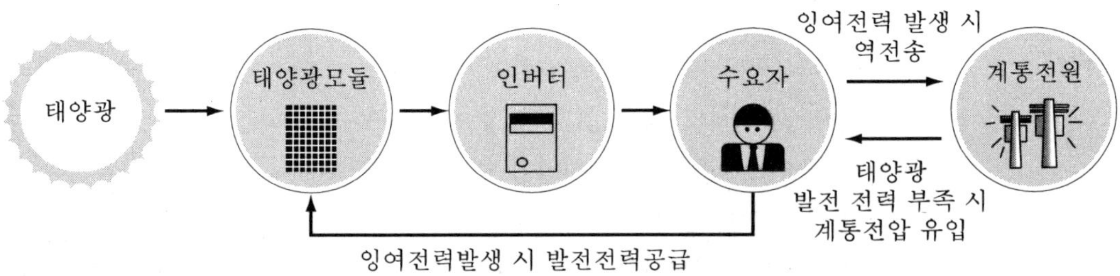

그림 6.18 계통연계형 시스템

2) 독립형 시스템

독립형 태양광발전시스템은 인공위성이나 전력의 공급이 어려운 섬이나 야간 또는 오지처럼 상시전력을 공급받을 수 없어서 태양광이 적을 때 전력을 공급하기 위한 축전설비를 갖추고 있다. 태양광 발전이 가능한 기간 동안 축전지에 전력용 전력을 저장하였다가 사용하는 방식이다. 태양광에너지를 전기에너지로 바꾸는 태양전지 모듈, 야간이나 우천 시 전기를 쓰기 위해 발전된 전기를 저장하는 축전지, 그리고 축전지의 보호를 위한 충전조절기 그리고 발생된 직류전기를 교류전기로 바꾸는 인버터 등으로 구성된다. 태양광이 적은 날이 장기화되거나 시스템 고장 등의 문제시 보조용으로 디젤 발전기 및 풍력 발전기를 갖춘 복합 발전 시스템으로 활용이 가능하다. 독립형 시스템은 전력회사와 전력의 주고받음이 없이 PV시스템에 의한 독립된 전원을 사용한다.

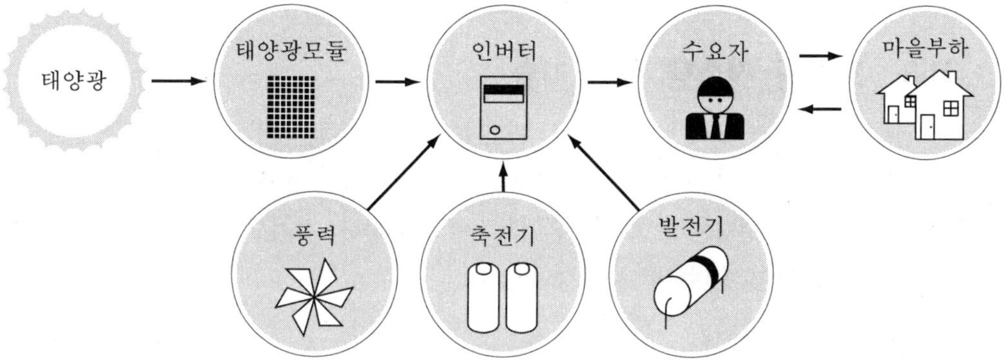

그림 6.19 독립연계형 시스템

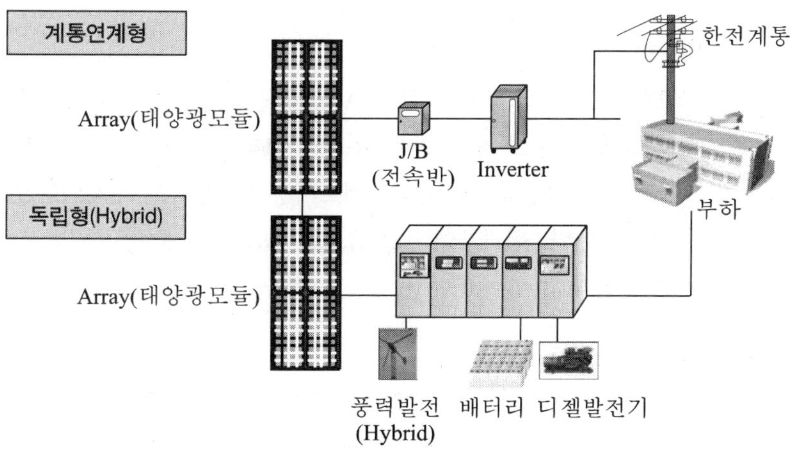

그림 6.20 독립형과 계통연계형 시스템

3) 주택형 시스템

건물의 창호, 발코니, 외벽면, 지붕 등 건물의 외관에 태양광 발전 모듈(전지판)을 장착해 자체적으로 전기를 생산하고 건축물에서 바로 활용할 수 있도록 구성한 건축 외장 시스템이다. 기존 태양광발전의 경우 태양광 모듈을 건물 옥상이나 넓은 평지에 설치해야하는 반면 이 시스템은 태양광 모듈 자체를 건자재화 하여 건물의 지붕재, 창호재, 외벽재 등으로 활용하기 때문에 별도의 설치 부지를 필요로 하지 않기 때문에 건설비용을 줄일 수 있다.

11.3 태양광 시스템 설비 기술

① 고정식

과학적 구조 검토를 통한 다양한 규격이 있고 용접 없이 전체 볼트체결방식으로 현장에서 설치와 유지보수가 용이하다. 그리고 전체 용융아연도금으로 외관이 수려하며 내구성이 높다.

② 가변고정형

가변각도를 다양하게 하여 설계가 가능하며 가변기능이 용이하여 소비자 요구에 따라 가변횟수를 조절할 수 있다. 경고한 시스템으로 강한 바람에도 흔들림이 적어 안정적이다.

③ 단축형

견고한 구조이며 힘이 넘치는 Actuate를 사용하며 경사각도 조절이 용이하고 양축과 같은 효과를 낸다. 소량의 모터가 사용되고 소모전력 감소 및 유지관리의 편리성을 강화한다. 백트래킹 및 실시간 추적기능으로 전력 생산을 최대화한다. 원격제어 시스템으로 웹제어를 통한 무인발전소 운영시스템을 적용한다.

④ 지붕형

전체적인 볼트체결방식과 모듈 고정 브라켓을 사용하고 현장설치에 용이하다. 단순하고 완벽한 설계 및 제작에 의한 시공의 신속성의 특징을 가지며 호환성과 조립이 용이하여 다양한 크기의 모듈 부착이 가능하다. C형강 구조로 인한 표준화와 경량화를 실현한다. 지붕형태별 다양한 형틀화 구조로 일체성과 안정성을 강화한다.

제 6 장 연습문제

(1) 태양전지의 가장 기초적인 형태이며 태양에너지를 전기에너지로 변환시켜주는 반도체 소자로 된 매체를 무엇인가?

① 건전지 ② 태양열 ③ 셀(Cell) ④ 인버터(Inverter)

(2) 최초로 개발이 진행된 태양전지로, 변환효율도 소면적에서는 20% 이상의 높은 값이 얻어지고 있고 원자가 3차원적으로 질서 정연하게 배열된 실리콘으로 제조공정이 복잡해서 비용이 많이 든다는 결점이 있는 태양전지는 무엇인가?

① 어모퍼스 ② 단결정 ③ 다결정 ④ 어레이

(3) 건물의 외벽면, 창호, 발코니, 지붕 등 건물의 외관에 태양광 발전 모듈(전지판)을 장착해 자체적으로 전기를 생산, 건축물에서 바로 활용할 수 있도록 구성한 건축 외장 시스템을 무엇이라 말하는가?

① 독립형 ② 자동차형 ③ 벙커형 ④ 주택형

(4) 다음 중 태양열 발전 시스템에 해당하지 않는 것은?

① 구유형 ② 선형프레넬 ③ 주택형 ④ 접시형

(5) 태양열에너지에 대한 설명으로 옳지 않은 것은?

① 유지보수비가 적다. ② 초기 설치비가 높다.
③ 일사량에 상관없이 발전량은 같다. ④ 온수, 전기 등에 사용이 가능하다.

(6) 트랜지스터나 집적회로에 이용되고 있는 규소(실리콘 : Si)로 대표되는 반도체 재료에 빛이 조사되면 전기를 발생하는 성질, 즉 (______________) 를(을) 이용한 기술이다.

(7) (______________) 이란 태양으로부터 방사되어 지구상에 도달하는 열을 이용하는 에너지로 태양열의 흡수, 저장, 열변환 등을 통하여 건물의 냉난방 및 급탕 등에 활용하는 기술을 말한다.

해답

1. ④ 2. ④ 3. ② 4. ④ 5. ③
6. 광전효과 7. 태양열발전시스템

7

바이오에너지

1 바이오에너지 개요

바이오에너지는 바이오매스(유기물)로부터 생산되는 고체, 액체 및 기체 연료와 전기, 증기 및 생물화학 물질을 말한다. 그리고 바이오매스는 재생 가능한 식물로부터 생성된 유기물을 말하고 이 중에는 에너지 작물, 식품과 나무, 사료 등 농산물 및 부산물, 임산 부산물, 수생식물, 동물 분뇨, 산업쓰레기, 도시쓰레기 중의 유기성폐기물을 포함한다. 이러한 바이오매스는 에너지 생산에 쓰일 수 있

그림 7.1　바이오에너지

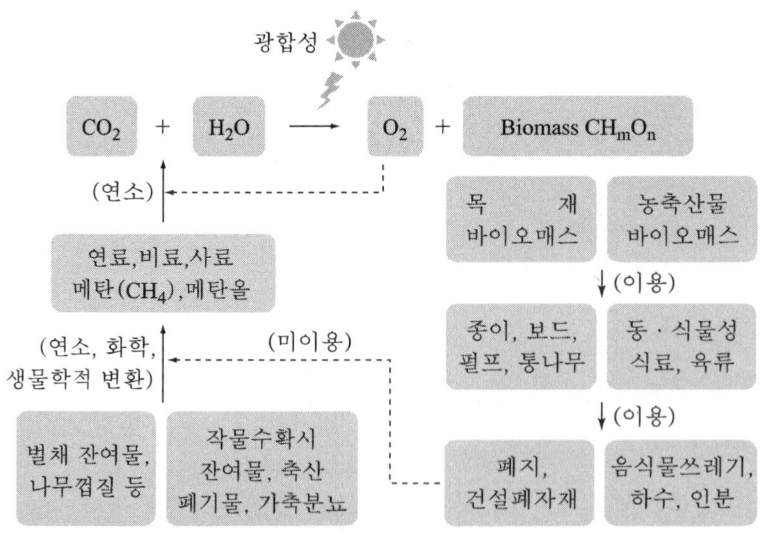

그림 7.2　바이오에너지 생성과정

다. 최근에는 많은 바이오매스들이 계획적으로 재배된 속성수 혹은 속성 재배된 초본식물 등 에너지 작물로 재생산 되는 경우가 있으며 이를 바이오에너지 원료로 명명하기도 한다.

오래전부터 바이오연료는 난방과 요리를 위해 나무를 사용하였다. 바이오연료는 다른 신재생에너지가 가지고 있는 재생성, 친환경성 등의 장점도 가지고 있으며 바이오에너지만 가지고 있는 장점이 있어 열, 전기뿐만 아니라 수송용 연료에도 사용이 가능하다. 바이오연료란 농작물이나 식물의 추출물, 동물 배설물로 만든 연료를 일컫는다. 휘발유를 대체하는 바이오에탄올(80%)과 경유를 대체하는 바이오디젤(20%)이 주류를 이룬다. 바이오에탄 올은 옥수수, 사탕수수, 사탕무, 카사바, 고구마 등에서 녹말 성분을 발효시켜 생산한다. 휘발유 에 에탄올을 10%만 섞은 E10의 경우 기존 자동차 엔진에 그대로 사용할 수 있다. 바이오연료는 이상화탄소 등 오염물질 배출량이 화석연료에 비해 상대적으로 적으며 배출된 이산화탄소는 이들의 원료인 식물들이 생장하면서 흡수하기 때문에 바이오연료의 이산화탄소 순 배출량은 거의 없다고 봐도 무방하다. 바이오연료는 이산화탄소의 소비와 발생이 모두 단기간에 발생하기 때문에 생태학적으로 사이클이 균형을 이루는 탄소 중립적인 특징도 가지고 있다. 바이오매스는 생물학적, 열화학적 방법 등을 통해 고체, 액체, 기체 형태의 연료로 전환되어 사용된다. 생물학적 방법은 미생물을 이용한 발효과정을 통해서 연료를 획득하는 방법으로 메탄발효, 에탄발효, 수소발효 등이 있다. 열화학적 방법에는 직접연소와 가스화, 탄화 등이 있는데 가스화는 고온상태에서 바이오매스를 열분해하여 수소 및 이산화탄소 등 가연성 가스를 만들어내는 것이다.

그림 7.3 바이오연료

표 7.1 바이오에너지 종류별 기술

대분류	중분류	내 용
바이오액체연료 생산기술	연료용 바이오에탄올 생산기술	당질계, 전분질계, 목질계
	바이오디젤 생산기술	바이오디젤 전환 및 엔진적용기술
	바이오매스 액화기술(열적전환)	바이오매스 액화, 연소, 엔진이용기술
바이오매스 가스화기술	혐기소화에 의한 메탄가스화 기술	유기성 폐수의 메탄가스화 기술 및 매립지 가스 이용 기술(LFG)
	바이오매스 가스화기술(열적전환)	바이오매스 열분해, 가스화, 가스화발전 기술
	바이오 수소 생산기술	생물학적 바이오 수소 생산기술
바이오매스 생산·가공기술	에너지 작물 기술	에너지 작물 재배, 육종, 수집, 운반 가공 기술
	생물학적 CO_2 고정화 기술	바이오매스 재배, 산림녹화, 미세조류 배양기술
	바이오 고형연료 생산, 이용기술	바이오 고형연료 생산 및 이용기술[왕겨탄, 우드칩, RDF(고형연료 등)]

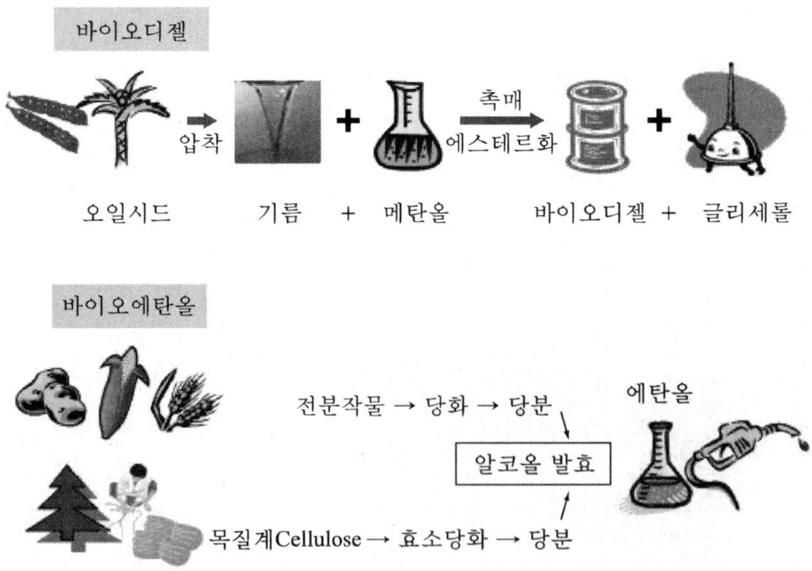

그림 7.4 바이오연료 생성과정

2 바이오연료 종류 및 특징

2.1 바이오에탄올

에탄올은 기본적으로 글루코오스 등 당 화합물을 미생물로 발효시킴으로써 생산한다. 전분질계의 바이오매스가 주로 활용되고 셀룰로오스를 함유한 볏짚이나 나무 등 목질계와 해조류로부터도 생산 가능하다. 셀룰로오스는 포도당 등 당류의 중합체로 식물의 기본적인 구성성분이기 때문에 에탄올은 다른 바이오연료에 비해 폭넓은 원료자원을 가지고 있다. 에탄올은 일산화탄소 등 환경오염물질 배출이 화석연료에 비해 적어서 대표적인 친환경 에너지로 꼽히고 있고 휘발유를 대체하는 운송용 연료로 활용된다. 다만 높은 산소 함유량에 따른 강한 부식성 등으로 휘발유를 전적으로 대체하지는 못하고 첨가제의 형태로 사용되어지고 있다. 현재 상용화된 에탄올은 대부분 옥수수와 사탕수수 등 식량자원을 기반으로 하고 있어 세계 농업기상여건 악화로 작황이 악화될 경우 원료수급에 차질을 빚을 수 있다는 문제점을 내포하고 있다. 원료비용이 높기 때문에 휘발유에 비해 가격경쟁력이 떨어진다는 점도 약점이다. 주요 생산국들은 이를 극복하기 위해 목질계 등 저렴한 바이오매스를 활용하는 기술개발에 적극 나서고 있

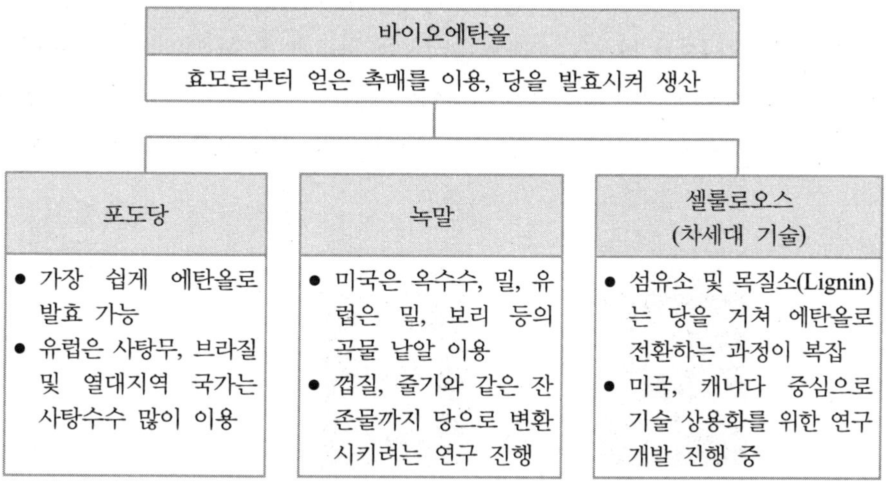

그림 7.5 바이오에탄올 생산기술

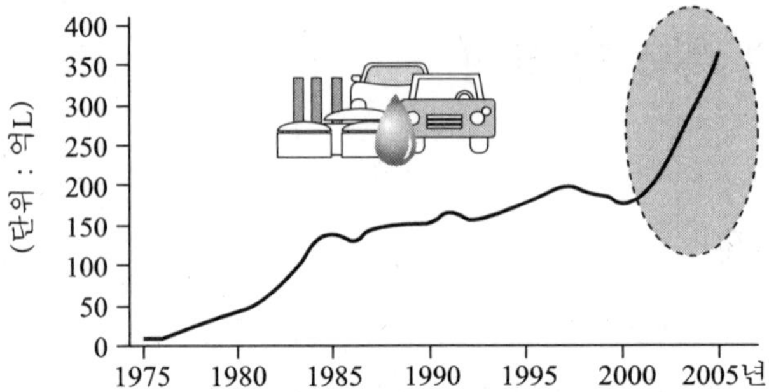

그림 7.6 세계 바이오에탄올 생산량 추이

어 향후에 이들을 기반으로 하는 에탄올 생산이 전분계 기반 생산을 추월할 것으로 예상된다. 한편 세계 에탄올 생산은 미국과 브라질이 2강을 형성하고 있다. 바이오에탄올 분야는 미국과 브라질에서 차세대 에너지로서 각광받는 바이오연료 시장에서의 합의를 통해 각국의 바이오연료 선점 경쟁이 본격화할 조짐이다.

2.2 바이오디젤

바이오디젤은 주로 유채씨유와 콩 등 식물성 기름과 동물성 지방 등을 원료로 에스테르화 공정을 거쳐 만들어진다. 식물성 기름은 점도가 높아 엔진에 그대로 사용하기가 어려운데, 메탄올 등 촉매를 이용하여 알코올과 반응시키면 점도가 낮은 알킬에스테르가 생성되고, 이것이 곧 바이오디젤이다. 바이오디젤은 에탄올과 달리 디젤엔진에 그대로 사용할 수 있으며 기존 디젤유의 점차제로도 활용이 된다. 바이오디젤은 10% 정도의 산소를 함유하고 있어 연소 시 기존 디젤유에 비해 대기오염 물질이 40~60% 적게 배출되는 친환경연료이다. 생애주

그림 7.7 바이오디젤 생산과정

기 분석에 의해면 1 kg의 바이오디젤은 같은 양의 디젤유에 비해 3.2 kg의 이산화탄소 저감 효과가 있다는 것으로 알려져 있다. 바이오디젤은 에탄올과 마찬가지로 식량을 원료로 사용하기 때문에 식량안보와 수급불안 문제가 뒤따르는데, 이를 해소하기 위해 폐식용유를 이용하거나 식용으로 사용되지 않는 유지식물을 원료로 활용하는 연구가 진행되고 있다.

2.3 바이오부탄올

에탄올은 대체 운송연료로 주목받고 있지만 연비가 낮고 기존 휘발유엔진에 바로 사용할 수 없으며 주유소에 새로운 공급 인프라를 설치해야 하는 등 여러 단점들이 지적되고 있다. 바이오부탄올은 에탄올의 이러한 단점을 극복하기 위해 개발된 바이오연료로서, 환경 측면에서도 에탄올에 비해 뛰어난 것으로 평가된다. 바이오부탄올 생산기술은 2000년대 유가가 급격히 증가하면서 중국을 중심으로 상업적 생산이 재개되었고, 새로운 기술이 개발되면서 최근 생산이 늘고 있는 추세이다.

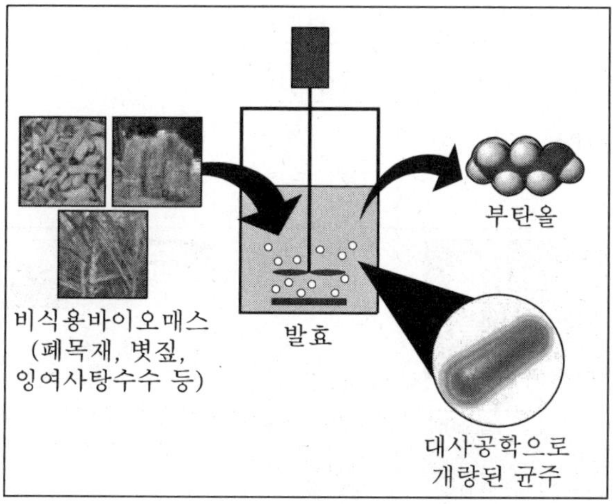

그림 7.8 바이오부탄올 생산공정

2.4 바이오가스

바이오가스는 인간의 활동으로 자연스럽게 발생된 유기성 폐기물을 분해하여 얻어지는 메탄가스로 다른 바이오연료에 비해 많은 장점을 가지고 있다. 먼저 폐기물을 원료로 하기 때문에 작물재배를 위한 넓은 토지와 노력이 소요되지 않으며 식량안보 문제와도 상충되지 않는다. 둘째, 2013년부터 국제적으로 유기성 폐기물에 대한 해양투기가 금지됨에 따라 폐기물 처리에 도움이 된다. 셋째, 온실가스인 메탄의 대기 방출을 억제함으로써 온실가스 저감 효과가 크다. 마지막으로 바이오가스는 천연가스와 물성이 유사해 기존 천연가스 인프라를 활용할 수 있다. 바이오가스는 기체의 형태이기 때문에 생산지에서 파이프라인을 통해 소비자에게 공급되며 주로 열관 스팀 생산, 화학물질생산, 전력 생산 등에 활용되고 일부는 운송연료로도 사용된다. 아직은 충분한 생산이 뒷받침되지 않아 보급이 미미한 편이나 각국이 폐기물 자원의 에너지자원화에 적극 나서고 있어 성장 가능성이 높은 것으로 평가된다.

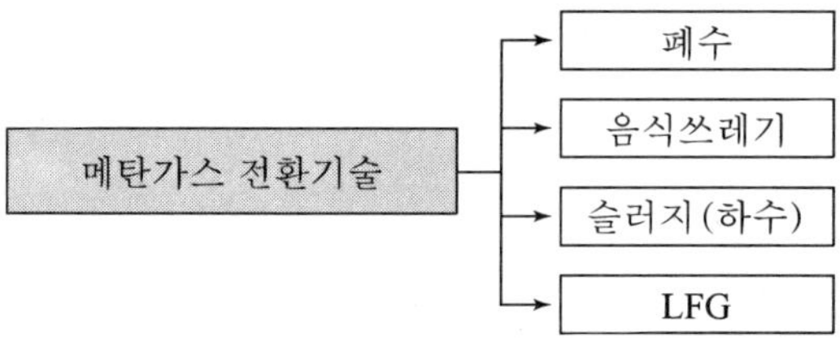

그림 7.9 메탄가스 전환기술

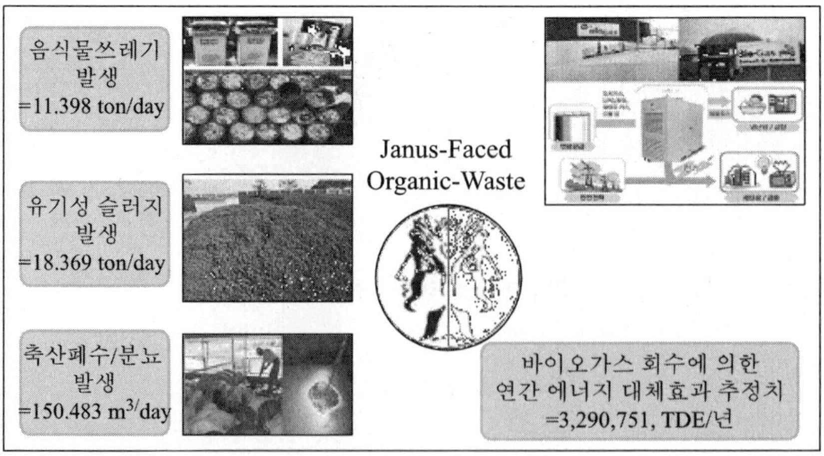

그림 7.10 바이오가스 생산모식도

2.5 바이오수소

수소는 일반적으로 물의 전기분해를 통해 만들어지지만 조류 및 광합성 세균과 혐기성 세균 등 비광합성 세균을 이용하여 생물화학적으로도 생산할 수 있는데 이를 바이오 수소라 한다. 바이오 수소는 연소할 때 이산화탄소가 발생하지 않기 때문에 가장 이상적인 연료라 할 수 있고 유기성 폐기물을 원료로 사용할 수 있어 바이오가스와 동시 생산이 가능하다.

3 바이오에너지 잠재량

바이오매스 자원은 연간 산지의 임목축적에 의한 임산 바이오매스, 경작지의 작물 부산물을 포함하는 농산 바이오매스, 가축분뇨를 말하는 축산 바이오매스와 도시폐기물 중 유기물의 도시폐기 바이오매스 자원으로 분류한다. 바이오매스 자원의 이론적 잠재량은 임산 바이오매스(임목)의 총 임목축적량, 축산폐기물, 농산바이오매스 및 도시폐기물 바이오매스의 연간 배출량에 근거한 에너지 환산량으로 2013～2014년도 전국 시・도 행정구역별로 실시한 잠재량 조사결과는 표 7.2와 같다. 바이오에너지 자원의 지리적 잠재량은 산지해서 발생하는 바이오매스를 수집 및 수거가 가능한 지역으로 한정하여 활용이 가능한 양으로 정의된다. 임산 바이오매스는 축적된 목재를 전량 활용할 수 없기 때문에 산림시업지 기준 연간 축적량을 지리적 잠재량으로 산정하여 농산, 축산 및 도시폐기 바이오매스는 지리적 영향이 없기 때문에 이론적 잠재량과 같은 값을 갖는다. 바이오매스 총 지리적 잠재량은 19,121천 toe/년으로 이론적 잠재량 대비 4.7%에 해당한다.

바이오에너지 자원의 기술적 잠재량은 지리적 잠재량에서 현재의 에너지화 기술을 적용하여 에너지 제품으로 변환 가능한 잠재량을 의미한다. 임산 바이오매스는 지리적 잠재량에서 뿌리와 잎 등을 제외한 값으로 9,639천 toe/년이고, 그 밖의 농산과 축산 바이오매스 중 돼지분뇨를 제외한 바이오매스는 지리적잠재량과 같으며 축산 바이오매스 중 돼지분뇨와 도시폐기 바이오매스는 지리적 잠재량에 바이오가스화 상업시설의 에너지생산효율을 적용하였다. 그 결과 바이오매스 자원의 기술적 잠재량은 이론적 잠재량의 3.8%에 해당하는 15,367천 toe/년으로 산정되었다. 앞서 상세히 제시된 바와 같이 바이오에너지의 이론적 잠재량은 407,395천 toe이고 지리적 잠재량은 19,121천 toe/년으로 이론적 자원 잠재량의 4.7%에 해당한다. 또한 현재의 기술로 에너지 이용이 가능한 바이오매스 잠재량은 이론적 잠재량의 3.8%에 해당하는 15,368천 toe/년이다. 에너지 공급 측면에서 이론 및 지리적 잠재량을 볼 때 미래의 이용가능성이 가장 높은 것은 임산자원이다. 그 다음 순위는 농산 바이오매스로서 현재는 에너지로의 사용이 극히 미미한 실정이다. 그러나 임산 및 농산 바이오매스의 에너지 이용 여건이 조성되고 있어 사용량은 점차 늘어날 것으로 예상된다.

바이오에너지 원별 생산비중은 2015년은 2014년 대비 수력(3.4～5.0%), 바이오(20.8～24.5%) 등의 비중이 감소하고, 태양광(4.7～6.4%)이 급증하였으며 폐기물(59.8～63.5%), 지열(0.9～1.0%) 등의 비중이 다소 증가하였다. 원별 증가율은 태양광(55.2%)이 높은 증가세를 보였으며 지열(24.5%), 풍력(17.2%), 연료전지(15.5%)도 증가한 반면, 수력(21.9%), 바이오(2.0%)는 생산량이 감소하였다. 원별 증가기여도는 2015년 신재생보급 순증가량은 1,756천 toe로, 태양광(302천 toe, 17.2%), 폐기물(1,531천 toe, 87.2%)이 순증가에 기여하였다.

표 7.2 에너지 이론적 잠재량

부문별	세부자원별	잠재량	부문합계	%	비고
임산 바이오매스 (10^3 toe)	침엽수림	133,416	400,847	98.3	임업통계연보 (2015년)
	활엽수림	138,886			
	혼효림	128,545			
농산 바이오매스 (10^3 toe/년)	볏짚	2,244	4,019	1.0	농작물 생산통계 (2014년)
	왕겨	405			
	보리짚	20			
	쌀보리짚	12			
	감자줄기	44			
	고구마줄기	113			
	옥수수줄기	40			
	콩줄기	57			
	콩깍지	23			
	고추줄기	303			
	참깨줄기	29			
	들깨줄기	111			
	사과전정지	276			
	감전정지	49			
	배전정지	86			
	포도전정지	174			
	복숭아전정지	33			
축산 바이오매스 (10^3 toe/년)	한육우분뇨	671	1,455	0.4	축종별 시도별 가구수 및 마리구 (2014년)
	젖소분뇨	109			
	돼지분뇨	385			
	계분	290			
도시폐기 바이오매스 (10^3 toe/년)	음식물폐기물	416	1,074	0.3	전국 폐기물 발생 및 처리현황(2014년) 전국하수도통계(2014년)
	1차하수슬러지	659			
합계(10^3 toe)		407,396	407,395		

4 바이오에너지 비중

바이오에너지는 어떤 재생에너지보다도 1차 에너지 공급에서 가장 큰 비중을 차지한다. 2015년 바이오매스 에너지는 약 60엑사줄(EJ : Exa Joule)이 공급되었다. 2015년 몇몇 국가에서 에너지 수요 증가와 환경적인 고려에 대한 대응으로 바이오에너지 생산이 증가하였다. 하지만 바이오에너지 분야는 저유가와 일부 시장에서 정책의 불확실성이라는 도전에 직면하여 어려움을 겪었다. 에너지용 바이오매스 소비는 2010년 이후로 매년 2% 정도 증가하고 있지만, 비중은 2005년 이후 정체되어 있다. 바이오에너지는 세계 최종 에너지 소비의 14%를 차지하고 있으며, 바이오에너지는 열, 전력, 수송 등 세 가지 주요 에너지 소비 부문에서 역할을 한다. 최종 소비 부문별로 살펴보면 건물 난방에서 29.7%로 비중으로 가장 높고 산업용 열에너지의 7.2%, 수송의 2.8%, 전력의 2%를 담당하였다. 건물 난방의 대부분은 개발도상국에서 고체 바이오매스를 직접 연소하는 재래식 바이오매스 이용이 차지한다. 고체 바이오매스는 열과 전력 생산용 바이오매스 중 가장 큰 비중을 차지하고 액체 바이오연료는 수송부문에서 가장 비중 있는 바이오에너지원이다. 고체, 액체, 가스 등 다양한 형태의 바이오매스가 취사나 난방용 열을 생산하기 위해 직접 연소되거나 현대적 설비에서 연소된다. 주로 땔감과 목탄을 직접 태우는 전통적인 바이오매스 이용은 소비량을 추정하기 어렵긴 하지만 30 EJ로 추정한다. 현대적 바이오에너지 열 소비는 14.3 EJ로 추정되는데 산업용 소비의 비중이 컸고, 주거 및 상업 부문에서 난방과 취사용으로 사용되었다. 건물과 산업용 바이오에너지 열 생산은 2015년 상대적으로 낮은 성장세를 보였다. 산업용 열을 공급하기 위해 바이오매스를 주로 사용하는 지역은 아시아와 남미 지역이며, 특히 브라질은 설탕 생산 과정에서 나오는 버개스(Bagasse)가 풍부하다. 건물부문에서 현대적 바이오에너지 열 소비가 많은 지역은 미국, 독일, 프랑스, 스웨덴, 이탈리아, 핀란드이다. 유럽은 열 생산용 바이오매스 소비가 많은데 이는 유럽연합 재생에너지 지침에 따른 의무목표를 달성하기 위해 유럽 각국이 노력을 기울이기 때문이다. 2년 연속으로 겨울 기후가 온화한 탓에 수요가 감소하였지만, 유럽은 보일러용 목재펠릿 소비가 가장 많은 지역이다. 바이오에너지 발전용량은 5% 증가하여 106.4 GW에 이르렀고 발전량은 세계적으로 8% 증가하여 464 TWh에 달하였다. 2015년 중국, 일본, 독일, 영국에서 바이오에너지 전력 생산이 뚜렷하게 증가하였다.

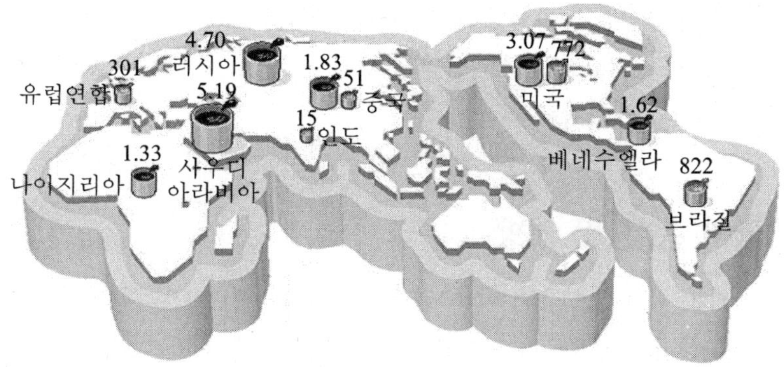

그림 7.11 주요 국가별 원유 및 바이오에너지생산량

5 바이오에너지 국내 · 외 동향 및 전망

바이오에너지는 현재 전 세계 재생에너지의 72%를 차지하고 있고 2035년까지 전체 공급량의 약 52%를 차지하여 재생에너지 중 가장 핵심적인 역할을 할 것으로 전망된다. 향후 바이오에너지 시장은 수송용 바이오연료 중심으로 성장

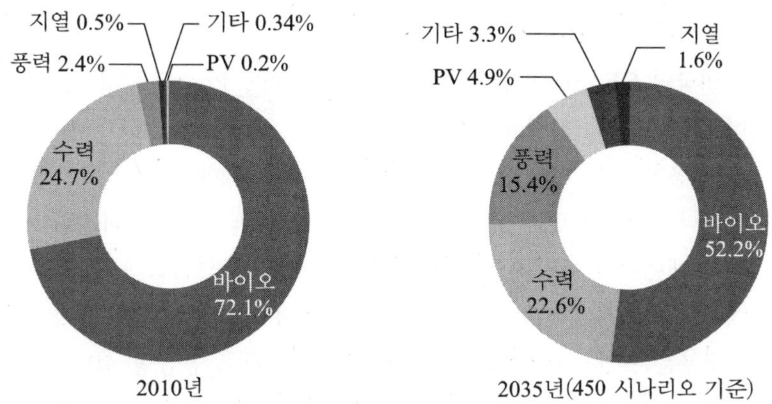

그림 7.12 신재생에너지원에 의한 기여도 예측

할 가능성이 충분하다. 수송용 바이오연료는 2010년 약 6천만 toe에서 2020년과 2035년 각각 1.5억 toe, 4억 toe로 증가할 것으로 예상되며 열에너지는 2010년 약 7.5억 toe에서 2035년 6.5억 toe로 점차 낮아질 것으로 예상되며 전기에너지는 2010년 약 3천만 toe에서 2020년과 2035년 각각 0.8억 toe, 1.8억 toe로 증가할 것으로 예상된다.

5.1 국외 동향 및 전망

세계 최대 생산국인 미국에서는 옥수수를 주원료로 하여 생산한 발효 알코올을 자동차용 연료로 공급하고 있으며 생산량은 2006년 기준 198억 리터 수준이다. 바이오부탄올을 재생항공유와 연료로 생산하고 관련 기술의 상업화를 진행하는 미국의 코발트 테크놀로지스(Cobalt Technologies)는 미・해군과 연구개발 협력관계(CRADA : Coorperative Research And Development Agreement)를 맺었으며 바이오부탄올을 알킬화 또는 올리고머화(Oligomerization)과정을 통해 휘발유, 항공연료 및 경유로 전환시키는 기술을 개발하고 있다. 바이렌트 에너지 시스템 주식회사(Virent Energy System)와 쉘사(Shell)는 에탄올이 아닌 휘발유 대체 첨가물들과 휘발유를 다당류로부터 전환시키는 최초의 시연플랜트를 성공적으로 가동시킴에 따라서 최대 1년에 38,000리터의 바이오 가솔린이 생산 가능하다. UC Berkeley 연구팀은 당류의 생물전환에 의한 케톤 생산방법과 케톤의 화학전환에 의한 탄화수소 생산 기술을 융합하여 바이오매스로부터 바이오탄화수소를 생산하는 기술로 추출 배양기법을 사용하여 배양액 내의 아세톤을 배양 중에 추출하는 동시에 팔라듐 촉매를 사용하여 이를 전환하여 바이오탄화수소를 생산하는데 성공적이었다.

미국의 GE, Shell, Primenergy, Community Power 등의 기업들이 석탄 가스화 생산 공정을 목질계 바이오매스 가스화 공정에 적용하기 위해서 개발한 공정을 이용한 바이오가스 생산 공정이 상용화 단계에 와있다. 2015년 미국은 바이오에너지 발전용량이 4% 증가하여 16.7 GW에 달한다. 하지만 가스 화력과 다른 재생에너지 발전의 비용이 감소하면서 경쟁력이 크게 떨어진 상태이며 유럽에서는 바이오에너지 발전량이 점차 증가하고 있다. 독일의 바이오 발전설비의 상당부분은 에너지 작물을 투입하는 바이오가스 공급형 설비이다. 그런데 바이오가스 공장에 대한 재정적 지원이 감소하면서 바이오가스 발전용량이 늘어나지 않고 있는 추세이다. 중국의 바이오 발전용량은 10.3 GW이다. 5개년 계획에 따라 2015년까지 바이오 발전용량을 13 GW, 2030년까지 30 GW로 증설하는 목표가 설정되어 있다. 하지만, 원료비용이 높고 기술과 경험이 부족하여 목표에 미치지 못하고 있다. 일본은 후쿠시마 원전 사고 이후 용량이 증가하여 주로 목재펠릿, 목재칩, 야자열매 껍질 등을 수입해서 연소하기 때문에 바이오매스의 수입 의존도가 높고 바이오 발전용량은 4.8 GW에 이르렀다.

브라질은 바이오 발전용량이 9.7 GW에 달하는데 주로 사탕수수 잔재물인 버개스를 이용하여 바이오 전력을 생산한다. 2015년 세계 바이오연료 생산은 약 3% 증가하여 1,329억 리터에 달하였다. 주요 생산국인 미국과 브라질의 풍작에 힘입어 바이오연료 중에서 에탄올 생산은 세계적으로 4% 증가하였다. 바이오디젤 생산은 미국과 브라질에서는 증가세를 보였지만 아시아 시장에서 생산에 제약이 걸리면서 약간 감소했다. 미국과 브라질이 바이오연료 생산의 72%를 차지하고 그 다음 독일, 아르헨티나, 인도네시아 순이다. 세계 바이오연료 시장은 에탄올 67%, 바이오디젤 33%, 기타로 구성되어 있으며 생산은 미국 46%, 브라질 24%, 유럽연합 15%를 차지하고 나머지 국가들이 15%를 차지하고 있다. 2015년에는 차세대 바이오연료의 개발과 상업화에 지속적인 진전이 있었다.

유럽은 주로 열병합(CHP)을 통해 바이오가스를 에너지화 하고 있으며 2009년 기준 총 25,167 GWh의 전기를 생산하고 있다. 2010년 까지 총 186개소의 바이오가스 고질화 플랜트가 설치되어 운영되고 있고 설치 현황으로는 독일(56개)과 스웨덴(52개)이 가장 많은 고질화 플랜트가 설치 운영 중이다. 특히 스웨덴은 바이오가스를 고질화하는데 필요한 핵심기술인 이산화탄소/메탄 분리기술을 보유하고 있는 업체가 다수이고, 스웨덴 이외의 국가로 사업영역을 넓히고 있는 실정이다. 1990～2010년 유럽의 혐기성 소화시설의 추이를 보면, 1990년 2개에 불과하던 것이 2000년에는 58개, 2010년에는 197개소로 증가하였으며 이에 따라 시설용량은 1990년 연간 87,000톤이었던 것이 2010년 590만 톤으로 늘어났다. 2009년 바이오디젤 생산 점유율이 49.8%인 유럽은 바이오디젤 시장의 선두주자이나 점유율은 2001년 이후 계속 감소하는 추세이다. 북유럽의 덴마크, 노르웨이 등의 나라는 2015년까지 경유 차량은 무조건 100% 바이오디젤인 BD100의 사용을 공표하였으며, 독일은 당초 연료계 재료 등을 수정한 전용차량을 사용해서 BD100을 보급하여 300만대 이상이 운행 중에 있다. 미국산 바이오디젤에 대하여 EU와 미국에서 주는 이중보조금으로 유럽 바이오디젤 시장에 부정적 전망을 개선하기 위해 최근 EU는 유럽 시장 보호를 위하여 현재 미국산 바이오디젤에 관해 수입관세를 부여하고 있다. 유럽에서 7번째로 큰 바이오디젤 생산국인 스페인은 28개 이상 생산 공장을 건설 중에 있으며 스페인 정부는 일정량의 바이오디젤에 대해 세금 완전 감면 혜택을 주어 바이오디젤 시장 확대를 위해 노력하고 있다.

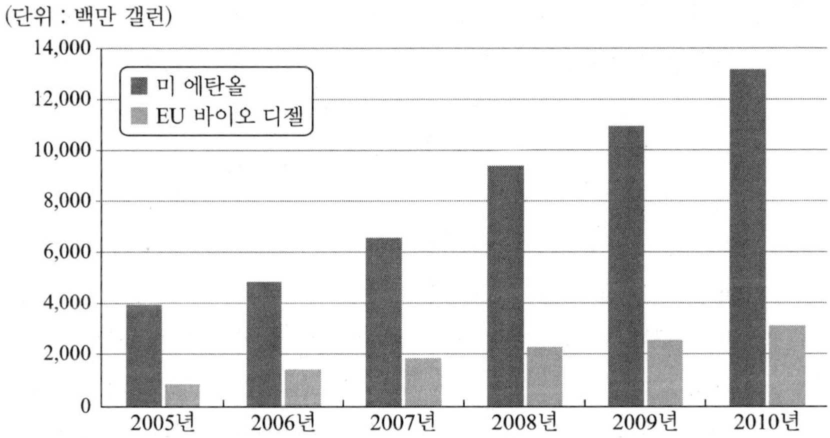

자료 : FAPRI = Food Agricultural Product Research Institute

그림 7.13 미국과 EU의 바이오매스 에너지원 추이

5.2 국내 동향 및 전망

국내에서도 온실가스 배출 및 기후변화에 대한 대응책으로 신재생에너지 보급 확대 정책이 시행되면서 화석연료를 대체할 바이오에너지 산업이 정부의 정책을 통해 지속적으로 성장하고 있고 특히 전기와 수송용 연료시장을 중심으로 시장이 활성화 되고 있다. 2014년 발표 된 국내 바이오에너지 보급현황을 살펴보면, 국내에서 보급 중인 바이오에너지는 유기성 폐기물 혐기소화에 의한 바이오가스(메탄) 및 LFG의 열 또는 발전 이용, 성형탄, 우드 칩 등 고형 바이오연료의 연소에 의한 열 또는 발전 그리고 바이오디젤 등이며 2014년 보급된 바이오에너지는 약 2,821천 toe로 국내 전체 신재생에너지 보급의 24.5%를 차지하였다.

정부는 작년 기존 화석연료(경유)에 바이오 연료를 일정 비율 혼합하도록 하는 '신재생에너지연료 혼합의무제도(RFS : Renewable Fuel Standard)' 시행을 통하여 현재 2.5%에 머무르는 혼합율을 3.0%까지 끌어올리면서 지속적으로 바이오에너지 산업 육성 및 활성화를 계획하고 있다. 국내에서는 바이오에너지 생산에 활용 가능한 바이오매스 자원이 거의 없기 때문에 에너지화 할 수 있는 바이오매스 원료 및 기술개발 등이 상당히 중요한 가운데 최근 GS칼텍스는 약 500억 원을 투입해 국내 최초로 바이오부탄올 생산 공장을 착공할 계획을 가지고 있다. 바이오부탄올은 바이오에탄올에 비해 에너지밀도가 높아 휘발유와 혼합하여 사용 시 연비 손실이 적고 엔진 개조 없이 휘발유 차량용 연료로 사용이 가능하다. 이뿐만 아니라 SK, LG 등도 바이오사업에 대한 확대를 밝히면서 기술개발에 힘쓰고 있다. 이에 따라 업계에서는 바이오에너지에 대한 연구개발이 더욱 활발해지면서 음식물쓰레기와 각종 폐기물도 처리함과 동시에 에너지 자립도 이룰 수 있을 것으로 예상하고 있으며, 업계 관계자는 국내 바이오에너지 산업은 아직 초기단계이지만 지속적인 연구와 지원이 이루어진다면 새로운 신재생에너지원으로서의 역할을 충분히 할 수 있을 것으로 전망하고 있다.

표 7.3 전년대비 신재생에너지 보급량 및 증가율(단위 : toe)

구분	2013		2014		전년대비 증감	
	생산량	비중(%)	생산량	비중(%)	생산량	증감율(%)
1차에너지 (천 toe)	280,290	3.52	282,938	4.08	2,648	0.94
합계	9,879,207	100.0	11,537,366	100.0	1,658,159	16.78
태양열	27,812	0.3	28,485	0.2	673	2.4
태양광	344,451	3.5	547,430	4.7	202,979	58.9
풍력	242,354	2.5	241,847	2.1	△ 507	△ 0.2
수력	892,232	9.0	581,186	5.0	△ 311,046	△ 34.9
해양	102,077	1.0	103,848	0.9	1,771	1.7
지열	86,959	0.9	108,472	0.9	21,513	24.7
바이오	1,558,492	15.8	2,821,996	24.5	1,263,503	81.1
폐기물	6,502,414	65.8	6,904,733	59.8	402,319	6.2
연료전지	122,416	1.2	199,369	1.7	76,953	62.9

6 바이오에너지 기술개발 동향

바이오에탄올 자동차연료 실증 평가 사업이 2009년에 진행되어 주유기까지의 문제점을 검토한 결과 E5까지는 큰 문제가 없이 혼합사용 가능한 것으로 확인되었다. 무수 에탄올(99.3% 공비증류 후)을 10～25%까지 블랜딩한 바이오에탄올 혼합 가솔린이 가장 현실성이 있다고 보고 목질계 등 원료가격 저감과 바이오리파이너리 (기초 화학원료 생산) 기술개발에 의한 원가절감을 위한 기술 개발연구가 추진 중이며, 산학연이 공동으로 석유를 대체할 바이오리파이너리 산업의 원천기술 개발과 관련 분야 인력 양성에 협력하고 있다. 도시가스 사업법이 2009년 3월 25일 개정됨에 따라 기존 LNG, LPG＋Air 외에 바이오가스, 나프타부생가스 등이 도시가스의 범위에 새로이 포함되어 2009년 9월 26일부터 시행되었다. 2012년 2월 18일 지식경제부 고시 제2012-19호에 의거, 도시가스 품질기준이 개정되었으며, 2011년 3월 31일 대기환경보전법이 개정됨에 따라 바이오가스를 자동차연료로 활용할 수 있는 규정이 마련되었다. 그 외 환경부, 농림부, 산업부 등 음식물쓰레기, 가축분뇨, 하수슬러지 처리와 관련하여 혐기성 처리방식의 공공시설확대 및 개선을 통해 정부차원에서 지원하고 있다. 환경부는 음식물쓰레기의 사료화와 퇴비화 위주의 자원화 정책을 추진하고 있으며 가축분뇨의 공공 정화처리 시설에 대한 지원, 하수슬러지 육상처리시설 확충 및 슬러지 발생량 억제 정책을 추진 중이다. 농림부는 개별 농가의 가축분뇨 처리시설 설치에 대하여 지원하고 있고 자연 순환농업 활성화 대책의 일환으로 가축분뇨 자원화 확대정책을 추진하고 있으며 가축분뇨 자원화 시설 지원에 중점을 두고 있다. 산업부는 신·재생에너지 전략 2030을 통해 기술개발 로드맵을 발표하고, 2030년까지 유기성 폐자원과 바이오매스 및 매립지가스로부터 총 120만 toe/년의 에너지 생산·공급을 계획 중이다. 석유 이외의 대체에너지 보급을 높이려는 정부의 신재생연료혼합의무화(RFS) 정책에 따라 시중에 판매되는 경유에 바이오디젤과 같은 신·재생에너지 원료를 일정비율 혼합하도록 하는 제도가 시행되었으며 2015년 7월부터 바이오디젤 혼합이 의무화되었다.

7 바이오에너지 보급현황

7.1 국내 보급현황

한국 가스공사는 2000년부터 자체연구로 천연가스와 이산화탄소로부터 DME 제조공정기술개발 사업을 수행하여 하루 평균 10 kg의 DME 제조 소형 Bench Plant를 구축하였다. 바이오 탄화수소 정제, 공정 기술 등은 해외 기술 및 시스템에 의존하고 있는 실정이며 국내 정부기관, 대학 및 산업 연구시설 등에서 탄소와 수소를 이용한 연료물질 생산과 개발 연구에 주력하고 있다. 바이오 탄화수소와 관련 국내 연구진 및 산업체의 독자적 기술의 개발 및 연구개발이 한창 진행 중에 있으나 상업화는 미미한 실정이며 상업화 단계의 기술들은 바이오알코올 및 바이오디젤 시장과의 연계성이 강하다. 국내 2차 에너지기본계획에서는 상대적으로 열악한 신재생에너지 보급 여건에도 불구하고 에너지안보 온실가스 감축 효과 등을 고려해서 신재생에너지 보급 비중을 12년 기준 3.18%인 것을 35년 11%로 확대하는 것으로 수립하고 있다. 또한, 정부는 2015년부터 바이오디젤 연료혼합 의무제 실시 및 RPS (Renewable energy Portfolio Standard : 신·재생에너지 공급 의무화제도)를 전격적으로 시행하고 있으며 2019년부터는 RFS (Renewable Fuel Standard : 신·재생에너지 연료혼합 의무제도)를 확대하여 단계적으로 바이오에탄올도 포함시키는 것을 검토하고 있다.

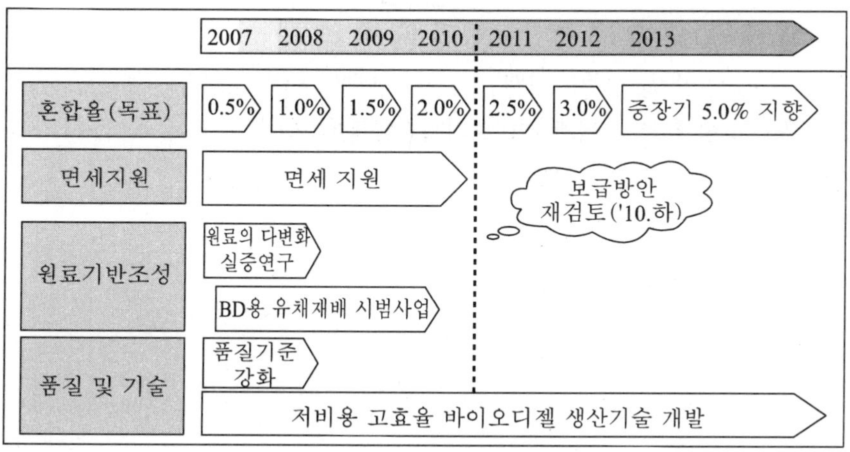

그림 7.14 국내 바이오디젤 보급 전략 및 방향

7.2 국외 보급현황

미국은 2010년 US EPA에서 수정, 발효한 RFS2에서는 온실가스 감축량이 높고, 비식량계 원료 기반(특히 목질계 바이오매스)의 선도 바이오연료를 중심으로 보급 확대 추진하고 기존 옥수수유래 바이오에탄올 보급 확대를 금지하고 있다. 유럽은 2010년 바이오연료에 지속가능성 기준(Sustainability criteria)을 도입하여 실질적 온실가스 감축 효과가 있으며 생물의 다양성을 훼손하지 않으며 식량 경합성이 없는 바이오연료에 대해서만 보급 확대 가능하도록 하고 있다. 일본에서도 유럽과 유사하게 지속가능성 기준을 도입하여 석유계 연료 대비 50% 이상의 온실가스 저감 효과가 있는 바이오연료에 대해서만 보급이 가능하도록 하였고 2012년 발표된 바이오매스 산업 촉진을 위한 전략에서 바이오매스에 대한 세제 혜택으로 바이오에탄올 연료(E3, E10)에 대해 리터당 58엔의 면세 혜택과 바이오연료 생산시설에 대한 재산세 50% 감면(3년 동안)과 법인세 혜택을 부여하고 있다.

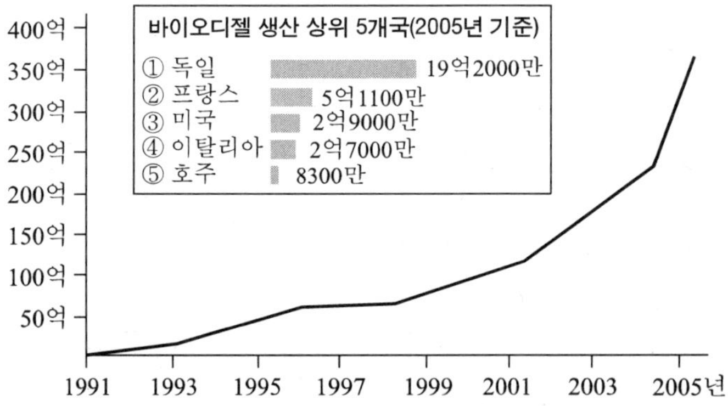

그림 7.15 세계 바이오디젤 생산량 추이

8 바이오에너지 발전 전망

1) 원료 비중의 높은 해외의존도 해소

기존의 바이오디젤 원료의 비중에 대한 해외의존도는 매우 높다. 그러나 국내 바이오디젤업체들은 대두유 등 식용작물이 에너지생산을 위한 원료로 사용된다는 단점을 없애기 위해 폐식용유 및 팜 부산물(PFAD)의 재활용을 확대해왔다. 이는 연구개발 및 시설투자 등을 통해 점차 확대되어 가고 있으며 이로 인해 바이오디젤 원료 수급의 매우 이상적인 기반이 마련되고 있다. 바이오에너지업계는 2006년 29%였던 국내산 원료 비중이 올해 37%까지 올랐고, 2014년 45%, 향후에는 49%에 이를 것으로 내다보고 있다. 폐식용유 및 동물성유지 등 국내산 원료 비중의 확대는 국내 바이오디젤업계의 끊임없는 노력의 산물이고 이로 인한 환경개선 효과는 놀라운 결과를 도출하게 되었다. 폐식용유, 삼겹살 기름 등 폐자원을 재활용해 생산한 바이오디젤은 신재생에너지로서 자동차 연료의 대체역할 보다는 환경개선 효과가 매우 뚜렷하게 나타나고 있는 것이다. 바이오에너지협회에 따르면 바이오디젤 사용으로 인한 이산화탄소의 감축량은 4,928천 톤으로 이를 대체하기 위한 필요 산림면적은 남한면적의 59배에 이른다. 또한 폐식용유 재활용으로 인한 수질개선 효과는 국내 최대 저수규모(29억 톤)를 확보하고 있는 소양강댐의 60여개 규모의 수질을 개선한 것으로 나타났다.

2) 경유가격 상승으로 인한 소비자부담

바이오디젤의 보급과 확대가 지연되고 있는 요인 중 하나는 바이오디젤을 혼합함에 따른 가격 인상이다. 이것이 그대로 소비자에게 부담으로 다가온다는 말이다. 그러나 바이오에너지협회에 따르면 경유에 바이오디젤 혼합으로 인한 경유가격 변화 추이는 혼합률이 2%인 2010년 리터당 9.6원, 2011년 9.7원, 2012년 6.7원이었으며 2013년의 경우 3～4원 수준인 것으로 파악되었다. 이는 경유의 정유사별, 지역별, 주유소별 가격 차이인 리터당 최소 50원에서 최대 145원에 비교할 경우 매우 미미해 바이오디젤 혼합으로 인한 소비자 부담은 거의 없는 것으로 조사되었다. 주목할 만한 부분은 혼합률이 올라갔을 때 오히려 인상분이 떨어졌다는 데 있다. 이는 가격 인상 요인을 최소화하기 위한 바이오디젤

업체들의 기술개발, 경쟁력 있는 원재료 확보 등에 대한 노력으로 분석된다. 즉, 혼합률이 상향될 경우 바이오디젤 생산 공정의 가동률을 높일 수 있어 제조원가 절감을 통해 가격 최저화 유도가 가능할 것으로 보인다.

3) 식용작물보다는 폐자원 활용 확대

바이오디젤을 식용 작물을 통해 생산하는 방법이다. 그러나 바이오에너지협회가 각 바이오디젤 업체들의 원료 수급 실적을 분석한 결과 국내 폐식용유 및 동물성 유지의 재활용 증가로 식용원료 비중은 하향 추세를 보이고 있다. 바이오디젤이 상용화되기 시작한 2007년의 경우에는 폐식용유의 수거체계가 구축되지 못해 대두유 사용량이 많아 이에 따른 바이오디젤 원료의 식용 원료 비중은 63%에 달했지만, 이후 폐식용유의 수거체계가 구축되기 시작하면서 2009년의 경우 39%, 2011년은 28%, 2012년은 21%, 2013년에는 약 6.6%로 점차 감소되었다. 이러한 결과는 바이오디젤업계의 국내 폐식용유 재활용 확대를 위한 연구개발과 시설 투자에 따른 결과로 이를 통해 우리나라 바이오디젤은 폐식용유를 기반으로 하는 매우 이상적인 모델이 구축되고 있는 것으로 파악되었다. 이는 대두유를 기반으로 하는 미국, 유채를 기반으로 하는 유럽과 달리 세계에서 유일하게 우리나라와 오스트리아만 폐식용유를 기반으로 하는 바이오디젤의 생산으로 향후 폐자원 활용을 통한 바이오에너지 생산 기술 및 폐자원 수거체계 구축에 대한 이상적인 모델은 전 세계의 벤치마킹을 통한 신재생에너지의 청사진이 될 가능성이 있을 것으로 보고 있다.

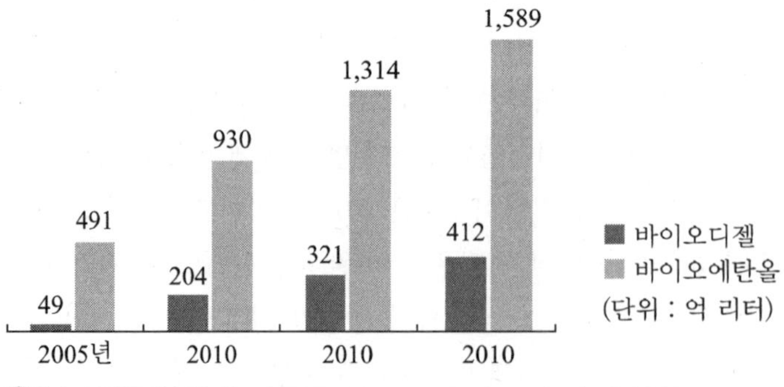

자료 : OECD(2010.6.) OECD - FAO Agriculture Outlook 2010

그림 7.16 전 세계 바이오연료 사용량 전망

4) 국외 밀림파괴에 대한 우려 해소

바이오에너지협회에 따르면 바이오연료의 주원료인 오일팜 농장은 현지 정부가 토지 개발계획에 따라 이미 농장용지로 지정한 지역에 대해서만 개발이 가능하다. 경제성 있는 목재에 대한 벌목이 완료된 잡목 지역 또는 광산개발이 끝난 토지 중에서는 생태계가 복원되지 못하고 방치된 황무지가 대부분이다. 농장개발 이전 환경영향 평가 및 지속가능성 평가가 의무적으로 시행되고 있고 기업농장 조성 시 최대한 밀도를 높여 체계적으로 식재하게 되므로 오히려 농민들에 의해 개발되는 지역이나 광산개발 완료 지역에 비해 오히려 산림조성의 증대효과가 있다. 또한 오일팜 농장의 경우 질소비료 사용량을 줄이기 위한 다양한 접근이 진행되고 있으며 특히 농장지역 전체에 콩과식물 재배를 통한 질소고정 효과, 팜 농장 부산물(Empty fruit bunch : 줄기)을 활용한 유기농 퇴비화 및 탄소포집 등으로 다른 작물 배재 시보다 질소비료 사용량이 현저히 낮다. 현재 국내 바이오디젤 업체가 인도네시아의 팜농장을 개발 중에 있으며 이를 통해 국내산 원료 비중은 확대될 것이고 에너지 안보를 위한 초석으로 발돋움할 것으로 기대하고 있다. 그리고 국내 많은 기업들이 해외에서 팜 농장을 개발 중에 있으며 여기서 생산되는 바이오연료는 해외자원 개발법 제17조에 의거해 유사 시 국내로 조달되어 우리나라 에너지안보 확립에 크게 기여할 것으로 보인다.

5) 미래 에너지자원 육성위해 근본적인 접근 필요

그동안 바이오디젤의 보급・확대를 지연시켰던 몇 가지 요인들은 거의 해소된 상태로 에너지원의 다양화를 통한 에너지안보 확립과 환경 개선 효과를 극대화하기 위해서 바이오디젤 보급을 확대할 필요성이 있다. 바이오에너지협회는 바이오디젤의 혼합률 상향 조정은 폐자원 활용을 통한 에너지생산, 국가 에너지 안보 증대, 일자리 창출 등 창조경제의 성장 동력이라 판단하고 있다. 하지만 바이오디젤 업계가 공장 가동률 증가가 어려워진다면 열악한 근로환경에서 폐자원의 수거를 위해 분투하고 있는 전국의 약 5,000명에 달하는 폐식용유 수거업자들에게는 힘든 시기를 계속 유지해야 한다는 고충이 있다. 이를 위해 전국 지방자치단체를 중심으로 한 국가적인 폐식용유 수거 정책을 통해 바이오디젤 보급 사업이 더욱 확대될 필요성이 강조되고 있다.

제 7 장 연습문제

(1) 다음 중 바이오연료에 관한 내용 중 옳지 않은 것은?

① 화석연료와 같이 고갈의 우려가 있다
② 이산화탄소의 순 배출량은 거의 없다고 봐도 무방하다.
③ 생태학적으로 사이클이 균형을 이루는 탄소 중립적 특징이 있다.
④ 1세대는 옥수수, 사탕수수 2세대 폐목재, 식물, 3세대 해초류 등으로 구분된다.

(2) 연료의 종류 및 특징 중 옳지 않은 것은?

① 에탄올 – 기본적으로 글루코오스 등 당 화합물을 미생물로 발효시킴으로써 생산
② 바이오 디젤 – 식물성 기름과 동물성 지방 등을 원료로 에스테르화 공정을 거쳐 생산
③ 바이오부탄올 – 환경적 측면에서는 에탄올보다 떨어진다는 평가
④ 바이오 수소 – 비광합성 세균을 이용하여 생물화학적으로 생산

(3) 바이오 가스에 관한 설명 중 옳은 것은?

① 바이오연료에 비해 좀 더 많은 단점이 있다.
② 폐기물을 원료로 하기 때문에 넓은 토지와 노력이 소요되지 않는다.
③ 온실가스 저감 효과가 없다
④ 성장 가능성이 다른 에너지보다 낮게 평가된다.

(4) 바이오수소에 관한 설명 중 옳은 것은?

① 연소할 때 이산화탄소가 발생한다.
② 유기성 폐기물을 원료로 사용한다.
③ 바이오가스와 동시 생산이 불가능하다.
④ 비광합성 세균을 이용하여 생물화학적으로도 생산할 수 있다.

(5) 바이오에너지는 현재 전 세계 재생에너지의 몇%를 차지하고 있는가?

① 24% ② 35%
③ 84% ④ 72%

(6) ( ) 은(는) 인간의 활동으로 자연스럽게 발생된 유기성 폐기물을 분해하여 얻어지는 메탄가스로 많은 장점을 가지고 있다.

(7) ( ) 은(는) 세계적으로 2번째로 많은 양의 바이오에탄올을 생산하는 국가이다. 주원료는 사탕수수이며 저가의 사탕수수를 이용한 바이오에탄올 생산에 주력하고 있다.

해답

1. ① 2. ③ 3. ② 4. ② 5. ④
6. 바이오가스 7. 브라질

8

수력에너지

1 수력에너지 개요

수력을 이용하여 수차발전기를 돌려 전기를 생산하는 것을 수력발전이라 한다. 이때 사용하는 수력을 발전수력이라 하고, 이 수력이 존재하는 장소를 수력지점이라고 일컫는다. 수차를 돌리기 위해서 물은 속도나 압력을 가지고 있어야 한다. 높은 위치에 있는 물은 속도나 압력을 가지게 되어 터빈을 돌릴 수 있는 힘을 가지게 된다. 수력에 이용되는 물은 일반적으로 높은 곳에 있는 물로 그 고저차를 낙차라고 부른다. 수차의 회전을 계속 유지시키기 위해서는 물이 계속 보급되어야 한다. 수력자원의 적극적인 개발은 에너지원의 개발 차원뿐 아니라 경제, 사회적으로 전역 수요 급증 시의 공급량 평준화, 석유 수입 대체, 민간주도의 반영구적 공익사업으로서 환경 친화적인 에너지원의 개발을 통해서 지역개발의 촉진과 이로 인한 경제적 효과의 극대화 및 관련기술의 적용을 통해 수출 산업화 등의 추가적인 효과를 거둘 수 있다고 평가되고 있다. 국내는 계절별 유출량의 변화가 클 뿐 아니라 입지 여건상 양수 발전을 제외하고는 대용량의 일반 수력 개발은 경제적 여유가 부족한 만큼 급증하는 전력 수요에 비해 수력발전이 차지하는 비율이 매년 감소하여 현재는 발전시설 용량 기준으로 7% 내외에 불과한 수준이다. 그러나 세계적으로 총 전력의 90% 이상을 수력발전으로

그림 8.1 수력에너지

공급하는 나라가 24개국이나 될 정도로 댐은 에너지 공급 면에서 큰 역할을 담당하고 있다. 특히 수력발전은 청정 순환에너지(신재생에너지)로서의 가치와 함께 전력 계통에 대한 공급의 적용성이 다른 발전 방식에 비해 뛰어나기 때문에 전력 생산의 품질을 높여주는 역할을 한다. 수력발전은 계통 속응성을 활용하여 원자력 및 석탄 화력의 대용량기가 불시에 고장으로 계통 탈락하는 등 계통사고 시에 대비한 상시대기 예비력으로 운용되거나 물이 갖는 위치에너지를 수차를 이용하여 기계에너지로 변환하기 위해 댐을 건설하여 용수 공급이나 홍수조절용으로도 이용된다.

2 수력발전의 기본 원리

2.1 시스템 원리

수력발전의 기본원리를 가장 잘 표현하는 예는, 물이 높은 곳에서 떨어질 때 물이 가지고 있던 위치에너지가 에너지 보존법칙에 의해 운동에너지로 변환되어 물레방아를 돌림으로써 그것을 통해 방아를 찧는 일을 하는 것이다. 수력발전은 1차 에너지로서 하천 또는 호소 등에서 물이 가지고 있는 위치에너지 수차를 이용하여 기계에너지로 변환하고 다시 이것을 전기에너지, 즉 전력으로 변환하는 발전방식을 지니고 있다. 물의 위치에너지가 터빈의 운동에너지로 전환된 후, 터빈 내부의 로터 코일이 터빈을 따라서 회전하면서 전자기 유도현상이 일어나 전류가 발생한다. 이렇게 운동에너지가 전기에너지로 변환이 되는 것이다.

$$P\,[\mathrm{kW}] = 9.8 \times Q\,[\mathrm{m^2/sec}] \times H\,[\mathrm{m^2}] \times \tau \qquad \text{식 (1)}$$

여기서, Q : 사용수량

H : 유효낙차

τ : 종합효율(수차효율 × 발전기효율)

여기서 발생되는 출력은 낙차와 수량과의 곱에 비례하므로 발전소 상부의 수력에 좌우되지만, 이때의 출력을 늘이기 위해 이들의 물을 1개소에 집중하도록

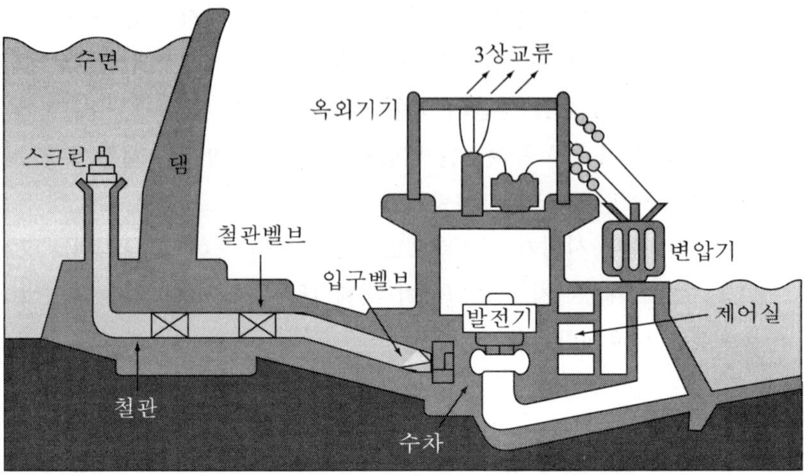

댐 취수구 수로 수압관로 → 수차발전기 제어시스템 → 변압기 → 한전 계통선 → 수요자

그림 8.2 수력발전 시스템 개요

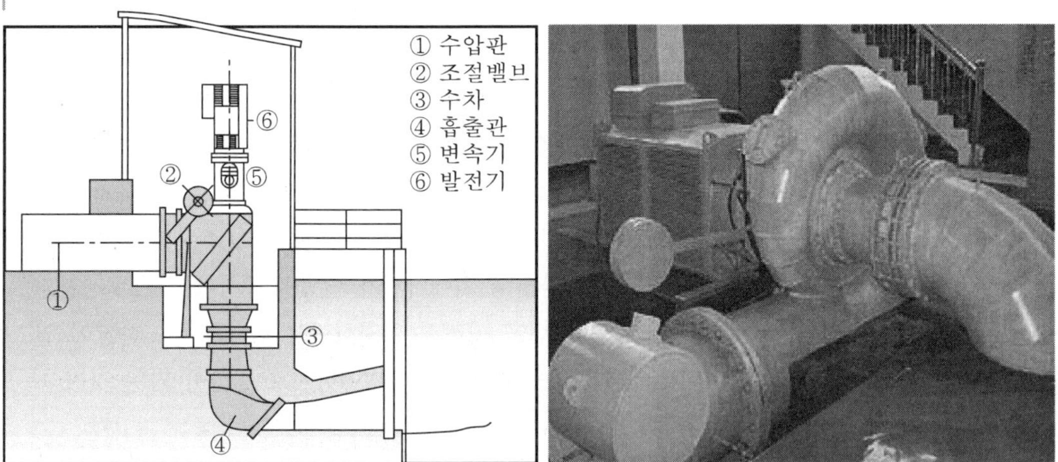

그림 8.3 수력발전 시스템 구성도

인공적으로 물의 흐름을 바꾸고 수차에 큰 낙차가 작용할 수 있도록 발전지점을 신중하게 지정하여야 한다. 수력발전소의 시스템 구성은 수압판, 조절밸브, 수차, 흡출관, 변속기 및 발전기로 구성된다. 모형적으로 살펴보면, 하천을 상류에서 막고 물을 수로로 유도한 뒤, 경사도가 낮은 곳에서 물을 하류시키고 처음

하천관 사이에 나타나는 수위차를 이용한 철관에 의해 발전소로 물을 떨어뜨려 터빈을 돌림으로써 회전시켜 발전기를 구동시키는 것이다. 이밖에 수로로 물을 유도하여 수위차를 얻는 대신에 대규모 댐 건설을 통해 저수된 수위차를 이용하는 경우, 또는 양자를 병합하는 경우 등이 있다.

2.2 수력발전 용어

1) 부하

부하란 전력망 내에 소비되고 있는 전력을 뜻하며, 하루의 변화를 나타낸 것을 일 부하곡선이라 하고 주간 단위의 변화를 나타낸 것을 주간부하곡선이라 한다. 부하는 하루 중에도 시간별로 보아도 변동의 폭이 아주 크다. 하루 중에서 항상 최소한으로 유지가 되는 부하 부분을 기저부하라고 하고 단기간이지만 최고의 부하가 나타나는 것을 첨두부하라고 한다. 산업화가 저조한 곳에서는 가정용 부하가 주를 이루므로 첨두부하가 야간에 발생하지만, 산업화 사회에서는 공장과 사무실이 운영되는 낮 시간대에 자주 발생하게 된다. 따라서 주간 부하곡선은 휴일의 부하가 평일에 비해 월등하게 떨어지게 된다.

2) 부하율

평균 부하의 최대 부하에 대한 비율을 일컫는다.

3) 에너지

어느 기간 동안 사용한 전력의 양을 말하며, kW에 사용 기간을 곱하여 kWh로 표시를 하게 된다. 국내 주택용 전기요금은 에너지만을 기준으로 하지만, 그 이외의 산업용 전기 등은 kW요금이 함께 부과하게 된다.

4) 낙차

낙차는 발전에 사용되는 수량이 이동하는 수직거리를 일컬으며 총 낙차, 유효낙차, 정격낙차, 최대낙차, 최소낙차 등으로 구분되고, 총 낙차는 손실낙차를 감안하지 않은 상하부의 수위차를 말하며 총 낙차에 제반손실 낙차를 뺀 것을 유효낙차라 부른다. 발전 출력과 직접 관계되는 것은 유효낙차이다. 정격 낙차는 터빈의 wicket gate를 최대개방 한 상태에서 정격 출력을 얻게 되는 낙차이다. 즉, 이 이상의 낙차에선 항상 정격출력을 얻을 수 있는 최소한의 낙차인 셈이 된다.

5) 출력

발전사용수량 $Q\,(m^3/s)$가 낙차 $H\,(m)$만큼 낙하함으로써 발생하는 동력을 P라 하면 이론에 대한 수력 P는 다음과 같이 나타낼 수 있다.

$$P\,(kW) = 9.81 \times Q \times H \qquad \text{식 (2)}$$

하지만 기계의 효율과 수로에서의 마찰 손실, 만곡 손실 등의 손실 낙차를 고려하야 하므로 실제출력은 다음 식으로 나타낼 수 있다.

$$P = 9.8\,Q\,\eta_1\,\eta_2\,H_e \qquad \text{식 (3)}$$

여기서, η_1 : 터빈의 효율
η_2 : 발전기의 효율
H_e : 유효낙차

6) 정격 출력

정격 낙차에서 터빈 게이트의 최대 개방으로 얻는 출력을 일컫는다.

7) 시설용량

발전소의 명판상의 출력으로, 정격 출력과 동일하게 볼 수 있다.

8) 보장 출력

당해 수력발전소에서 최소의 유량과 최소의 낙차 조건에서도 발전할 수 있는 출력을 말하며 통상 95% 내외의 기간 동안 보장되는 출력을 일컫는다. 저수지식 발전의 보장 출력은 높지만 유입식 발전의 사용유량은 변동 폭이 크기 때문에 시설용량 대비 보장출력이 낮은 편이다.

9) 발전량

시간별로 변동하는 출력에 지속시간을 곱한 값의 누적치를 말하며 특정 발전소의 지표로서 시설용량과 함께 연평균 발전량을 사용하게 된다.

10) 설비 이용률

평균 부하를 발전소의 시설용량으로 나눈 값을 말한다.

3 수력발전 설비

1) 토목설비

수력발전소의 토목설비는 저수지, 취수설비, 압력수로, 수압관로, 발전소 및 방수로로 되어있다. 낙차가 작은 경우에는 압수로는 지지대로 고정시킨 노출식 수압철관이 일반적이지만 고낙차 수력발전소의 경우 터널 굴착 후 내·외 수압에 따라 콘크리트나 철관 라이닝을 한 수로터널을 채택하고 발전 개시 및 정지 시 발생하는 수격압을 감쇄시키기 위하여 조압수조를 설치하도록 한다. 조압수조는 단동식, 차동식, 제수구식 및 수설식 등이 있는데 국내의 고낙차 수력발전소에서 사용하는 것은 주로 감쇄효과가 좋고 비교적 구조가 단순한 제수구식 또는 잉여수량의 저장이나 보급의 역할을 하는 수실식을 이용하며 제수구와 수실을 혼합하는 방식도 채택되고 있다. 발전소는 지상 혹은 지하식으로 만들고 특히 고낙차 양수 발전소 같은 경우에는 대부분 지하 발전소인데, 이는 양수 시 펌프의 흡입양정을 확보하기 때문이다. 방수로는 대부분 개수로로 형성되지만 고낙차의 경우엔 콘크리트 라이닝의 압력 터널로 되어있다.

2) 기전설비

기계 및 전기 설비로는 수문, 수차, 발전 및 변전실과 송전선로로 이루어져 있다. 수력발전에 사용하는 수차는 200 m 이상의 고낙차인 경우 충동식인 펠턴 수차를 이용하고 반동식은 낙차가 15～300 m의 경우에는 프란시스 수차를 이용하며 그 이하에서는 프로펠러 수차를 사용하게 된다. 프로펠러 수차 중에 낙차가 20～80 m인 경우는 카프란, 60～80 m은 사류수차, 조력 발전과 같은 저낙차의 경우에는 밸브 수차를 사용한다. 양수 발전소는 한 대의 수차 및 발전기로 양수와 발전을 동시에 사용 가능한 가역식으로서 발전 시는 수차/발전기, 양수 시에는 펌프/모터로 변환할 수 있다. 변전소는 발전소에서 생산되는 저전압을 고전압으로 변환시켜서 송전선로를 통해 전기의 수요지로 송전하게 되고 이를 위해 대개는 옥외 변전소를 만들어야 한다.

4 발전방식의 종류

수력발전은 높은 곳에 있는 물이 아래로 떨어지면서 수차를 회전시키고 여기에 연결된 발전기를 움직여 전기를 생산하는 방법으로서 운동에너지를 전기에너지로 전환시키는 발전방식이다. 수력 발전은 하천의 물을 인공적으로 유도하여 저낙차 터빈을 이용한 발전방식으로 용량, 낙차를 얻는 방식, 저류 기능, 발전소의 가동 시간, 수차의 종류 등에 따라 다음과 같이 분류할 수 있고 각각의 특징을 함께 이를 나타내었다.

4.1 용량에 따른 분류

1) 마이크로 수력(Micro hydropower)

마이크로 수력은 일반적으로 자연의 물의 흐름을 사용하여 5 kW에서 100 kW의 전기를 생산하는 수력의 한 유형이다. 5 kW 이하의 설치는 피코 하이드로라고 명명된다. 이러한 설치는 격리된 가정이나 소규모 공동체에 전력을 공급할 수 있으며 때로는 전력 계량이 제공되는 전력 네트워크에 연결될 수도 있다. 전 세계적으로, 특히 개발도상국에서 연료를 구입하지 않고도 경제적인 에너지원을 제공할 수 있는 시설이 많이 있다.

2) 소수력 발전(Small hydropower)

소수력 발전은 지역 사회 및 산업에 적합한 규모로 발전하거나 지역 전력 그리드의 분산 발전에 기여한다. 소수력 발전 프로젝트의 정의는 20 MW이지만 발전 용량은 1 MW이다. 이와는 대조적으로 많은 수력 발전 프로젝트들은 22,500 MW 규모의 삼협 댐의 발전소나 테네시 강 유역 개발 공사와 같은 엄청난 규모이다.

4.2 낙차를 얻는 방식에 대한 분류

1) 수로식

주로 급류하천에서 그림 8.4와 같이 하천 만곡부의 내측 지형을 가로지르는 수로를 건설하여 짧은 수로 연장으로 하천의 큰 자연 낙차를 이용할 수 있는 경우에 경제적으로 개발할 수 있는 수력방식으로, 히말라야와 같은 산악지역에선 수로식과 같은 형식의 수력발전 개발 적지가 상대적으로 많이 분포한다. 취수구 지점에 있는 위어(weir)는 낙차를 얻을 목적으로 건설되는 것이 아닌, 단지 흐름을 발전 도수로로 유도하기 위한 것이다. 발전 수로는 지형 여건에 의하여 개수로, 프레임, 터널, 수압철관을 혼합하여 건설하게 된다. 조절 가능한 저류 용량이 없는 관계로 24시간 상시 발전하는 유압식 발전으로 운영하게 된다.

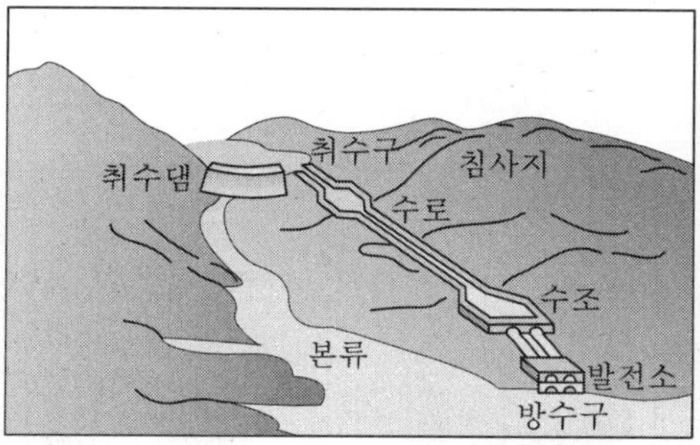

그림 8.4 수로식 수력발전

2) 댐식

높이가 높은 댐을 건설하여 낙차를 얻는 방식으로서 국내 대부분의 수력발전의 전형적인 예를 보여주고 있다. 발전소는 발전수로 건설비를 절약하기 위하여

그림 8.5와 같이 댐의 직 하류에 설치한다. 국내의 충주댐이나 소양강댐과 같이 댐으로 형성되는 저수지의 용량이 클 경우 우기의 유입량을 연중 배분하는 소위 유량의 계절적인 조절이 가능하게 되므로 연중 첨두 발전 방식의 운영이 가능하지만 저수 용량이 크지 않은 경우 댐은 단지 낙차를 증가시키는 기능만을 하며 하천의 자연 유하량을 그대로 발전용수로 이용하게 되며 연속발전하거나 1일과 같은 단기간만 유량을 조절하여 첨두 발전하게 된다.

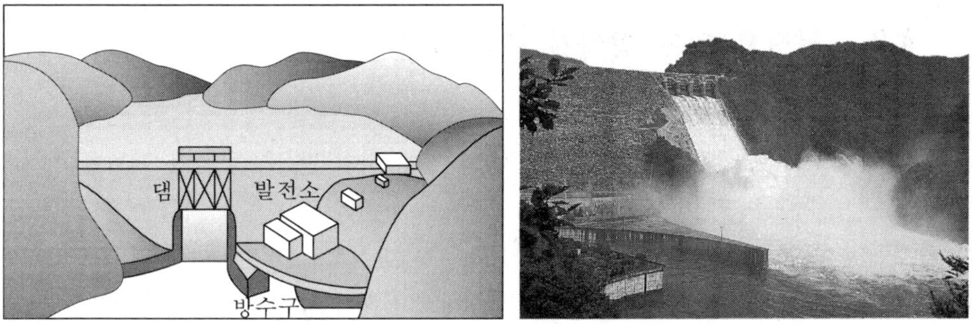

그림 8.5 댐식 수력발전

3) 터널식

댐식과 수로식 발전방식을 혼합한 것으로서 하천의 형태가 조롱박형(오메가)인 지점에 적합하고 자연낙차를 크게 얻을 수 있으며 댐은 일반적으로 월류식, 지형상 지하터널 수로를 통해 큰 낙차를 얻을 수 있는 곳에 건설된다.

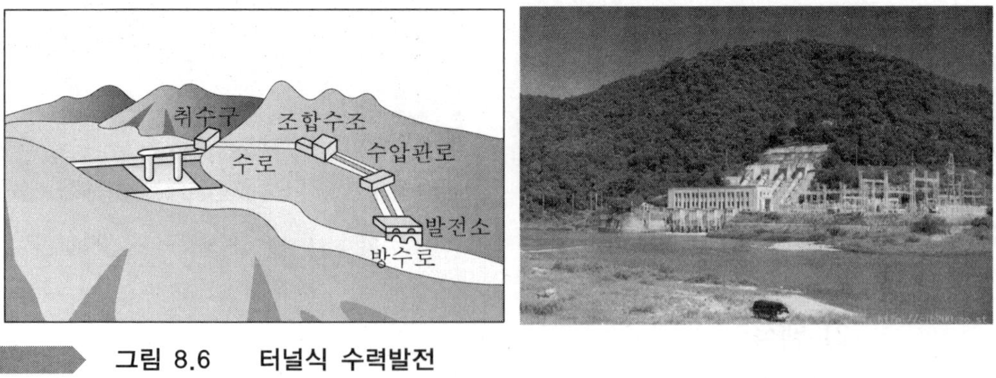

그림 8.6 터널식 수력발전

4.3 저류 기능에 따른 분류

1) 유입식

유량 조절이 가능한 정도의 저류 기능이 없을 경우에 자연 유하량의 범위 내에서만 발전용수를 사용할 수 있는 방식을 말한다. 하지만, 전체 유하량의 범위에 따라 발전할 수 있는 것은 아니며 특정 범위를 넘는 유하량은 무효 방류하고 특정 유량 이하로 유하량이 감소하면 발전을 중지하게 된다. 의암댐이나 춘천댐과 같이 하천 유하량에 비해 저수 용량이 작은 댐이거나 하천에 낮은 보를 축조하여 발전하는 국내의 소수력 발전이 이러한 대표사례이다. 자연 유하량이 발전 가능한 유량 범위는 24시간 내내 발전할 수 있다.

2) 저수지식

하천 유량은 계절적으로 크게 변동하므로 대용량의 저수지로 풍수기의 홍수량을 저류하여 갈수기에도 조절 유량으로 발전하는 방식을 말한다. 소양강댐, 충주댐과 같은 다목적댐과 발전 전용 댐인 화천댐이 가장 대표적인 저수지식 발전지이다.

4.4 발전소의 가동시간에 따른 분류

1) 상시 발전

유입식 발전에서는 저류 능력이 없기 때문에 하천의 유량을 최대한 효과적으로 이용하기 위하여 자연 유하량의 범위 내에서 연속하여 발전하지만 저수지식 발전의 경우 상시 발전과 첨두 발전이 모두 가능한 발전양식이다. 국내 모든 소수력 발전은 상시 발전을 기준으로 계획 및 운영 중이다.

2) 첨두 발전

하루 중 낮의 1일 4~6시간 첨두 부하시간에만 운전하는 방식으로 저수지식 수력 개발의 가장 대표적인 발전사례로 꼽힌다. 첨두 발전을 하는 본댐에 하류에 역조정지를 설치하여 24시간 평준화된 유량을 하천으로 방류함으로써 채택되는 시스템으로 역조정지 댐에 설치되는 발전소는 유입식으로 상시 발전으로 운영한다.

3) 양수 발전

심야 또는 주말과 같이 전력 수요가 상대적으로 적은 시간대에 대용량의 기저 부하 발전소에서 발전한 잉여 전력을 이용해 하부 저수지 또는 하천의 물을 표고가 높은 위치에서 상부 저수지로 끌어올려 위치에너지로 저장하여 두었다가 전력 수요가 많은 시간대에 다시 발전하는 방식의 발전이다. 양수 발전에서 계곡부에 상부댐을 건설할 경우에는 댐과 지형이 이루는 상부 저수지가 형성되고 계곡의 자체 유입량이 어느 정도 발전 용수로 충당될 수 있으나 경우에 따라선 순전히 댐 구조물로만 상부지를 형성시키고 하부지에서 양수한 물로만 저류지를 채우는 사례도 있다. 이 같은 형식을 순 양수 발전이라 일컫는다. 양수 발전의 운전특성은 일반 수력발전과 완전히 일치하지만 양수와 발전이 대개 하루 동안에 반복 순환되므로 큰 조절 용량을 필요로 하지 않게 되며 최대 5～6시간 발전 분량을 저류할 수 있는 용량이면 충분하다. 따라서 일반 수력에 비해 아주 작은 규모의 저수지로써 발전설비를 대용량화할 수 있기 때문에 첨두부하용으로는 가장 이상적인 발전 방식이다.

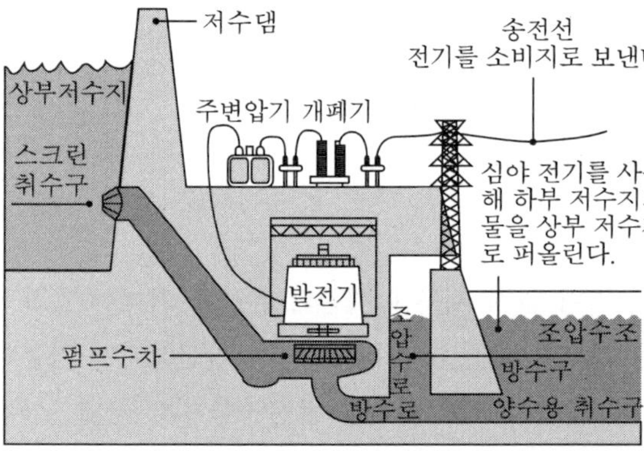

양수식 발전소

청평댐

그림 8.7 양수식 수력발전

4) 조력 발전

저류지를 건설하여 만조 시에 바닷물을 저류하다 간조 시에 외해의 조위가 낮아지면 외해로 방류하면서 발전하는 방식(단류식)과 만조 시와 간조 시에 모두 양방향으로 발전하는 방식(복류식)이 있다. 단류식 발전에서는 외해의 조위가 저류지의 수위보다 높은 시간 동안은 수문을 이용하여 충수하고 외해의 조위가 저하하여 발전 가능한 낙차에 이르면 저류지의 저류수로 발전을 시작해 발전이 가능한 낙차 이하로 외해의 조위가 높아지면 발전을 중지하는데, 1일 2회씩 이러한 패턴을 반복한다. 복류식 발전에서는 외해의 조위가 저류지의 수위보다 높은 시간 동안 외해에서 저류지로 발전 가능 낙차까지 발전하면서 충수하고 외해의 조위가 저하하여 발전 가능한 낙차 이하로 외해의 조위가 높아지면 발전을 중지하는데, 이런 패턴으로 1일 4회 반복하게 된다.

4.5 수차의 종류에 따른 분류

수력발전에 적용되는 수차의 종류는 충격수차와 반동수차로 구분된다. 반동수차의 경우, 프란시스수차와 프로펠러수차로 나누어지며 프로펠러 형은 카플란수차, 튜브라수차, 밸수차, 림수차가 있다. 충격수차의 경우에는 펠톤수차, 튜고수차, 오스버그수차 등으로 구분된다.

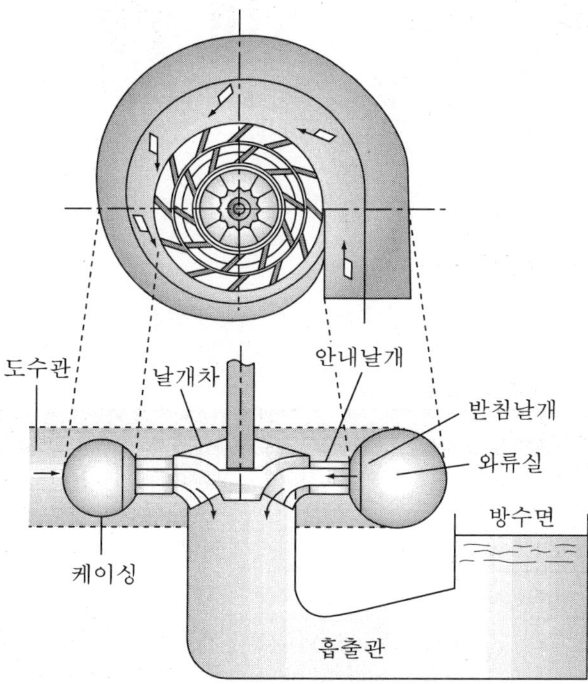

그림 8.8 프란시스수차 원리

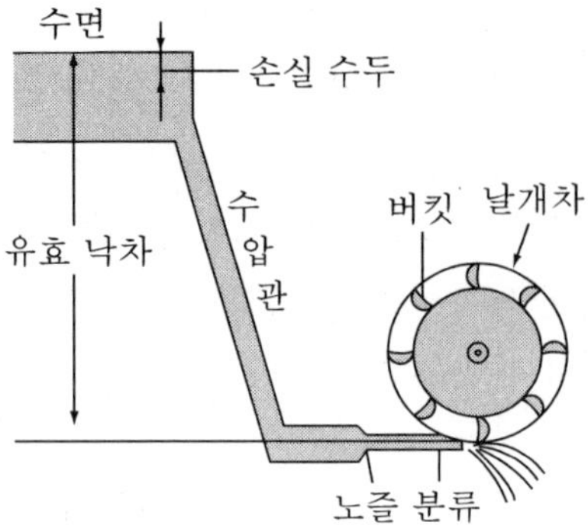

그림 8.9 펠톤수차 원리

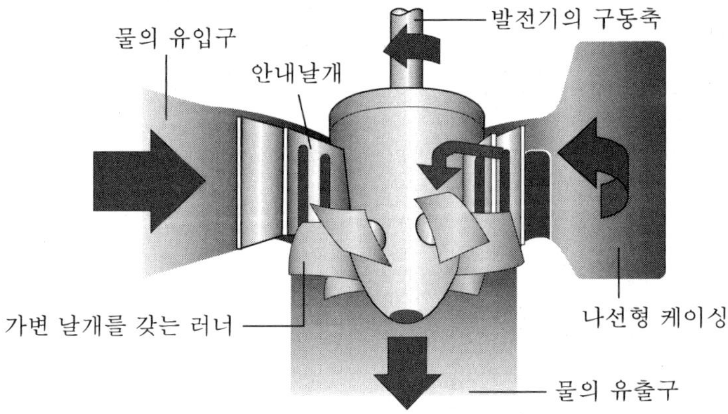

그림 8.10 카플란수차 원리

표 8.1 수차의 종류와 특징

<table>
<tr><th colspan="4">수차의 종류</th><th>특 징</th></tr>
<tr><td rowspan="6">수
차</td><td>충격
수차</td><td colspan="2">펠톤(Pellton)수차
튜고(Turgo)수차
오스버그(Ossberger)수차</td><td>수차가 물에 완전히 잠기지 않는다. 물은 수차의 일부 방향에서만 공급되며 운동에너지만을 이용한다.</td></tr>
<tr><td rowspan="5">반동
수차</td><td colspan="2">프란시스(Francis)수차</td><td rowspan="5">수차가 물에 완전히 잠긴다.
운동에너지와 위치에너지를 모두 이용한다.</td></tr>
<tr><td rowspan="4">프로펠러수차</td><td>카플란(Kaplan)수차류</td></tr>
<tr><td>브라(Tubular)수차</td></tr>
<tr><td>벌브(Bulb)수차</td></tr>
<tr><td>림(Rim)수차</td></tr>
</table>

5 수력발전의 특징

수력발전의 과정 및 특징을 요약하면 다음과 같다.

① 높은 곳에 위치하고 있는 하천이나 저수지의 물을 수압관로를 통해 낮은 곳에 있는 수차로 보냄으로써 그 물의 힘으로 수차를 돌리는 방식이다.
② 수차를 돌림으로써 동력을 얻어 수차에 직결된 발전기를 회전시켜 전기를 발생시킨다.
③ 물이 가지는 위치에너지를 수차를 이용하여 기계에너지로 변환시킨 후, 이 기계에너지로 발전기를 가동시켜 전기에너지를 얻게 되는 것이다.
④ 수력발전은 공해가 없고 연료의 공급이 없어도 오랫동안 지속적인 에너지 생산이 가능하다는 장점이 있지만, 건설하는 데 경비가 많이 소모될 뿐만 아니라 댐을 건설할 수 있는 지역이 한정되어 있다는 단점을 가지고 있다.

수력은 지형기후와 같이 자연적 조건과 조화를 이루는데 국내의 경우 연평균 강수량이 1,245 mm, 전 국토의 70% 정도가 산악지대이기 때문에 수력발전을 하기 좋은 조건을 갖추고 있다. 다른 재생에너지에 비해 지속적으로 발전공급이 가능한 반영구적인 에너지 자원으로 안보 측면에서 우수하게 평가받고 있다. 또한 단순히 물의 낙차를 이용하여 전기를 생산하는 방식이라서 발전과정 중에 폐기물 방출이 없고 이산화탄소 배출량도 극히 적은 청정 에너지원이라는 점과 자원 고갈이 없기에 오랫동안 발전 공급이 가능하다. 또한 연료비 가격변동이 크게 없어서 운영비 절감 효과를 크기 기대해 볼 수 있다. 하지만 기후변화가 생기면서 수력발전에는 큰 영향을 미치고 있다. 수력발전 건설을 위해서는 풍부한 수량과 낙차, 댐을 건설할 수 있는 목이 좁은 지형, 기후 등 여러 입지 조건을 고려하기에 막대한 비용이 요구된다. 댐 건설을 하려면 장기적으로 물의 유량을 일시적으로 막을 수밖에 없는데 이를 통해 하천 쪽에 있는 농작물에게 피해를 주거나 생태계 및 자연환경을 인위적으로 좋지 않게 변화시키는 경우가 생기는 단점이 있다.

1) 친환경 청정에너지(Clean energy)

수력발전은 여러 발전방법 중에 이산화탄소(CO_2) 배출량이 가장 적어 범세계적인 환경규제에 대비하는 친환경 청정에너지로 지구온난화 방지에 공헌한다. 수력발전은 발전 중에 질소 산화물(NO_x), 유황산화물(SO_x)을 배출하지도 않으며 이산화탄소 배출량도 석유나 석탄 등의 다른 에너지원에 비해 매우 적다.

표 8.2 에너지별 1 Kwh당 CO_2 배출량

구분	1 Kwh당 CO_2 배출량 [g-CO_2 Kwh]	구분	1 Kwh당 CO_2 배출량 [g-CO_2 Kwh]
석탄화력	975.2	태양광	53.4
석유화력	742.1	풍력	29.5
LNG화력	607.6	지열	15.0
LNG	518.8	수력	11.3
원자력	28.4		

2) 순국산 에너지

수력은 지형이나 기후 등 자연적인 조건과 조화를 이루며 국내 부존 잠재량이 많아 보급효과가 큰 분야이다. 또한 에너지 밀도가 높아 타 에너지원에 비해 꾸준한 발전공급이 가능한 반영구적인 에너지자원으로 에너지안전 측면에서 우수하다.

3) 전력공급량의 빠른 조정기능

수력발전은 전력을 생산하는데 5분 이내로 짧아 전력수요량의 변화에 가장 민첩하게 대응이 필요한 피크시간대에 발전이 가능하여 주파수 조절을 담당함으로써 전력 수요의 변화에 다른 방법보다 가장 민첩하게 대응할 수 있다. 유입식은 기저(基底)전력 공급용으로 사용하고 조정지식, 저수지식, 양수식은 첨두(Peak)부하 공급용으로 사용한다.

4) 발전단가의 경제성

수력발전의 원가구성은 자본비가 대부분이라서 인플레이션이나 연료 가격 변동이 거의 없으므로 타 전원에 비교하여 발전 단가는 싸고 장기적으로 안정되어 있다. 대부분의 자원을 수입하는 우리나라로서는 큰 장점 중 하나로 볼 수 있다. 수력이 발전하고 있는 시간에는 수력에서 생산된 전력량만큼 비싼 화력발전소가 가동되지 않기 때문에 전력가격이 하락하는 현상이 발생한다. 그만큼 수력으로 얻는 전력량이 상당하다. 유가폭등으로 화력발전의 발전원가가 상승하고 있는 가운데 발전단가의 변화 폭이 적은 수력발전이 유가 변동에 따른 영향을 받지 않아 전력요금의 안정화에 기여한다.

5) 높은 에너지 변환효율

열효율이 최고 40～50% 정도인 화력발전에 비교해 보았을 때 수력발전은 수차・발전효율이 80～90% 정도로 약 2배가 될 만큼 에너지 변환효율이 높다.

6) 지역에서의 에너지 공급

수력발전소는 외딴지역에 위치하기 때문에 전력계통 운용상 지역의 에너지 수요에 대처하는 분산전원으로서의 기능을 할 수 있으며 자연재해 등에 따른 광역정전 발생 시 필요 최소전원으로 전력공급이 가능하다.

7) 사회교육 기회의 제공

청정에너지인 수력발전을 개발하여 지역주민이나 아이들에게 에너지・환경에 관한 교육의 장을 제공할 수 있으며 일상적인 에너지활동이나 신재생에너지의 보급촉진을 통해 지역 주민에게 홍보 및 계도활동을 할 수 있다.

8) 지역발전에 공헌

수력발전을 위한 저수댐은 치수, 관개용수, 상수도 등으로 사용이 가능한 지역사회의 기반시설이며 지역주민에게 고품격 문화관광 장소를 제공함으로써 문화적 행사 등 각종 행사의 장소를 제공할 수 있어 지역사회에 친수공간을 통한 여가활동에 기여한다.

6 수력발전의 분포

수력에너지는 물의 낙차와 유량으로 에너지를 생산시키는 양이 달라지기 때문에 주로 유량이 많고 물의 속도가 빠른 지점에 발전소를 설치하여 효율적인 에너지 공급을 하도록 한다. 위치적으로 보면 하천의 중·상류에 주로 설치를 한다.

6.1 국내 현황

예전에는 외국의 수차제작 기술에 의존하여 수차를 제작하였지만 현재는 정부의 국산기술의지에 따라 수차개발기술의 국산화 및 원천기술 확보에 중점을 두고 있다. 성능향상을 위해 2013년 수자원공사연구원에 수차성능 시험센터를 설치함으로써 기술발전에 기여하고 있으며 이를 통해 현재는 국내 수차를 이용한 수차제작업체 및 수력발전소 모두가 증가하는 추세이다. 2017년 현재 우리나라에서 운영하고 있는 일반 수력발전소는 16개소이며 이 중 9개소는 수자원공사, 나머지 7개소는 한국수력원자력공사에서 관리를 하고 있다. 국내에서 수력발전을 통해 발전되는 발전량은 2014년 기준으로 2,753,924 MWh이며, 강수량 부족으로 인해 전년에 비해 약 34.9%가 감소했다. 전력거래소에서 발간한 2014 전력시장분석보고서에 따르면, 2014년은 평년대비 강수량이 89% 수준이었다.

표 8.3 수력에너지 대비 원별 생산량

구분	2013년		2014년		전년대비 증감	
	생산량	비중(%)	생산량	비중(%)	생산량	증감율(%)
1차 에너지 (천 toe)	280.290	3.52	282.938	4.08	2.648	0.94
합계	9,879,207	100.0	11,537,366	100.0	1,658,159	16.78
태양열	27.812	0.3	28,485	0.2	673	2.4

태양광	344.451	3.5	547,430	4.7	202,979	58.9
풍력	242.354	2.5	241,847	2,1	△507	△0.2
수력	892.232	9.0	581,186	5.0	△311,046	△34.9
해양	102.077	1.0	103,848	0.9	1,771	1.7
지열	86,959	0.9	108,472	0.9	21,513	24.7
바이오	1,558,492	15.8	2,821,996	24.5	1,263.503	81.1
폐기물	6,502,414	65.8	6,904,733	59.8	402,319	6.2
연료전지	122,416	1.2	199.369	1.7	76,953	62.9

출처 : 한국에너지공단 신재생에너지 센터, 2014년 신재생에너지보급통계

표 8.4 국내 수력발전소 현황

수자원공사 운영(9개소)		한국수력원자력 운영(7개소)	
발전소명	설비용량(MW)	발전소명	설비용량(MW)
소양강	200	화천	108
충주	412	춘천	62,28
대청	90	의암	48
안동	90	청평	140.1
합천	100	팔당	120
주암	22.5	섬진강	34.8
임하	50	강릉	82
남강	14	소계	595.18
용담	22.1		
소계	1,000.6		
합계		1,595.78	

출처 : 수자원공사, 한국수력원자력공사

1) 소양강다목적댐

우리나라 토목사에 신기원을 이룩하면서 건설된 극동에서 손에 꼽히는 크기의 저수능력을 갖춘 대규모 사력댐으로 4대강 유역 종합개발계획에 따라 건설된 이 댐은 길이 530 m, 높이 123 m, 체적 960만 m^3로서 20만 km의 발전시설과 29억 m^3에 달하는 저수용량을 갖추고 있다. 소양강은 유로 연장이 160 km에

이르는 북한강의 최대지류로서 관광명소의 하나인 설악산에서 발원, 서쪽으로 흐르다가 춘천시에서 북한강과 합류한다. 이 댐은 춘천시 동북방 13 km지점의 춘천시 신북읍과 동면에 위치하고 있는 북한강 유역의 유일한 다목적댐이다. 1967년 4월 가설비공사를 착수한 이래로 약 6년 6개월의 공사 끝에 1973년 12월 준공하였다. 소양강다목적댐은 유역면적 2,703 km^2로서 연평균 강수량 1,153 mm의 풍부한 수자원을 고도로 개발하며 한강연안과 서울을 비롯한 수도권지역에 연간 12억 1천 3백만 m^3의 생・공용수 및 관개용수를 공급하고 있다. 또한 5억 m^3의 홍수조절능력을 갖추고 한강 하류부의 수해방지에 크게 기여하고 있고 연간 3억 5천3백만 kWh의 수력에너지를 생산 및 공급하는 한편, 하류로 방류된 용수를 이용 발전소에서 6천1백만 kWh의 전력생산 효과가 있는 등 국가경제발전에 크게 기여하고 있다.

표 8.5 소양강다목적댐 특징

하천 명	한강수계, 북한강 지류 소양강
위치	좌안 : 강원도 춘천시 동면 월곡리 우안 : 강원도 춘천시 신북읍 천전리
유역면적	2,703 km^2
총사업비	321억 원
연평균강수량	1,153 mm
연평균유입량	2148백만 m^3
사업기간	1967.4～1973.12
발전소의 위치	댐우안 직하부
발전소의 형식	지상발전소(옥내형)
수차발전기	3상 종축 우산형(Francis)
시설용량	20만 kW
정격낙차	90 m

2) 충주다목적댐

충주 다목적댐은 한반도의 중심부를 관류하는 남한강 수계에 건설된 국내 최대의 콘크리트 중력식 댐으로 남한강 유역이 보유하고 있는 수자원을 효율적으로 개발하여 하류지역에 각종 용수를 공급하고 수력에너지를 생산하여 첨두 전력수요(Peak time : 최대전력소요시기)에 대처하는 한편 하류지역의 홍수피해를 경감시킬 목적으로 건설된 댐이다. 충북 충주시 종민동과 충주시 동량면 조동리 앞 계곡을 연결하여 남한강의 물줄기를 가로막은 충주댐은 높이 97.5 m, 길이 447 m, 체적 90만 2천 m^3, 저수용량 27억 5천만 m^3의 댐으로써 유역면적이 6,648 km^2에 이르는 거대한 댐으로, 본댐 하류 19.6 km 지점에는 높이 21 m, 길이 480.7 m, 수문 20개를 가진 조정지댐을 갖추고 있다. 충주댐은 본댐의 제 1발전소와 조정지댐의 제 2발전소의 용량을 합치면 발전시설용량이 41만 2천 kW에 달해 국내 최대의 수력발전소이며 또한 6억 1천6백만 m^3의 홍수조절 능력을 갖춰 국내 최고를 자랑한다. 충주댐은 1978년 6월 공사를 착수한 이래 8년 6개월 만인 1986년 10월에 완공되었는데, 이 댐이 완공됨으로써 한강인도교의 홍수위를 1 m 이상 저하 경감시키고 연간 33억 8천만 m^3의 각종 용수를 공급해 경인지역과 남한강 유역권의 용수난을 해결하는 한편, 연간 8억 4천4백만 kWh의 전력을 생산, 공급하여 국가 경제발전에 크게 기여하고 있다. 아울러, 충주 탄금대와 중앙 탑이 호수로 연결되고 본댐에서 단양팔경까지 65 km에 걸친 수상여행 길이 열려 관광자원 개발에도 크게 기여하고 있다.

표 8.6 충주다목적댐 특징

하천 명	남한강
위치	좌안 : 충북 충주시 종민동 우안 : 충북 중원군 동량면 조동리
유역면적	6,648 km^2
총사업비	5,551억 원
연평균강수량	1,113 mm
연평균유입량	4,872백만 m^3
사업기간	1966.4 ~ 1985.10
발전소의 위치	댐우안 직하부
발전소의 형식	반지하식 발전소
수차발전기	3상 종축 우산형
시설용량	40만 kW
정격낙차	57.5 m

3) 안동다목적댐

낙동강 유역의 수자원 종합개발사업의 일환으로 건설된 안동 다목적댐은 높이 83 m, 길이 612 m, 체적 4,014천 m^3, 저수용량 12억 4천8백만 m^3의 중앙차수벽형 사력댐으로 시설용량 9만 kW의 국내최초 양수겸용 발전소를 갖추고 있다. 이 댐은 낙동강 하구로부터 약 340 km상류에 위치하며 안동시 동북방 4 km 지점인 안동군 와룡면과 안동시 성곡동을 연결하여 낙동강의 본류를 가로막고 있는데, 본댐으로부터 3 km하류에 높이 20 m, 길이 218 m에 이르고 수문식 역조정지가 설치되어 있다. 낙동강은 우리나라의 동남부를 관류하는 유로연장 512 km, 유역면적 23,326 km^2의 대하천으로 유역군 내에 부산, 대구 등 주요 도시와 김해평야를 비롯한 곡창지대가 형성되어 있으나, 연례적인 홍수피해와 용수부족현상으로 유역 상류에 대용량의 댐 건설이 절실히 요청되었다. 안동댐은 1971년 4월에 착공하여, 5년 6개월만인 1977년 5월에 본댐을 준공하고 특히 본댐은 심벽재료를 종래의 점토 대신 화강토로 대체 사용하는 새로운 댐 축조공법을 개발하여 전공사의 비용 절감 및 공기단축에 괄목할 만한 성과를 거두었다. 안동댐은 하류지역의 44,000 ha에 달하는 농지에 연간 3억 m^3의 농업용수를 공급하고, 부산 · 대구 등 대도시와 마산 · 구미 등 공업단지에 연간 4억 5천만 m^3의 생.공용수를 공급하여 식량증산과 산업발전에 크게 기여하고 있으며 또한 연

표 8.7 안동다목적댐 특징

하천 명	섬강
위치	강원도 횡성군 갑천면 대관대리
유역면적	209 km^2
총사업비	404억 원
연평균강수량	1,469 mm
연평균유입량	850백만 m^3
사업기간	1990～2000
발전소의 위치	댐우안직하부
발전소의 형식	양수겸용
수차발전기	Deriaz 사류형
시설용량	45천 kW × 2대
정격낙차	57 m

간 1억5천 8백만 kWh의 전기를 생산하여 첨두부하 시 전력난을 해소하는 등 국가경제발전에 큰 몫을 차지하고 있다.

6.2 국외 현황

중국, 브라질, 캐나다, 미국은 전 세계 수력발전의 절반 정도에 해당하는 막대한 양을 생산하며 표 8.8에 나타낸 바와 같이 10개국의 생산량을 합하면 전 세계 수력발전량의 70% 수준에 해당한다. 참고로 2010년 우리나라의 일반 수력 발전량은 3,685 MWh이었다.

댐의 역사는 지금으로부터 5,000여 년 전부터 몇 가지 형태로 존재하여 왔으며 오늘날은 여러 가지 형식의 36,000개가 넘는 댐들이 전 세계적으로 분포되어 있다. 댐은 생명의 원천을 이루는 가장 중요한 토목구조물로서 그 역할을 들어 보면 세계 수자원 분포를 고르게 하고 광대한 경작지에 관개를 함으로써 세계 식량증산에 기여를 한다. 동시에 수력발전을 통하여 산업발전의 원동력이 되는 청정하고 재생 가능한 전력을 생산하는데 일익을 담당하고 있다. 여기서 댐이라 함은 물을 저류할 수 있도록 설계된 인간이 만든 구조물이다. 그 주요한 특성을 살펴보면 우선 물이 새지 않아야 하며 댐에 작용하는 수압을 견딜 수 있도록 구조적으로 안전하여야 하고 홍수를 안전하게 배제할 수 있는 적절한 방류설비를 갖추어야 한다.

1) 높이별로 본 세계의 댐들

세계 36,000여개의 대댐 중 높이 60 m 이상의 댐은 4.5%인 1,657개이며 높이 100 m 이상의 대규모 댐은 1.2%에 불과한 409개뿐이다. 세계 최대 높이의 댐은 구소련에서 현재 건설 중인 Rogun댐으로서 335 m에 달하며 기존 댐으로서는 역시 소련에서 1980년도에 건설한 Nurek댐으로서 300 m에 이르고 있다. 한편, 동양 최대의 댐이라고 자랑하고 있는 소양강댐은 높이가 123 m로서 세계 89위인 중국의 151 m Geheyin댐에도 못 미치는 수준이다.

2) 저수 용량별로 본 세계의 댐들

세계에서 저수용량이 가장 큰 댐으로는 우간다의 Owen Falls댐으로 무려 2,048억 톤에 달한다. 물론 이는 댐 자체만의 담수능력은 아니고 대부분이 자연

호수의 용량이 차지하고 있으나 국내 소양강댐의 70배가가 넘고 있으니 가히 그 규모를 짐작할 만하다. 동양 최대의 댐은 중국의 Sanmenxia댐으로 354억 톤이며 우리에게 널리 알려진 미국의 Hoover댐은 348톤으로 세계 22위를 차지하고 있다. 한편, 브라질의 유명한 Itaipu댐은 290억 톤으로 세계 30위에 불과하나 소양강댐의 10배에 해당한다.

3) 발전시설 용량별로 본 세계의 댐들

기존 댐으로서 1위는 브라질의 Itaipu댐으로 1,260만 kw이며 2위가 미국의 Grand Coulee댐으로 1,080만 kw, 3위가 베네수엘라의 Guri댐으로 1,030만 kw이다. 한편, 동양최대는 중국의 Baishan댐으로 150만 kw이고 일본의 Takase댐이 그 다음으로 130만 kw, 대만의 Minghu댐이 110만 kw로 그 다음을 차지하고 있는 반면 국내 최대의 댐인 충주댐은 40만 kw이다.

표 8.8 국가별 수력발전 top 10

순위	국가	2010년 수력발전량 (TWh)	2010년 발전량비중 (%)
1	중국	694	14.8
2	브라질	403	80.2
3	캐나다	376	62
4	미국	328	7.6
5	러시아	165	15.7
6	인도	132	13.1
7	노르웨이	122	95.3
8	일본	85	7.8
9	베네수엘라	84	68
10	스웨덴	67	42.2

출처 : IEA, Technologly Roadmap Hydropower

7 수력발전의 안전

원자력 발전소를 제외하고 수력발전의 댐만큼 많은 인명피해를 줄 수 있는 잠재적 위험을 지닌 인공구조물은 없다고 말할 수 있다. 최근에 들어 수력발전소의 규모가 커졌을 뿐 아니라 인구와 재화의 밀도가 증가함에 따라 수력발전소 사고에 의한 잠재적인 재해의 규모도 점점 대형화되고 있으며 일부로부터는 재해의 근원으로까지 인식이 되어 경계와 비판의 대상이 되기도 한다. 수력발전소의 일부가 무너지거나 이동하여 담수 기능을 상실한 상태를 댐의 파괴라고 정의하고 있으며 세계적으로 매년 파괴되는 댐의 수가 많은 것은 아니지만 댐이 파괴되면 많은 양의 물을 단시간에 방류하게 되므로 미치는 피해의 규모가 상당할 것으로 예상이 된다. 지금까지 발생한 댐 관련 인명피해 사례는 댐 파괴로 인한 홍수로 인해서 중국 관련 기관의 공식 발표로는 2만 6천 여 명의 사망자와 그로 인한 전염병 및 굶주림으로 10만 명 이상이 사망한 1975년 8월 태풍 Nina 때 동반된 폭우로 인한 중국 허난성 양자강 지류의 Banqiao댐과 Shimantan댐 붕괴 사고이다. 그 외에도 세계적으로 댐 파괴 등으로 수천 명의 인명 피해가 발생한 예는 2,600명이 사망한 1963년 이태리의 Vajont댐 월류 사고를 비롯하여 그 예가 4개 정도 되며 수백 명의 인명 피해를 기록한 예는 20개가 넘는다. 우리나라 역시 1961년 7월 남원군 이백면 효기리의 농업용 필댐(높이 15.6 m)이 홍수 시 월류로 붕괴됨에 따라 150여 명이 사망한 예시가 있다. 댐 파괴의 원인은 다음과 같다. ICOLD통계에 의하면 1950년 이전에 건설된 댐의 2.3%, 1951년 이후 건설된 댐의 0.6%가 파괴되었으며 수적으로는 대부분이 소규모 댐이지만 파괴되는 비율은 크게 차이가 나지 않는다. 댐 파괴는 대부분 신설 댐에서 발생하였으며 70%가 준공 10이내, 운영 후 1년 이내가 34% 비율로 가장 높았다. 콘크리트댐에서는 댐 기초에서의 문제가 가장 공통적인 파괴의 원인이었다. 그 중에서 기초 내부의 침식과 지반의 불충분한 전단강도가 각각 원인의 21%를 차지하였다. 흙댐과 록필댐의 경우 파괴 원인은 월류가 48%, 댐체의 침식이 28%, 댐 기초의 침식이 17%로 기록되었다. 파괴 후, 후속 처리는 완전 폐기 36%, 새로운 설계를 통한 재건설 19%, 동일한 설계를 통한 재건설 16%이었다. 수력발전의 안전대책을 살펴보면, 댐의 파괴를 예방하기 위해서는 구조물에 누수의 유무, 지진에 대한 지내력 등을 충분히 지속적으로 관찰하고 모든 댐에 대해서 예보, 경보, 대피 계획을 체계적으로 수립하여야 한다. 댐 재해를 경험한 각 나라에서는 댐과 저수지의 안전성을 감독하기 위한 법률이 제정되어 시행되고 있고 정기적인 점검과 댐 파괴 해석 등을 의무화 하고 있으며 영국의 경우에는 댐 소유자와 무관한 유자격 기술자가 2년마다 댐 점검 증명서를 비치하도록 하고 있다. 우리나라는 시설물 안전관리에 관한 특별법 제 6조 제 1항에서 '관리주체는 시설물의 기능 및 안전을 유지하기 위하여 안전점검 및 정밀 안전진단 지침에 따라 소관시설물에 대한 안전점검을 실시하여야 한다.'라고 규정되어 있으며 1천만 톤 이상의 용수전용 댐은 1종 시설물로, 1백만 톤 이상의 용수전용 댐은 2종 시설물로 정하여 정기적으로 안전점검 및 정밀 안전진단을 실시하도록 규정하고 있다.

지구온난화 등 기후변화로 과거의 양상과는 다른 이상홍수 발생이 빈번함에 따라 기존 댐의 홍수방어능력과 수리·수문학적 안전성에 대한 검토의 필요성이 대두되었다. 국내의 경우 다목적댐과 용수 전용댐에 대하여 「댐의 수문학적 안정성검토 및 치수능력증대 기본계획(2004, 건설교통부)」를 수립하였고 검토결과 다목적댐 13개소와 용수 전용댐 8개소 중 용담댐 등 2개소를 제외한 나머지 댐은 월류 또는 여유고 부족으로 댐의 안전성 확보가 미흡한 것으로 나타났다. 치수능력 증대방안을 살펴보면 기존에 수문조절식 여수로의 경우는 보조여수로 또는 비상 여수로를 설치하고 있고 자연월류형 여수로의 경우는 수문을 설치하는 방법으로 설계·시공되고 있다.

8 사고사례

최근 지구온난화로 세계 곳곳에서 집중호우, 돌발폭우 및 태풍 발생으로 인한 댐 및 저수지 붕괴 우려가 증대되고 있다. 이에 따른 하류지역 주민들의 불안감도 고조되고 있는 상황이다. 20세기 들어 전 세계적으로 약 200여건 이상의 댐 붕괴사고가 발생하여 댐 하류지역에 막대한 인명 및 재산피해가 발생하였으며 약 11,000여명 이상의 인명피해가 발생한 것으로 조사되었다. 우리나라는 여름철에 연강우량의 2/3이 내리고 국지성 집중호우가 빈발하고 있으며 좁은 국토에 많은 인구를 수용하기 위한 토지이용의 고도화, 경제발전 및 산업구조의 다양화로 인하여 도시의 인구 및 자산의 집중현상은 호우피해의 대형화, 다원화를 가져올 수밖에 없는 자연적, 인문적인 취약점을 가지고 있다. 지구온난화로 인하여 과거의 기상 특성과 다른 기상변화가 이미 시작되었고 그로 인해 돌발적이고 국지적인 집중호우 발생으로 막대한 홍수피해를 유발하고 있는 점을 고려할 때 앞으로 건설된 지 오래된 댐의 설계홍수 초과 사례가 증가할 것으로 예상된다.

8.1 국내

1961년 전북 남원군에 위치한 효기리댐 붕괴로 57명이 실종되고 9,800여명의 이재민이 발생하였으며 1999년에도 경기도 연천군의 연천댐이 붕괴되었다. 1996년 이후로 지속적으로 발생하고 있는 이상홍수로 인해 1998년에는 40개, 1999년에는 5개의 소규모 저수지가 붕괴되었다. 특히 2002년 태풍 Rusa발생 시에는 강릉의 장현댐(섬석천)과 동막댐(금광천)이 붕괴되어 하류하천변 주거지역 등에 큰 홍수피해를 입힌 바 있고 강릉시 상류부의 오봉댐과 고령군 상류부 성주댐의 경우 댐 월류직전까지 도달하여 댐 붕괴위험에 대비한 주민대피 등 큰 혼란이 야기된 바 있다.

1) 사고 사례명 : 장현댐

장현댐은 섬석천 상류, 강원도 강릉시 장현동에 위치하며 1947년에 준공된 높이 15 m, 길이 170 m, 여수로 폭 80 m(측수로식)인 농업용 댐이다. 유역면적은 11.52 km^{2}로 2002년 태풍 Rusa시 여수로 설계홍수량 190 m^3/sec를 초과하는 313 m^3/sec 이상의 홍수량으로 인하여 여수로 시설을 포함한 약 53 m이 유실되었다. 저수지의 붕괴로 인해 하류지역에 위치한 모산의 13가구가 유실되어 큰 인명피해가 발생하였으며 저수지의 영향권에 있는 약 1.5 km^2 구간의 농경지가 침수되거나 매몰되는 피해가 발생하였다.

그림 8.11 장현댐 붕괴현장

2) 사고 사례명 : 동막댐

동막댐은 섬석천 지류인 금광천 상류, 강원도 강릉시 구정면 어단리에 위치하며 높이 25 m, 길이 320 m이고 유역면적 1.86 k m^{2}로서 2002년 태풍 Rusa시 여수로 설계홍수량 14 m^3/sec를 초과하는 67 m^3/sec 이상의 홍수량으로 인하여 여수로 시설을 포함한 약 57 m이 유실되었다. 이로 인하여 하류지역 주택침수 및 붕괴, 농경지 침수, 하천범람, 교량파괴 등이 발생하였다.

그림 8.12 동막댐 붕괴현장

3) 사고 사례명 : 연천댐

경기도 연천군 전곡읍 신답리와 청산면 궁평리에 걸쳐 있는 연천댐은 복합댐 형식으로, 총길이는 243.5 m이고 수문은 7개이다. 1996년 7월 26~27일에 걸친 집중호우로 인하여 월류된 홍수류가 댐 하류부 양안을 급속히 세굴 시키면서 우측 댐체와 양안 기반암과의 연결부까지 세굴시켜 댐체가 수압에 못 견디고 파괴된 것으로 추정된다. 또한 1998년에도 집중호우로 인하여 댐 일부가 유실되었다. 연천댐은 2000년 5월 25일에 철거되었다.

그림 8.13 연천댐 붕괴현장

표 8.9 국내 댐 붕괴 사례

댐명	발생 연도	댐형식	높이 (m)	총저수용량 (천m^3)	원인
효기리	1961	Earthfill	15	223	2시간 30분 동안의 150 mm 강우로 인한 제체 월류로 붕괴
연천	1996, 1998	콘크리트 + 토사혼합	22	13,000	설계홍수량은 5,230 m^3/s, 1996년 7월 26~27일 집중호우로 약 7,540 m^3/s 유입한 것으로 추정되며 이로 인해 댐 월류, 월류된 홍수류가 댐 우안부를 급속히 세굴 시켜 댐체가 수압에 의해 붕괴
동막	2002	Earthfill	25	-	여수로 설계홍수량 14 m^3/s를 초과하는 67 m^3/s 이상의 홍수량으로 여수로 및 댐 붕괴
장현	2002	Earthfill	15	-	여수로 설계홍수량 190 m^3/s를 초과하는 313 m^3/s 이상의 홍수량으로 여수로 및 댐 붕괴

8.2 국외

1963년 이탈리아의 Vaiont댐 붕괴로 2,600여명이 사망하였고 미국은 1970년대 Buffalo Creek댐, Teton댐 등의 댐 붕괴로 수백 명의 인명피해와 수억 달러의 재산피해가 발생하였으며 1979년 인도의 Machhu II 댐 붕괴 시 2,000명 이상의 인명피해와 400만 달러 이상의 재산피해가 발생하였다.

1) 사고 사례명 : 사야노 - 슈신스카야댐(Sayano-Shushenskaya Dam)

사야노 근처 Sayano-Shushenskaya댐에서 2009년에 갑작스러운 고장으로 인하여 사고가 발생했다. 터빈홀의 10개 중 9개가 고장 나고 파괴되어 터빈홀과 엔진룸이 물에 잠기게 되었고 그로 인해 12명의 인부가 숨지고, 부상자 14명, 50명이 실종되었던 사고이다. 이번 사고로 인해 시베리아에서는 대규모의 정전이 발생하였으며 세계 최대의 알루미늄 제조업체 UC Rusal과 대형 제철광산업체 에브라즈 그룹(Evraz group)의 제철소의 전력 공급도 중단되었다. 사고는

표 8.10 국외 댐 붕괴 사례

댐명	국가	발생연도	댐형식	높이 (m)	총저수용량 (천m^3)	원인
Vaiont	이탈리아	1963	-	262.0	115,000	• 집중호우로 인한 산사태로 저수지에서 발생한 파도에 의해 댐체 손상으로 댐 붕괴
Buffalo Creek (Tailings)	미국	1974	Earthfill	46.0	-	• 저수지에 여수로나 방류시설이 없었고 공장에서 배출한 폐수와 3일 동안 94 mm의 강우로 인해 저수위 급상승하여 Crest까지 도달
Teton	미국	1976	Earthfill & Rockfill	93.0	-	• 제체의 누수로 인한 댐체의 붕괴
Machhu II	인도	1979	Earthfill	26.0	101,000	• 설계홍수량은 5,660 m^3/s, 1979년 8월 14,160 m^3/s 이상의 유입량이 발생하여 월류로 붕괴 • 월류 시 저수지 수위는 계획홍수위 2.9 m, 댐마루 0.46 m 초과

터빈 2에서 큰 소리가 나면서 터빈 덮개가 위로 치솟고 920톤의 회전자가 그자리에서 튀어 나온 후, 터빈의 구멍에서 기계 홀로 물이 뿜어져 나왔다. 그 결과, 기계실과 그 아래의 방이 범람하게 되었고 동시에 발전소의 주 제어판에서 경보가 수신되고 전원 출력이 제로로 떨어지면서 로컬 정전이 발생했다. 또한 75명의 사람들이 나중에 사망한 채 발견되었고, 40톤의 변압기 오일이 강물에 유출되어 약 400톤의 송어가 사망했다.

수력 사고에 대한 공식 보고서에 따르면, 수력 발전소에서 Sayano-Shushensk aya을 포함한 다른 발전소의 통신 및 자동 운전 시스템이 파손된 후 터빈 2의 출력이 터빈이 감소되었으며 터빈 커버 고정 볼트가 파손되었고 약 22,000 kPa의 수압에서 덮개, 로터 및 상부가 있는 회전 터빈이 위로 움직이기 시작하여 기계실 설치가 파손되었다. 이와 동시에 가압된 물이 침수되고 뒤에 밝혀진 사실로는 터빈 2가 고장 난 후 취수관의 게이트 자동 차단 시스템이 고장 났다고 표명하고 있다.

그림 8.14 사야노-슈신스카야 수력발전소 사고

9 수력안전 관련법

수력발전안전과 관련된 법 중 '댐건설 및 주변지역지원 등에 관한 법률(약칭 : 댐 건설법)'의 주요 내용을 발췌하여 정리하면 다음과 같다.

제3조(적용범위) 이 법은 다목적댐과 다음 각 호의 어느 하나에 해당하는 자가 생활용수·공업용수 또는 환경개선용수의 공급이나 홍수 조절을 위하여 건설하는 댐에 적용한다. 다만, 제4조는 모든 댐에 적용한다.

1. 국토교통부장관
2. 특별시장·광역시장·특별자치시장·도지사 또는 특별자치도지사(이하 "시·도지사"라 한다)
3. 시장·군수
4. 그밖에 대통령령으로 정하는 자

제4조(댐건설장기계획) ① 국토교통부장관은 수자원을 효율적이고 환경 친화적으로 개발하기 위하여 10년마다 다음 각 호의 사항이 포함된 댐건설장기계획을 수립하여야 한다.

1. 댐건설의 기본방침
2. 각종 용수의 수급(需給) 전망
3. 수계별 댐건설계획(농업용수댐은 저수량이 1천만 톤 이상인 것으로 한정한다)
4. 재원조달계획
5. 입지선정기준
6. 댐건설이 환경에 미치는 영향을 최소화하기 위한 방안
7. 그밖에 대통령령으로 정하는 사항

② 국토교통부장관은 제1항에 따른 댐건설장기계획을 수립하려는 경우에는 미리 관계 중앙행정기관의 장으로 하여금 소관별로 댐건설에 관한 장기계획을 수립하여 제출하게 하여야 한다.

③ 국토교통부장관은 제1항에 따라 댐건설장기계획을 수립하려는 경우에는 댐건설의 적정성을 미리 검토하고, 해당 지역에 댐건설이 예정되는 등 댐건설과 이해관계가 있다고 인정되는 지역주민의 의견을 수렴하여야 한다.

④ 국토교통부장관은 제3항에 따른 지역주민의 의견 수렴 결과와 댐건설장기계

획에의 반영 여부를 대통령령으로 정하는 바에 따라 공개하여야 한다.
⑤ 국토교통부장관은 제3항에 따라 댐건설의 적정성을 검토하기 위하여 다음 각 호의 사항을 검토하는 사전검토협의회를 설치할 수 있다.

1. 댐 사업의 목적 및 필요성
2. 댐 이외의 대안 및 그 실행가능성
3. 댐 사업에 대한 해당 지역의 수용가능성
4. 그밖에 댐 사업의 추진 여부 결정에 있어서 필요하다고 인정되는 사항

⑥ 제3항에 따른 적정성 검토의 방법·절차, 제5항에 따른 협의회의 구성·운영 및 그밖에 필요한 사항은 대통령령으로 정한다.
⑦ 국토교통부장관은 제3항에 따른 적정성 검토 및 의견 수렴 후 제1항에 따라 댐건설장기계획을 수립하려는 경우에는 관할 시·도지사의 의견을 듣고 관계 중앙행정기관의 장과 협의한 후 「수자원의 조사·계획 및 관리에 관한 법률」 제29조에 따른 국가수자원관리위원회의 심의를 거쳐야 한다. 이 경우 「전원개발촉진법」 제4조에 따른 전원개발사업추진위원회의 심의를 거친 댐에 관한 사항은 심의사항에서 제외한다.
⑧ 국토교통부장관은 댐건설장기계획에 대한 타당성을 5년마다 검토하여 그 결과를 댐건설장기계획에 반영하여야 한다.
⑨ 댐건설장기계획을 변경하는 경우에는 제3항, 제4항 및 제7항을 준용한다. 다만, 대통령령으로 정하는 경미한 사항을 변경하는 경우에는 제3항, 제4항 및 제7항을 준용하지 아니한다.
⑩ 국토교통부장관은 제1항과 제9항에 따라 댐건설장기계획을 수립하거나 변경하였을 때에는 지체 없이 이를 국회에 제출하고 관계 중앙행정기관의 장과 관할 시·도지사에게 통보하여야 한다.

제7조(기본계획) ① 댐을 건설하려는 자(이하 “댐건설사업시행자”라 한다)는 다음 각 호의 사항이 포함된 댐건설기본계획(이하 “기본계획”이라 한다)을 수립하여야 한다. 다만, 제12호의 사항은 제41조 제1항에 따라 대통령령으로 정하는 기준 이상의 댐의 경우에만 포함한다.

1. 건설의 목적
2. 사업의 명칭과 사업시행지의 위치·면적
3. 규모와 형식
4. 저수량과 저수의 용도별 배분에 관한 사항

5. 댐사용권을 설정받기로 예정된 자(이하 "댐사용권설정예정자"라 한다)의 성명 또는 명칭과 댐사용권의 내용
6. 댐건설비용(제42조에 따라 댐건설사업시행자가 부담하는 댐주변지역정비사업비를 포함한다)과 그 부담에 관한 사항
7. 댐건설사업시행자
8. 사업기간
9. 수용·사용할 토지·건물과 그밖에 물건이나 권리가 있는 경우 그 세목(細目)
10. 댐건설에 따라 예상되는 환경피해 및 이의 감소방안과 댐의 수질보전에 관한 사항
11. 댐 주변지역의 사회·문화 발전과 경제발전에 이바지할 수 있는 사업으로서 댐의 효용증진을 위한 사업에 관한 사항
12. 제9조 제1항에 따라 개발촉진지구로 지정되는 것으로 보는 지역의 위치 및 면적(제41조 제4항에 따른 댐 주변지역의 범위 내로 한정한다)
13. 그밖에 댐건설에 관한 기본적인 사항

② 국토교통부장관 또는 시·도지사가 아닌 댐건설사업시행자는 제1항에 따라 기본계획을 수립하려는 경우에는 미리 국토교통부장관(시장·군수가 기본계획을 수립하는 경우에는 시·도지사를 말한다)의 승인을 받아야 한다.

③ 국토교통부장관이나 시·도지사는 제1항 또는 제2항에 따라 기본계획을 수립하거나 승인하려는 경우에는 미리 관계 행정기관의 장과 협의하여야 하며, 댐사용권설정예정자의 의견을 들어야 한다.

④ 국토교통부장관이나 시·도지사는 기본계획을 수립하거나 승인하였을 때에는 대통령령으로 정하는 바에 따라 고시하여야 한다.

⑤ 기본계획을 변경(대통령령으로 정하는 경미한 사항의 변경은 제외한다)하거나 폐지하는 경우에는 제1항부터 제4항까지의 규정을 준용한다.

제 8 장 연습문제

(1) 수력발전은 무엇을 통해 전기를 생산하는 것인가?

① 건전지　② 태양열
③ 셀(Cell)　④ 모듈(Module)

(2) 수력발전은 위치에너지가 어느 법칙을 통하여 운동에너지로 변환되는가?

① 샤를의 법칙　② 돌턴의 법칙
③ 에너지 보존의 법칙　④ 열역학 제3의 법칙

(3) 다음 중 낙차를 얻는 방식에 대한 분류가 아닌 것은 무엇인가?

① 수로식　② 유입식
③ 댐식　④ 댐 수로식

(4) 충격수차의 종류로 옳지 않은 것은?

① 프란시스 수차　② 펠톤수차
③ 튜고수차　④ 오스버그수차

(5) 수력발전의 특징으로 옳지 않은 것은?

① 높은 곳에 위치하고 있는 하천이나 저수지의 물을 수압관로를 통해 낮은 곳에 있는 수차로 보냄으로써 그 물의 힘으로 수차를 돌리는 방식이다.
② 수차를 돌림으로써 동력을 얻어 수차에 직결된 발전기를 회전시켜 전기를 발생시킨다.
③ 물이 가지는 위치에너지를 수차를 이용하여 기계에너지로 변환시킨 후, 이 기계에너지로 발전기를 가동시켜 전기에너지를 얻게 되는 것이다.
④ 수력발전은 건설하는 데 경비가 많이 소모되는 단점이 있지만 댐을 건설할 수 있는 지역이 자유롭다는 장점을 가지고 있다.

(6) 수력의 1 kW당 CO_2배출량은? (단위 g-CO_2 Kwh)

(7) 심야 또는 주말과 같이 전력 수요가 상대적으로 적은 시간대에 대용량의 기저 부하 발전소에서 발전한 잉여 전력을 이용해 하부 저수지 또는 하천의 물을 표고가 높은 위치에서 상부 저수지로 끌어올려 위치에너지로 저장하여 두었다가 전력 수요가 많은 시간대에 다시 발전하는 방식의 발전을 무엇이라 하는가?

해답

1. ④ 2. ③ 3. ② 4. ① 5. ④
6. 11.3 7. 양수 발전

9

풍력에너지

1 풍력에너지 개요

풍력은 태양광에 의한 지구표면의 복사열에 의해 공기비중의 변화에서 이동 상승하는 순간 위치에너지이다. 바람의 운동에너지가 날개의 기계에너지로 변환된 후에 터빈을 돌려 전기에너지로 바꾸어주어 가정용, 공업용 등으로 소모하거나 한국전력에 역전송하여 전기를 판매한다. 풍력에너지는 주로 풍속과 회전하는 날개의 길이에 의해 에너지의 양이 결정되어 날개가 클수록 큰 용량을 발전한다. 바람이 많이 불어오는 해안선이 긴 바다나 고도가 높은 곳에 주로 배치가 된다. 인간은 몇 천 년 전부터 이 공기의 흐름을 이용한 동력을 이용하여 농사용 관개수리 등에 이용해 오다가 19세기 초 증기기관의 발명과 화석연료를 이용한 내연기관의 등장으로 그 효용성을 상실하였다. 하지만 1970년대 초의 1차 에너지 Shock과 1980년대부터 관심을 끌기 시작한 화석연료의 과다 사용으로 인한 환경오염에서 다시 새로운 청정 대체에너지로서 많은 나라에서 경쟁적으로 연구 개발하게 되었다. 풍력에너지의 에너지원인 바람의 발생 과정은 바다나 땅을 가열하면 그 표면 바로 위의 공기도 가열된다. 가열된 공기들은 가벼워져서 상승하게 되어 지표면의 기압은 낮아지게 된다. 공기는 압력이 높은 곳에서 낮은 곳으로 이동하게 되는데 이 대기압의 변화의 따른 공기의 이동을 바람이라고 한다. 대기압은 규정된 면적에서 공기기둥 무게 때문에 발생하는 압력으로,

그림 9.1 풍력에너지

기압계를 이용하여 측정한다. 대기압의 단위는 bar로 알려져 있다. 1 bar는 대략 해수면에서의 평균대기압이다. 기압계는 보통 밀리바(mbar)로 측정하고 그것은 1/1000 bar이다. 해수면에서 평균대기압은 약 1013.2 mbar이다. 압력은 파스칼(Pa)로도 측정되는데 1 Pa은 1 N/m^{2}으로 정의된다.

풍력에너지는 수천 년 동안 곡식의 가공과 물 끌어올리기, 그리고 여러 기계적 동력을 얻는데 사용되어 왔다. 오늘날도 세계에서 수많은 풍차가 작동 중이고 그 중 많은 수가 물을 끌어올리는 용도로 사용되고 있다. 하지만 풍력에너지는 대규모로 전기를 생산하는 무공해 수단으로 현재 에너지 분야에서 주목받고 있다. 엄밀히 말해 풍차는 곡식을 가는 용도로 사용되었으며 최근의 풍차는 풍력터빈으로 불리고 있다. 그 이유는 부분적으로는 증기가스 터빈이 전기를 생산하는 것과 기능이 유사하고 부분적으로는 풍차의 기원과는 약간 다르기 때문이다. 때때로 그것들을 풍력에너지 전환시스템으로 불리기도 하며 전기를 생산하는 것은 풍력발전기라 부르기도 한다.

표 9.1 풍력발전기의 역사적 배경

연도	풍력발전 기술	특징
1970년대 이전	원시적 풍력에너지	• 초보적 풍력발전기기 등장 • 범선, 목장 등의 풍압이용 동력 및 양수 • 고대 페르시아의 풍력에너지 이용 곡식분해
1970년대	풍력발전기술 태동시기	• 독립전원형 위주의 요소기술 개발 • 1, 2차 석유파동에 의한 풍력발전기술의 부각 • 연구시험용 수십~수백 kW 제작 및 시험
1980년대	풍력발전기술 성장 시기	• 독립전원형 위주의 요소기술 개발 • 1, 2차 석유파동에 의한 풍력발전기술 부각 • 수~수십 kW급의 소형풍력발전기기 상용화 개발
1990년대	풍력발전기술 실용화시기	• Off-shore풍력단지개발로 가용풍력에너지원 증대 • 수백~수 MW급의 초대형 풍력발전기기실용화 • 계통연계형 위주의 요소기술 개발 • 첨단요소기술의 개발 및 전문화
2000년대	풍력발전기술의 환경기술 선도시기	• 2020년 전 세계 전력소비 12% 공급 목표 • 수십 MW규모의 내륙풍력단지 대형화 • 수 MW급 초대형 풍력발전기기 상용화 • 수십 MW규모의 Off-shore풍력단지운용 • 21C 지국환경대응 선도 기술로서 입지 구축

풍력발전의 기초를 만든 선구자는 19세기 말 덴마크의 에디슨이라고 불리는 P. 라쿠르 교수이다. 그는 덴마크의 연구소에서 회전차(Rotor)의 직경이 23 m나 되는 대형풍차를 사용하여 1세기 전부터 직류발전기에 의한 발전, 축전기에 의한 충전, 또한 물을 전기분해 하여서 수소를 발생시켜 그것에 의한 전력을 저장하였다. 이후 100년 동안 소형기로부터 대형기에 이르기까지 풍력발전의 기술은 대폭적으로 향상되었다. 풍력발전은 20세기 초부터 5～20 kW급 풍차를 연구자들이 설계했지만, 1940년경보다 편리한 화석에너지에 밀려 그 연구도 점차 쇠퇴하는 경향을 나타내었다. 하지만 이러한 경향을 타파하고 기존의 에너지 고갈과 지구환경문제에 대한 인식이 높아진 1980년대 초에 미국 캘리포니아주의 윈드팜이 출현하였다. 일본의 경우도 1980년도부터 1988년도까지 풍력발전 설비의 용량을 성장시켰고 1980년 후반부터 1990년대 초반에 걸쳐 일시적으로 둔화되기는 하지만, 1990년대 중반부터 다시 큰 성장률을 나타내고 있다.

독일, 덴마크 등의 환경선진국과 인도, 스페인 등에서 풍력발전기 설치 수량이 증가하여 풍력발전기의 표준용량이 1980년대 100 kW급에서 600 kW급으로 옮겨갔으며 국내도 동해지역, 제주도 등 도서지역에 풍력발전이 증대될 전망이다. 세계 최초의 자동운전 풍력터빈은 1888년 찰스 브러쉬에 의해 미국 클리버랜드에 설치된 용량 12 kW, 무게 4톤, 높이 18 m의 설비였다. 페르시아에서는 풍력장치가 B.C. 200년경부터 사용되었다. 알렉산드리아의 헤론이 개발한 풍차(Windwheel)가 역사상 알려진 최초의 풍력을 이용한 기계로 알려지고 있다. 하지만, 최초의 실용형 풍차는 7세기경 이란과 아프카니스탄 사이의 시스탄에 설치된 수직축 형 풍차로서 여러 개의 직사각형 모양의 날개가 긴 수직 회전축에 조립된 것이었다. 이 풍차는 천이나 갈대매트로 둘러싼 6개에서 12개까지의 날개를 가진 설비로서 주로 옥수수를 분쇄하거나 물을 퍼 올리는데 이용되었고 제분 및 설탕 제조 산업에 이용되기도 하였다. 14세기 경 네덜란드의 풍차는 라인강 델타지역의 물을 배수하는데 주로 사용되었다. 1900년경 덴마크에는 약 2500대의 풍차가 있었는데, 이 풍차는 제분기나 펌프에 기계적 동력을 제공하면서 최대 약 30 MW에 해당하는 전력을 함께 생산하였다. 현재까지 알려진 최초의 전력생산용 풍차는 1887년 제임스 브리드에 의해서 스코틀랜드에 건설된 배터리 충전용 설비였다. 미국 최초의 전력생산용 풍차는 1888년 찰스 브러쉬에 의하여 오하이오주의 클리브랜드에 건설된 이래, 1908년에는 5～25 kW급의 풍력발전기 72기가 운전되었다. 이 중 최대의 설비는 23 m 직경의 4개의 날개를 가진 회전자와 24 m 높이의 타워를 가진 설비였다. 세계1차 대전 경에 미국의 풍차 제조업체는 매년 100,000대의 농장용 풍차를 생산하였는데, 이 설비는 대부분 물을 퍼 올리는데 이용되었다. 1930년대에는 미국 대부분의 지역에 전력공급을 위한 배전시설이 설치되지 않았기 때문에 농장에 전력생산용 풍차가 설치되는 것이 일반적인 현상이었다. 또한, 이 시기에는 고강도 철제품의 가격이 저렴하였기 때문에 대부분의 풍차들은 철제격자형 타워 상부에 설치되었다. 근대형 수평축형 풍력발전기의 선두주자는 1931년 구소련의 얄타에 건설된 100 kW 용량의 발전기로서, 타워 높이는 30 m이었으며 6.3 kV 지방 배전계통에 연계 운전되었다. 그 당시 연간 설비 이용률은 32% 수준으로서 현재의 풍력발전기와 큰 차이가 없는 것으로 알려지고 있다. 1941년 가을, 최초의 MW급 풍력터빈이 버몬트에서 전력계통에 병입 되었는데, 이 풍력발전기는 전쟁에 따른 자재 부족으로 정비를 할 수 없어 1,100시간 밖에 가동되지 못했다. 영국의 최초의 계통연계형 풍력발전기는 1954년 오크니 섬에 존 브라운사에 의해서 건설된 100 kW의 정격출력의 설비로서 18 m 직경의 3개의 날개를 가지고 있었다.

2 풍력발전기의 원리 및 특징

풍력발전시스템은 바람의 힘을 회전력으로 전환시켜서 발생되는 유도전기를 전력계통이나 수요자에게 공급하는 기술이다. 풍력발전기는 바람의 세기가 초속 4 m 이상이 되는 곳에 설치가 되고 전기를 만드는데 가장 적합한 바람의 세기는 초속 15~25 m이다. 바람은 위도 및 지리적인 특성에 의해 태양의 복사에너지가 대기를 불균일하게 가열하여 대기의 압력 구배차가 발생되게 한다. 풍력발전기는 풍력에너지를 기계적인 에너지로 변환하는 장치로서 바람방향에 대한 풍차 회전축의 방향에 따라 수직축 풍차, 수평축 풍차로 구분할 수 있다.

풍력발전기는 바람이 지니고 있는 에너지를 유용하게 사용할 수 있는 전기에너지로 바꿔주는 장치이다. 불어오는 바람은 풍력발전기의 날개를 회전시켜 기계적 에너지를 발생시킨다. 이때 생긴 날개의 회전력으로 전기에너지를 생산하여 사용하게 되는 것이다.

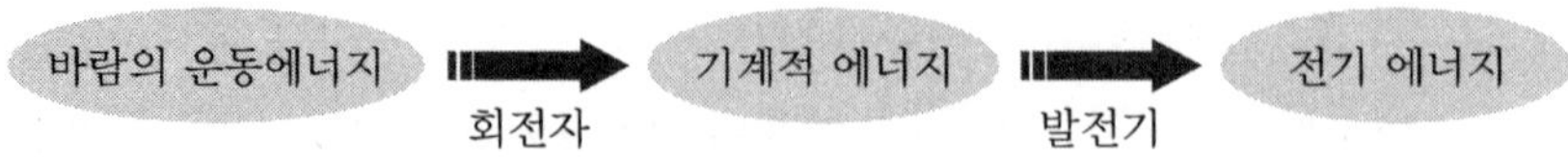

그림 9.2 풍력발전기의 원리

풍력발전기의 작동원리에 따른 유체의 운동에너지는 다음 식 (1)과 같이 나타낼 수 있다. 바람은 공기의 흐름이기 때문에 공기가 V의 속도로 면적 A를 통과할 때의 바람의 힘을 P_{wind}라고 나타낼 때 풍력발전기의 출력은 공기의 밀도와 바람을 받아서 회전하는 날개의 단면적에 비례하고 풍속의 세제곱에 비례하기 때문에 바람이 셀수록, 날개가 클수록 큰 출력을 얻는다.

$$P_{wind} = \frac{1}{2}\rho A v^3 \qquad \text{식 (1)}$$

여기서, P_{wind} : 바람의 동력[W]
A : 풍력발전기의 날개 회전단면적[m^2]
ρ : 공기의 밀도 1.225 [kg/m^3]
V : 바람의 속도[m/s]

풍차의 효율은 풍속으로부터 얻어지는 동력과 풍차를 통과할 때 풍속이 갖는 힘의 비율로 나타낼 수 있다. 이용기술은 회전운동, 진동운동, 병진운동과 같은 기계적인 에너지이다. 에너지 변환장치는 운동량 변환장치, 동력전달장치, 동력변환장치, 제어장치, 에너지 저장장치, 지지대 등이다. 이용현황 및 전망은 발전량이 무한한 대체에너지원으로서 대기의 환경오염이 없다. 하지만, 에너지밀도가 낮고 출력이 기상조건에 의해 시간적으로 변하며 원가가 높은 단점이 있다. 풍력단지 조성으로 원가 절감에 따라서 활용가치가 극대화될 예정이다. 풍력발전시스템은 바람이 가진 에너지를 흡수/변환을 통해 운동량 변환장치, 동력전달장치, 동력변환장치, 제어장치 등으로 구성한다.

풍력발전의 장점으로는 바람의 운동에너지를 이용한 발전방식으로 화석연료 대체효과가 매우 크고 연료와 폐기물이 없는 청정에너지로 환경문제에 도움이 된다. 제주지역과 같은 일부 특정지역 경우의 대규모 풍력발전단지 조성으로 관광자원으로 활용이 가능하며 전력의 생산단가가 저렴하다. 단점으로는 소음과

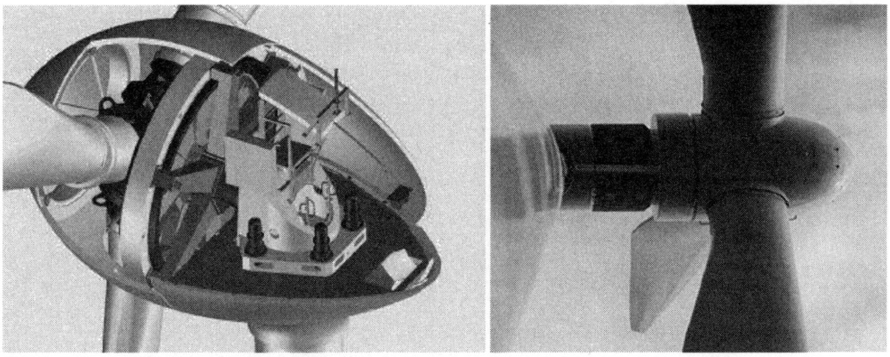

그림 9.3 풍력발전 내장장치

자연경관을 손상하는 등의 문제를 일으킬 수 있고 동물들의 생태계를 훼손시킨다. 초기 설치비용이 많이 들고 고장이 났을 때 수리하기가 어렵다. 뿐만 아니라 바람이 강하게 지속적으로 불어야 발전이 가능하기 때문에 발전량이 일정치가 않다.

3 풍력발전 시장 동향

1) 세계 풍력시장 동향

풍력발전의 에너지원이 되는 풍력자원의 크기, 즉 방향이나 풍속의 변화를 등급별로 나눈 지도가 그림 9.4에 나타낸 세계 풍력자원지도로 지역의 풍력에너지 특성을 아는데 기초자료가 된다.

2015년 세계 신규 설치 풍력발전용량은 63.5 GW로서 2014년 신규 설비용량인 51.2 GW 대비 24%의 성장률을 기록하였다. 2015년 현재 세계 10대 풍력시장으로서 중국이 48.5%로 세계 1위 시장국의 지위를 점유하고 있으며 그 뒤를 이어 미국, 독일 및 브라질 순이다.

아시아는 2015년까지 7년 연속 세계 최대 규모의 풍력발전시장으로서 33.9 GW가 신규 설치되었다. 하지만, 중국의 신규 설치용량이 30.8 GW로서 아시아

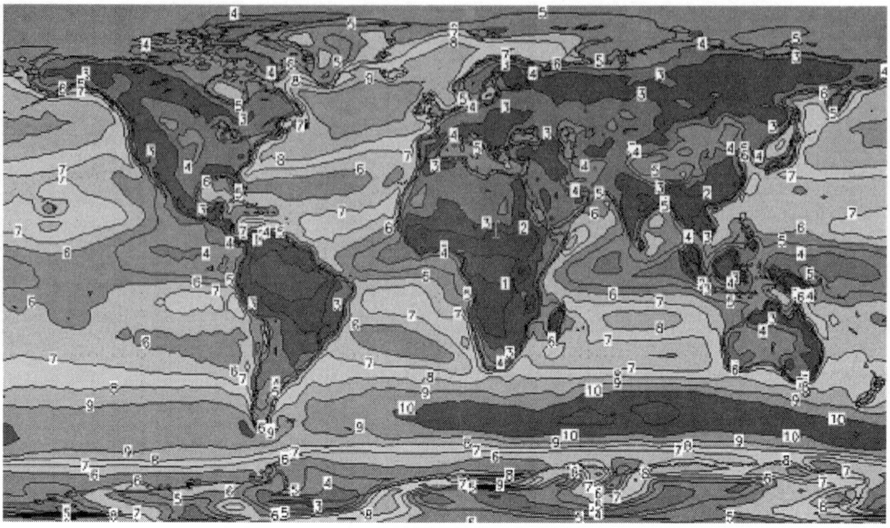

그림 9.4 전 세계 풍력자원지도

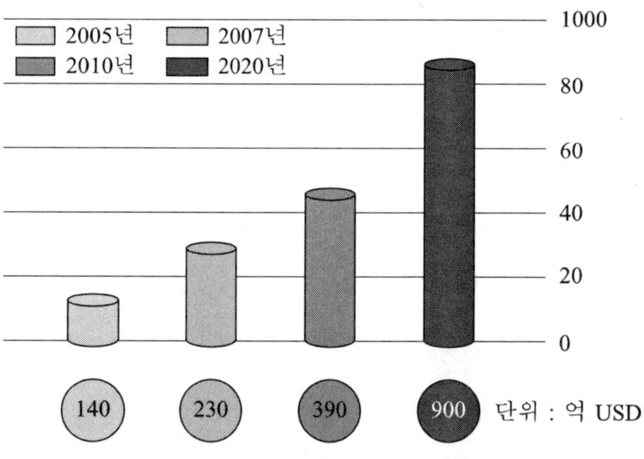

그림 9.5 연도별 풍력발전 시장 추세 및 전망

전체 시장의 약 91%를 점하고 있다. 2015년 중국의 신규 용량은 2013년 신규 설치용량인 16 GW의 거의 두 배에 이르는 사상 최대 규모이다. 2015년 중국의 풍력발전을 통한 전기 생산량은 186.3 TWh로서 총 발전량의 3.3%를 차지하고 있으며 꾸준한 성장세를 보이고 있다. 참고로 2012년 중국의 풍력발전량은 100 TWh로 총 발전량의 2% 규모였으나 2013년에는 135 TWh로 2.6%, 2014년에

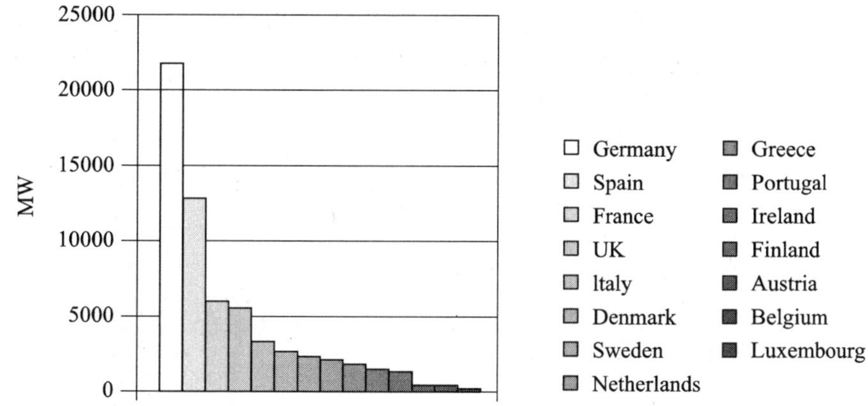

그림 9.6 국가별 풍력발전 프로젝트 성장률

는 153 TWh로 전체 발전량의 2.78%의 비중을 차지하였다. 현재 중국이 직면하고 있는 가장 큰 문제는 전력계통망이다. 2015년 송배전망을 통해 풍력발전량 중 340억 kWh가 공급되었지만, 15%는 버려지게 되었다. 중국정부는 송배전망 확충을 통해 이처럼 버려지는 전력량을 높이고자 노력하고 있으나 단기간 내 해결이 어려운 상황이다. 일본은 2015년 우리나라와 비슷한 245 MW의 신규 풍력발전기가 설치되었고 누적 설비량 기준으로는 3.04 GW를 달성하였다. 이는 국내 총 전력생산량의 0.5% 비중이다. 일본정부는 다양한 에너지원의 보급을 통해 에너지 공급망 다변화를 추진하고 있지만, 이를 성취하기까지는 장기간이 소요될 것으로 보이며 특히 부유식 해상풍력발전이 유망하다.

2) 국내 풍력시장 동향

2015년 국내 풍력 신규 설치용량은 224.25 MW로서 전년 대비 5배 이상 성장하여 사상 최대 실적을 달성했다. 연도별 설치용량은 꾸준히 성장세를 이어왔다. 이에 따라 2015년 기준 총누적 설비용량은 834 MW를 달성하였다. 특히, 2012년에 도입된 신재생에너지 공급 의무화제도(RPS : Renewable Energy Portfolio Standard)를 통해 시장 성장률이 증가하였고 2014년 규제완화를 통해 2015년 또 다시 한 번 풍력시장이 성장의 발판을 마련한 계기가 되었다. 2014년 10월 환경부가 생태자연도 1등급지에 대한 풍력발전단지 개발 규제와 개발 시 변형되는 지면의 평탄성(지형 변화지수)에 대한 규제를 완화함에 따라 2015년 사상 최대의 실적을 달성하였다. 2015년도 전력시장 통계(전력거래소)에 따르면 2014년 1,135 GWh이던 풍력발전 전력 거래량이 2015년 1,332 GWh로 약 17.4%로 증가하였고, 전체 전력거래량의 7.5%를 풍력발전이 점유하였다.

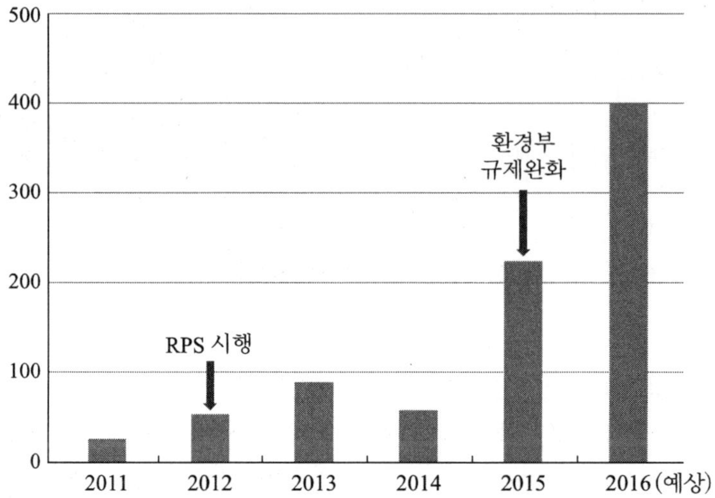

그림 9.7 국내 풍력발전 신규 설비용량(단위 : MW)

4 설치 장소에 따른 설비

4.1 육상 풍력발전기 설치도

풍력발전을 통해 전기를 사용하는 과정을 살펴보면 바람이 불면 풍력발전기의 날개들이 회전하여 발생한 회전력은 증속장치를 거쳐 회전속도를 높인 다음 발전기로 전달하여 운동에너지를 기계적 에너지로 변환시킨다. 그 기계적 에너지를 이용해 발전기에서 전력을 생산하고 변압기를 통해 직류에서 교류로 전환되어 우리가 사용할 수 있는 전기가 만들어진 후, 철탑을 거쳐 축전지나 수용가에 공급된다.

1) 설치조건

풍력발전기를 설치하기 위한 기준으로는 지정학적 요소, 건설학적 요소, 전력 연계망 요소들이 있으며 입지 조건으로는 다음과 같은 항목이 있다.

① 설치지역의 풍속, 풍향 조건
② 설치지역의 돌풍 또는 난류의 생성 유발 요인 소지 여부
③ 설치지역 주위의 장애물 또는 가로막이 산등의 존재 여부
④ 설치지역 토양이 큰 하중을 견딜 수 있는지 여부
⑤ 토양의 배수가 원활할 수 있는 성분인지의 여부
⑥ 시스템 운반 및 건설에 대한 여러 조건의 용이성
⑦ 경관 영향 및 발생 소음 영향

2) 설치과정

풍력발전기를 설치할 때는 타워를 지지해주는 Base fram을 가장 먼저 설치한다. 타워는 3개의 타워로 이루어져 있는데, 1단 타워(Bottom tower)는 높이는 17 m, 무게는 40톤으로 Base fram 위에 세우고 볼트 약 120개를 이용해서 조립한다. 그 위에 높이 29 m, 무게 60 t의 2단 타워(Middle tower)를 설치하고 임팩트라는 기기를 사용하여 볼트 100개를 조여 1단과 2단 타워를 연결한다. 3단 타워(Top tower) 설치 후 바로 너셀을 덮지 않으면 타워 내부가 진공상태가 되어 공명 상태가 되면서 타워의 붕괴위험이 있기 때문에 정확하고 신속하게 설치해야하기 때문에 3단 타워와 너셀 설치작업을 동시에 하기도 한다. 강풍이나 돌풍 등에 대비하여 풍차의 회전속도를 제어하는 장치가 설치되어 있는 허브를 설치한 후 허브회전축에 풍력발전기의 날개인 블레이드를 설치하면 풍력발전기가 완성이 된다.

4.2 해상 풍력발전기 설치도

현재 대체 에너지 가운데서 태양에너지와 함께 가장 큰 인기를 끌고 있는 것은 풍력 발전이다. 하지만, 전 세계적으로 대단위 풍력 발전 단지가 건설되는 가운데 그 한계도 같이 지적되고 있다. 육상 풍력발전기는 동물의 이동을 방해함으로써 생태계에 손상을 입히고 자연경관을 파괴하며 산악지대에 도로 건설, 주

거지역과 근접 시 소음·경관 등의 환경문제, 대형 기기의 운송 곤란 등 기술적 문제로 인해 설치의 제한도 있다. 게다가 생산되는 전력량이 다른 발전시설에 비해 적다. 더 많은 에너지를 풍력으로부터 얻어내기 위해 풍력 발전소를 바다에 건설하는 것이 급부상하고 있다. 해상 풍력발전기는 국토가 비좁은 국가에서도 해상의 부지확보가 양호하여 대규모의 풍력발전단지를 조성할 수 있다. 해상은 장애물의 감소로 바람의 난류와 높이나 방향에 따른 풍속변화가 적기 때문에 유사 조건의 육상풍력발전에 비해서 상대적으로 낮은 피로하중으로 약 1.5～2배의 높은 발전량을 유지할 수 있다. 또한, 해상풍력발전의 경우 해안과 15 km 내외로 떨어져 설치되기 때문에 풍력터빈의 대형화로 인해서 발생되는 소음과 시각적인 위압감 같은 문제를 해소할 수 있다. 반면에, 단점으로는 해안에서 멀리 떨어져 있어 사람에게는 소음피해가 없지만 엄청난 소음과 진동은 바다의 동식물에게는 치명적일 수 있으며 각종 해상에서의 사고를 유발할 수 있다. 대형 배가 실수로 발전기와의 충돌이 일어난다면 큰 사고로 확대될 수 있다. 또한, 바다의 거친 파도와 염분이 함유된 바닷물, 그리고 지나치게 강한 바람으로 인한 문제도 발생할 수 있다. 파도에 견딜 수 있는 강하고 유연한 지지구조가 필요하고 또한 바람의 세기에 따른 보다 효율적인 발전 시스템이 필요하다. 수리의 용이성을 확보하기 위해서 헬리콥터와 기동성 있는 선박 등 효율적인 운송수단은 필수이다. 수심에 따른 풍력발전기 형태를 살펴보면, 수심이 0～20 m인 얕은 곳에서는 해저 면을 콘크리트로 다진 후에 기둥을 꽂는 '중력 케이스' 방식을 사용한다. 콘크리트로 단단히 고정한 아랫부분이 해저에서 발생하는 수중 저항을 견뎌낸다. 큰 기둥을 단순히 바닥에 꽂기 때문에 기술적으로 큰 어려움이 없어 초기 해상풍력 단지를 만들 때 많이 사용했다. 하지만 무게가 수십 t, 지름이 5 m 이상 되는 기둥을 수심이 깊은 곳에서 적용하기는 어렵다.

수심 20～50 m 이내에 설치할 때는 '모노파일' 방식이 좋다. 해저 면에 콘크리트 지지대를 만들고 단단한 쇠기둥을 박아 그 위에 발전기를 설치하는 형식으로 현재 해상풍력 단지에 가장 많이 사용된다. 하지만, 풍력발전기가 쇠기둥에 의지해야하기 때문에 발전기의 크기가 커지면 쇠기둥이 무게를 이겨내지 못하고 균열이 생기거나 파괴될 수 있다. 쇠기둥이 바닷물에 오래 노출되면서 부식의 위험도 생긴다. 쇠기둥을 해저에 단단하게 박으려면 커다란 망치로 약 1만 번 이상 강하게 때려야 하는데 이때 발생하는 소음으로 바다생물체가 폐사할 수도 있다. 수심 80 m 정도의 먼 바다로 나갈 때는 '자켓', '트라이포드' 방식이

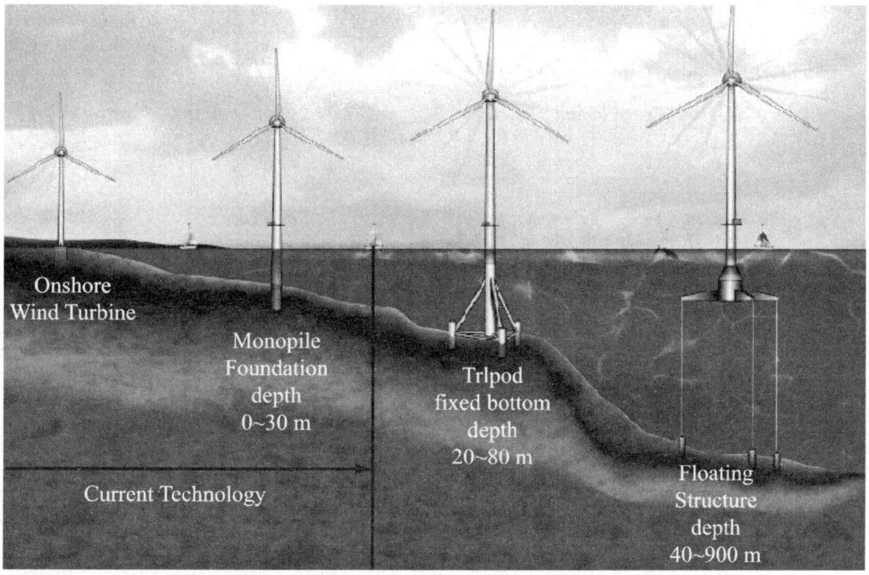

그림 9.8 해상 풍력발전기

적당하다. 단단한 강재구조물을 해저에 설치해 고정한 뒤에 그 위에 풍력발전기를 설치한다. 수심이 깊은 곳에서도 가능하다는 장점이 있지만, 강재구조물을 설치할 때 용접이 많이 필요해 설치 가격이 비싸다. 풍력발전기의 진동을 강재구조물이 견디지 못하고 부러지거나 변형될 수 있다. 배처럼 띄운 구조물에 발전기를 세우는 방식의 '부유식' 풍력발전기가 최근 연구개발 중이다. 부유식은 부유체 위에 타워를 고정시키고 일정한 범위를 벗어나지 못하도록 붙잡아 놓는 계류 장치로 부유체 움직임을 제어한다. 먼 바다에 대량으로 설치하고 다양한 부유체·계류장치 조합이 가능해 응용성이 높다는 점이 강점이 있다. 사람과 인접해 있지 않기 때문에 풍력발전기 크기나 소음 등의 제약도 적으며 고정식보다 해저 상태 영향을 적게 받고 설치·해체가 간편하다는 특징도 있다. 해상풍력발전기에서 만들어진 전기는 해저에 파묻은 케이블을 통해 육지로 이동한다. 지나가던 배가 닻을 내리거나 해류 또는 어류의 움직임에 케이블이 손상될 우려가 있어 해저 면으로부터 1.5 m 깊이의 땅굴을 판 뒤에 케이블을 묻는다. 케이블 위에는 콘크리트로 만든 뚜껑을 덮어 이중으로 보호한다. 콘크리트 커버가 움직이는 것을 막기 위해 주변에 커다란 돌을 놓아 고정시키기도 한다. 물에 젖으면 단단하게 굳는 '수중 불분리성 콘크리트'를 잔뜩 쌓아 케이블 주변을 마치 '요

새'처럼 보호하는 방법도 사용이 된다. 풍력발전기가 해안에서 약 2～5 km 떨어져 있는 경우에는 생산한 전기를 바로 가정에서 쓸 수 있게 교류형식으로 전달하지만, 거리가 멀 경우에는 손실을 줄이기 위해 직류로 바꾸어 전송한다.

4.3 공중부양 풍력발전기 설치도

아직 연구단계에 있는 발전기로 풍력 발전소를 거대한 연이나 풍선을 이용하여 공중에서 풍력 발전을 하는 것이다. 개발 중에 있는 부력 공중 터빈(BAT)을 예로 들면 부양용 가스인 헬륨 1.000 m^3을 주입하여 본체에 해당하는 터빈을 공중에 띄운다. 공기가 채워진 보조날개 4개는 터빈이 바람을 정면으로 향할 수 있도록 도와준다. 중심에선 바람의 힘으로 돌아가는 프로펠러가 전기를 생산한다. 이중으로 땋은 폴리머 로프를 통해 지상과 연결이 되어 있는데 이 로프는 전선 역할도 하고 내부에 구리 전도체가 들어 있어 터빈이 상공에서 생산한 전력을 지상의 배터리로 전달한다. 지상 기지국에서 도르래를 이용해 로프를 당기거나 늘려서 공중부양 터빈의 고도 및 방향을 제어하여 최적의 풍속을 정면으로 받도록 돕고 시속 120 km를 넘을 경우 로프를 감아 터빈을 지상을 회수하는 원리이다. 공중 풍력 발전은 지상 풍력 발전에 비해서 여러 강점이 있는데 일단 바람의 세기는 높이 올라갈수록 더 일정하게 유지되고 풍속도 더 강해진다. 따라서 지표에 가까운 위치보다 높은 위치에서 풍력 발전을 하는 것이 더 효율적인 발전이 가능한 것이다. 예를 들어, 땅에서 610 m 올라간 높이에서는 풍속이 지상의 2～3배로 나타난다. 전력은 풍속의 세제곱에 비례하므로 이 높이에서 풍력 터빈을 돌리면 지상보다 최고 27배나 많은 전기를 생산할 수 있다. 하지만 공중에 띄운 상태에서는 대형 터빈을 설치하기 힘들고 컨트롤도 힘들다는 문제점이 있다. 여기에 다수의 공중 풍력 발전기는 안전성의 문제가 제기될 수 있다.

5 발전 시스템의 분류 및 구성

5.1 시스템의 분류

풍력발전시스템은 회전축 방향, 증속기의 유무, 바람의 방향, 출력 제어 방식 등의 항목에 따라 다음과 같이 분류할 수 있다.

표 9.3 발전 시스템의 분류

항 목	분 류
회전축 방향에 의한 분류	• 수평축(Horizontal axis type) • 수직축(Vertical axis type)
증속기 유무에 의한 분류	• 증속기형(Geared type) • 직결형(Gearless type)
공기역학적 방식에 의한 분류	• 양력식(Lift type) • 항력식(Drag type)
바람의 방향에 의한 분류	• Up wind • Down wind
운전속도에 의한 분류	• 정속형(Fixed rotor speed type) • 가변속형(Variable rotor speed type)
출력제어방식에 의한 분류	• 날개각 제어형(Patch controlled type) • 실속제어형(Stall controlled type)
계통연계에 의한 분류	• 계통연계형(Grid connected type) • 독립전원형(Off-grid type)
설치장소에 의한 분류	• 육상(Onshore type) • 해상(Offshore type)

1) 회전축 방향에 의한 분류

풍력발전기는 회전축의 방향에 따라 수평축 풍력과 수직축 풍력 2가지로 구분된다. 회전축이 바람이 불어오는 방향인 지면과 수평인 수평축 발전기와 회전축 바람이 불어오는 방향인 지면과 수직인 수직축 발전기이다. 수평축 풍력은 와류가 생기는 바람을 맞으면 에너지 생산 효율성이 떨어지기 때문에 바람의 영향을 많이 받지만, 와류가 없는 바람에서 발전 효율이 높고 설치가 편리하며 가장 많이 사용된다. 수직축 풍력은 와류가 일어나는 바람에도 효율성을 가지고 있지만 발전효율이 낮고 대형화에 불리하다.

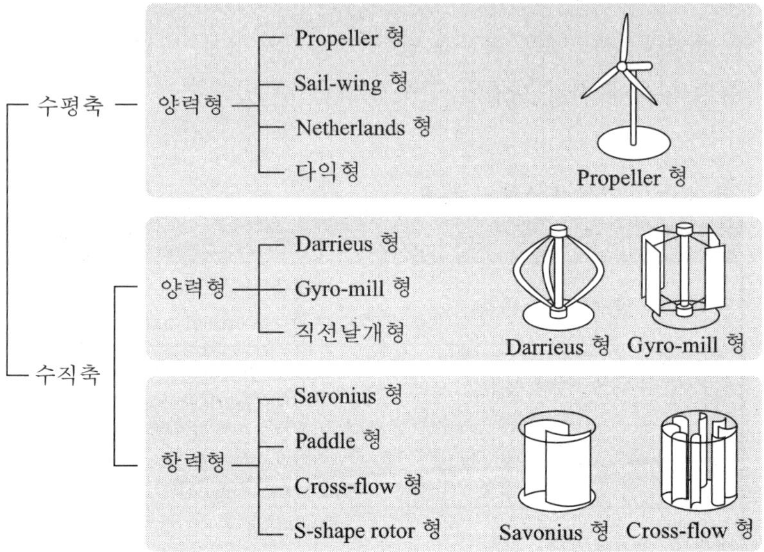

그림 9.9 회전축에 의한 분류

그림 9.10 구조상 발전기 분류

2) 증속기 유무에 의한 너셀 분류

① 증속기형(Geared type) : 풍속변화에 관계없이 동일한 출력주파수(속도) 방식이다.

② 직결형(Gearless type) : 발전기와 로터를 직접 연결하여 풍속에 따라 속도 변화 방식이다.

표 9.4 증속기 유무에 따른 분류

구분	Geared type	Gearless type
형식	정전압/정주파수	가변전압/가변주파수
Cut-in 풍속	3～4 m/s	2～3 m/s
발진	유도발전기	동기발전기
발전기극수	4～6극	수십 극
중요시설	기어박스, 역률보상장치	인버터
전력변환	정격출력의 30% 이내	정격출력
제어	Stall 제어, Pitch 제어	Pitch 제어
적용	중형 이하	중대형급
특징	고신뢰, 저렴 낮은 가변속 범위 유지보수 복잡, 제어복잡	고효율, 고가 넓은 가변속 범위, 낮은 Cut-in 풍속 나셀(Nacelle)무게 증가, 고조파

3) 출력제어 방식에 의한 분류

풍력발전 출력제어방식은 Pitch control과 Stall control로 구분된다. Pitch control은 날개의 경사각(Pitch) 조절로 출력을 능동적 제어(경사도 조절장치는 유압으로 작동하며 장기간 운전 시 유압장치실린더와 회전자간의 기계적 링크 부분의 손상이 우려되고 빠른 풍속변화 시 시스템 손상우려)되는 출력제어 방식이다. Stall(失速) control은 한계풍속 이상이 되었을 때 양력이 회전날개에 작용하지 못하도록 날개의 공기역학적 형상에 의한 제어를 하여 고효율 발전량생산 및 기계적 링크가 없어 유지보수가 수월한 출력제어 방식이다. 풍력발전기(WTG : Wind Turbine Generator)시스템은 주요 부품들로 구성된 기계시스템, 전기 시스템, 그리고 풍력발전기를 제어하는 제어시스템으로 나눌 수 있다. 또 한편으로는 날개를 포함한 허브 시스템, 각종 기계, 전기, 제어장치를 탑재시킨 나셀, 그리고 이들 상부 중량물을 지상으로부터 받쳐주는 타워시스템으로도 구분할 수도 있다.

5.2 시스템의 구성

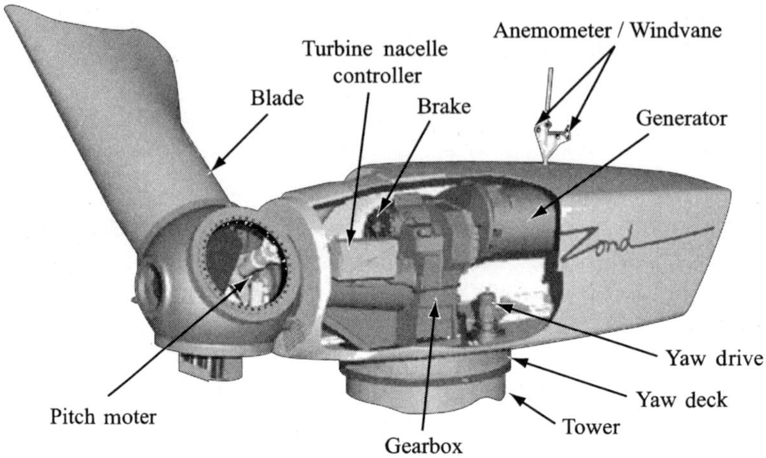

그림 9.11 풍력발전시스템

1) 기계 및 전기장치부

기계장치부에는 발전기가 받는 공기의 흐름을 조정하기 위한 일종의 덮개로 타워의 상부에 동력전달 장치와 그 밖의 장치를 내장하는 너셀(Nacelle)이 있으며 바람에너지를 회전력으로 변환시켜주는 장치로 풍력발전시스템의 용량과 제어방식을 결정하는 중요한 장치인 블레이드(Blade)가 있다. 이 회전날개인 블레이드를 로터축에 설치하는 고정부품을 허브(Hub)라고 하며 풍력발전기 허브높이는 지표면으로부터 풍력기기 로터의 중심까지의 높이를 말한다. 여기서 로터(Rotor)는 블레이드와 연결되어 회전력을 회전축으로 전달시키는 장치를 말하고 회전자 또는 주축라고도 한다. 회전축(Rotor shaft)은 블레이드 및 로터에서 전달된 회전력을 증속기로 전달하는 장치이다. 증속기(Gearbox)는 전달받은 회전력을 발전기에서 요구되는 회전수로 변속하여 발전기로 전달하는 장치인데, 증속기의 유무에 따라 기어드형과 기어리스형으로 나뉜다. 발전기(Generator)는 증속기로부터 전달된 운동에너지를 전기에너지로 전환시켜주는 장치이고 전기품질을 결정하는 중요 요소이다. 그리고 로터를 감속시키거나 회전을 정지시키는 브레이크(Brake)와 풍력발전기를 지탱해주는 타워(Tower)가 있다.

2) 제어장치부

Yawing system은 바람의 방향이 바뀌게 되면 감지하여 날개를 바람방향에 맞추기 위하여 너셀을 회전시켜 주는 장치이다.

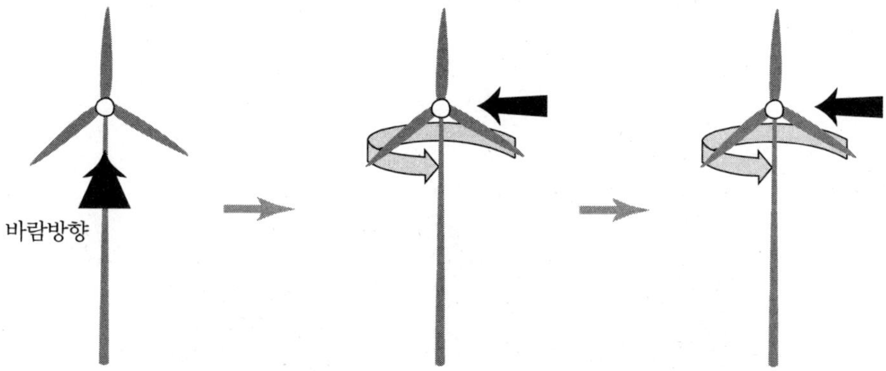

그림 9.12 요잉 시스템(Yawing system)

Pitching control은 풍속에 따라 날개의 경사각을 조절하여 발전량을 능동적으로 제어한다.

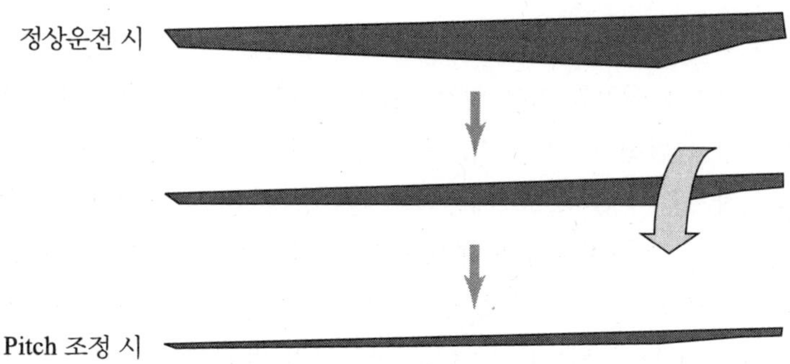

그림 9.13 피치제어(Pitching control)

이외에도 풍력발전기가 무인 운전이 가능토록 설정, 운전하는 Control system, 한계풍속 이상이 되었을 때, 양력이 회전날개에 작용하지 못하도록 날개의 공기역학적 형상에 의한 제어하는 Stall control, 원격지 제어 및 지상에서 시스템 상태를 실시간으로 감시하고 모니터링 하는 Monitoring system 등으로 구성되어 있다.

6 발전기의 종류 및 구조

발전장치는 발전기와 그것을 구동하는 원동기로 이루어지는 장치를 말하는 것으로 바람으로 인하여 돌아가는 블레이드의 기계적 에너지를 전기 에너지를 변환시켜주는 역할을 한다.

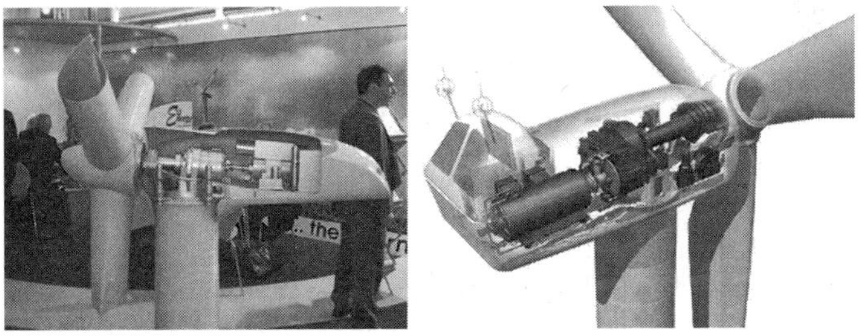

그림 9.14 풍력발전기 내장기 및 내부

6.1 동기 발전기

로터의 회전속도와 자기장의 회전속도가 같은 형태의 발전기로서 평균풍속이 일정한 장소에 설치할 경우 일정전압 및 주파수 유지가 용이하며 상용전원 정전시에도 단독 발전이 가능하다. 주파수, 전압, 위상을 상용전원에 맞추어 자동동기 투입장치를 투입하므로 계통선의 전압강하 등에 미치는 부정적인 영향을 최소화 하였다. 여자전류에 의해서 발전기 역률 조정이 가능하므로 역률 개선용 콘덴서 장치의 설치가 불필요하다. 그러나 회전기 본체 및 제어 장치가 복잡하여 발전기 자체의 가격이 고가이고 상용전원 변동에 의한 발전기의 과전류 소손방지용 자동 역률조종 장치가 필요하다. 풍차의 피치제어를 조금만 하여도 일정한 풍차의 회전속도를 유지할 수 있는 곳으로 평균풍속이 연중 거의 일정한 곳에 한정적으로 설치가 가능하다.

1) 일반 권선형 동기발전기

전력변환장치에 의한 가변속 정전압 정주파수 변환이 가능하고 다극기에 의해 기어 없는 발전기로 이용된다.

2) 영구자석 동기발전기

높은 출력밀도를 가진 영구자석을 사용함으로써 넓은 운전 범위와 고효율을 가지게 되고 이를 통해 발전기의 경량화가 가능하며 기어가 없기 때문에 하부구조 경량화가 가능하다.

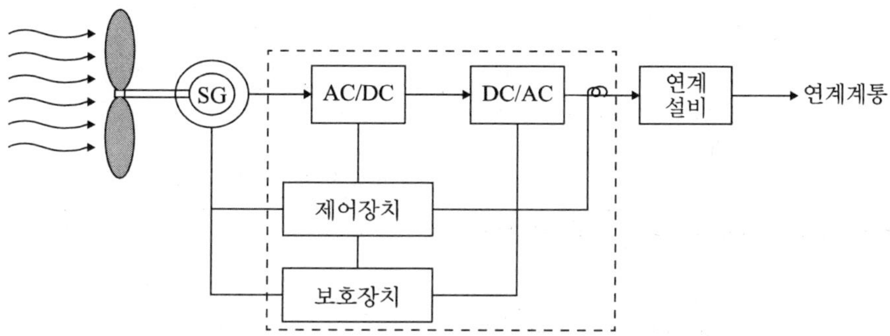

그림 9.15 일반 권선형 또는 영구자석 동기발전기

6.2 유도 발전기

발전기의 회전자가 동기 속도인 1,500 rpm을 넘어섰을 때 로터의 속도가 자기장의 회전속도보다 빨라지게 되는데, 이때 회전자에 강한 전류가 유도되는 성질을 이용한 발전기로써 신뢰성이 뛰어나고 구조가 간단하기 때문에 동기식 발전기보다 가격이 저렴하며 정속 회전 방식에 사용되는 발전기이다. 하지만, 기어를 사용해 동기 속도인 1,500 rpm을 유지해야만 하는 단점이 있으며 종류로는 농형 유도 발전기, 권선형 유도 발전기, 영구 자석형 유도 발전기 등이 있다.

1) 농형 유도발전기

동기발전기에 비해 기계적인 특성이 우수하고 싸이리스터를 이용할 경우 제어가 간단하고 시스템의 하드웨어를 최소화 할 수 있어 경제적으로 유리하다. 따라서 최근에 풍력발전시스템으로 확대 적용 추세이다. 계통선과 연계운전을 할 경우 여자전류를 계통에서 공급받아야하기 때문에 역률이 저하되며 단독전원으로 사용할 경우 고정자에 병렬로 여자용 콘덴서를 부착하여 운전해야 하는데, 이때 부하에 따라 전압과 주파수가 변동하므로 안정된 전원으로서의 사용이 곤란하다.

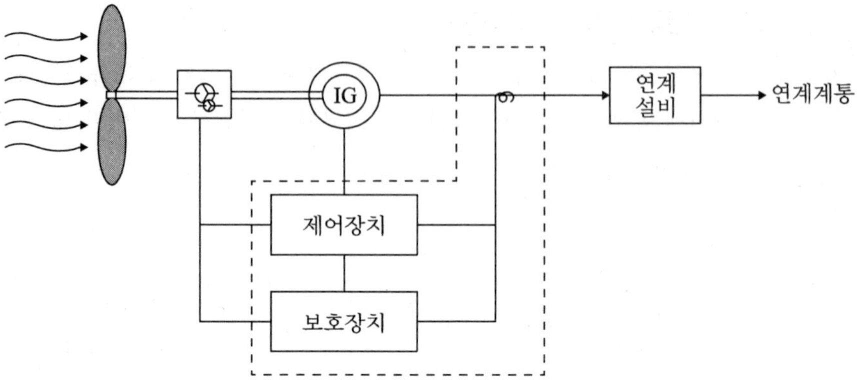

농형 유도발전기 (AC/AC링크 방식)

그림 9.16 농형 유도발전기

2) 권선형 유도발전기

제주지형에서와 같이 가변 풍속이 특징인 곳에 설치 가능하며 동기발전기에 비해 기계적인 특성이 우수하다. 권선형 유도기의 회전자에 인버터를 연결하여 풍속변화에 추종함으로써 발전전압의 주파수 및 유·무효전력 제어를 실현했다. 회전자측의 전류를 제어함으로써 고정자측의 유·무효전력을 자유자재로 제어할 수 있어 계통선의 역률제어가 가능하다. 하지만, 브러시 마모에 의한 정기적인 유지보수가 필요하다.

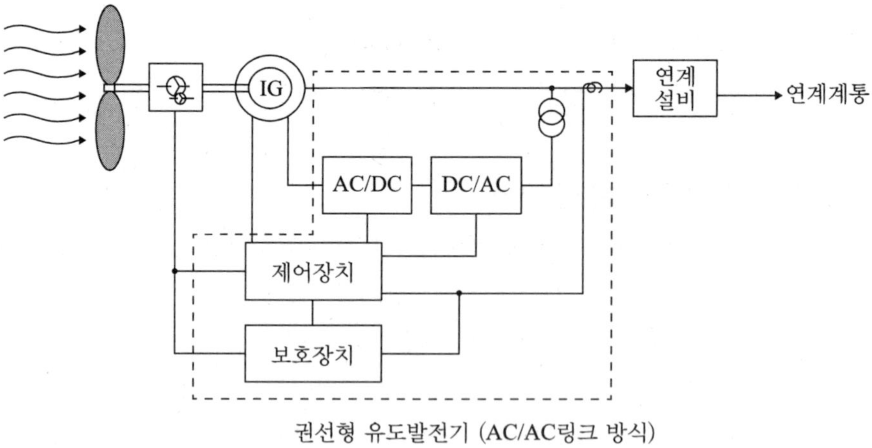

권선형 유도발전기 (AC/AC링크 방식)

그림 9.17 권선형 유도발전기

7 기술개발 동향 및 전망

7.1 국내현황

2014년 3월 우리나라는 풍력발전 설비용량 591,300 kW를 갖추고 있고 2000년 이래 연평균 50% 정도의 설비용량의 성장을 이룰 수 있었다. 발전량 또한, 2013년 기준 1,139,025 MWh로 매년 평균 27%의 성장률을 기록하고 있다. 국내 가장 많은 용량의 풍력발전을 차지하는 지역은 강원도로 196,440 kWh의 용량을 보유하고 있다. 그 뒤로 경상북도와 제주도가 큰 풍력발전 용량을 보유하고 있고 그 다음은 전라남도와 인천 일부지역이 앞 세 지역의 절반 수준을 보유하고 있다.

국내 잠재적인 풍력발전 가능지역은 강원도 일부지역 및 남동해안으로 7.5 m/s 이상의 강한 바람이 부는 지역이다. 반면에, 내륙의 경우에는 5.0 m/s 이하의 약한 바람이 불기 때문에 풍력발전의 설치하기에 적합하지 않는 지리적 장소이다. 대관령의 경우 평균 6.53 m/s로 풍력발전의 설치에 적합한 장소이고, 여수

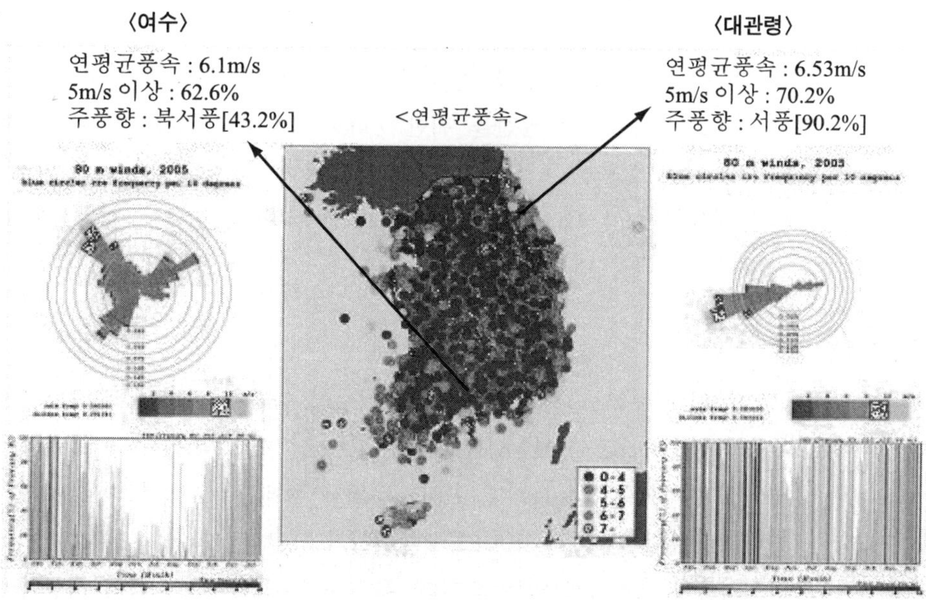

그림 9.18 국내 풍력발전소 현황

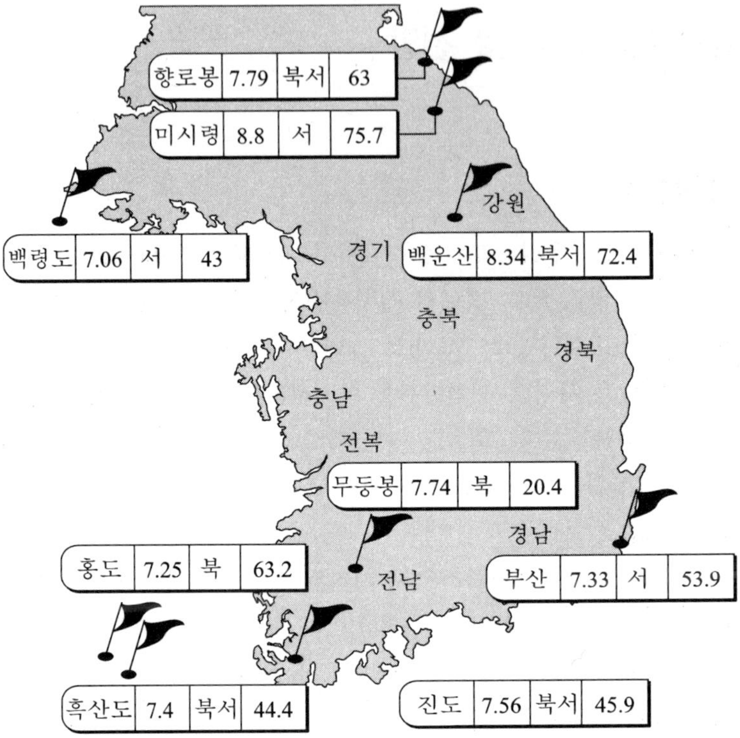

그림 9.19 풍력발전이 가능한 지역

의 경우 6.1 m/s로 풍력발전 설치에 적합한 풍속을 가지고 있다. 특히 우리나라의 풍력조사에서 풍력발전을 위한 7 m/s 이상의 풍속을 가지는 지역은 그림 9.19와 같이 향로봉 7.79 m/s, 미시령 8.8 m/s, 백령도 7.06 m/s, 백운산 8.34 m/s, 무등봉 7.74 m/s, 홍도 7.25 m/s로 풍력발전의 설치에 효과적이다.

7.2 국외현황

1980년대 초부터 풍력발전의 제작기술이 급속히 발전하여 2004년도 현재에는 전 세계적으로 47,912 MW 정도의 규모로 설치되었다. 독일의 Germanischer Lloyd, 덴마크의 Vesitas 및 RISO 등에서 설계인증 · 검증, 성능평가기준을 제시하고 있는 실정이고 IEA (국제에너지기구)에서는 풍력발전 신규기술에 관한 국제기준을 개정하고 있는 중이다. 유럽을 중심으로 시스템의 대형화에 초점을 두고 2 MW는 상용화, 4.5 MW는 시험 중이며 독일에서 5 MW를 개발 중에 있다. EC (유럽공동체) 주관 하에 THERMIE Program으로 대형풍력발전시스템을 개발하였으며, Vestas V80 (2 MW), Bonus 2 MW, NEG Micon2750 등을 상용화하고 4.5 MW 시험 중이다. 독일은 풍력발전 선두국가로 5 MW를 개발 중에 있으며 2004년 세계 설치용량의 35%(약 16,649 MW, 1.6만기, 독일전력수요 6%)를 보급 중이고 덴마크에 이어 세계 2위 설비시장 점유(21.5%) 및 연 30억 $ 풍력시장을 창출하였다. 덴마크는 2080년대부터 집중 개발하여 현재 풍력설비 시장의 세계 1위(세계설비시장의 41.7%)를 고수하며 풍력발전의 대형화, 해상풍력 등 국제적 트랜드를 선도하였고 미국은 1980년대 중반까지 세계 풍력 발전 시장을 주도하여 왔으나 1980년 후반부터 정부지원이 줄어들었다. 1990년대 초부터 DOE (미국에너지국)지원으로 NREL (National Renewable Energy Lab)과 산업체 공동으로 대형화기술을 개발하고 NASA에서 Blade개발을 지원했다.

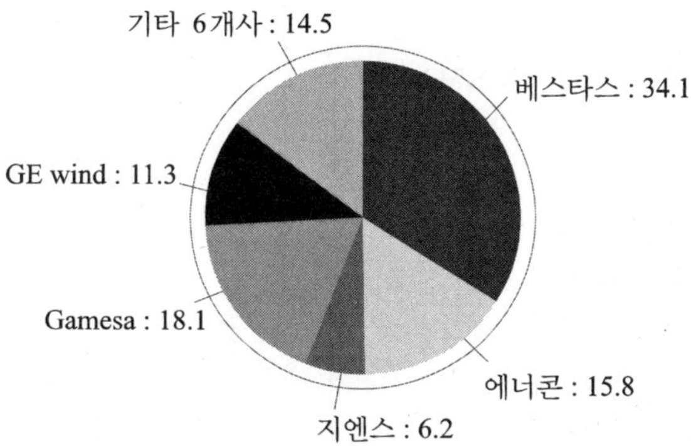

그림 9.20 회사별 점유율

주요국가의 풍력발전 보급현황을 보면 세계시장은 1989년 이후 매년 증가하고 있고 2003년부터 2010년까지 평균 28%의 높은 시장 성장률을 보이고 있으며 현재까지도 성장률이 상승하고 있는 추세이다. 국내에서는 기술개발중인 것에 대한 풍력 발전 패턴별, 부문별 기술개발내용이 추진하고 있는 사안들은 Geared type 기준의 풍력발전시스템 제어 및 계통연계장치를 개발 중에 있고 Gearless type 기준에 적용되는 동기발전기를 개발 중에 있다. 관련요소기술 간의 시스템 통합(System integration) 기술개발 및 확보 측면에서는 풍력단지 용량별 계통 연계 기술 및 설비의 표준화, 국내 풍력발전시스템 표준 성능시험 기술 개발 중에 있다. 또한, MW급 이상 대용량 발전 시스템 개발은 시베리아, 남북한, 해외수출 등을 목적으로 개발하고 있다. Off-shore의 경우 국내해안지역, 수출 목표로 연구하고 있는 기술은 3 MW급 해상용 시스템 개념설계 착수하여 개발되어 상용화되고 있다.

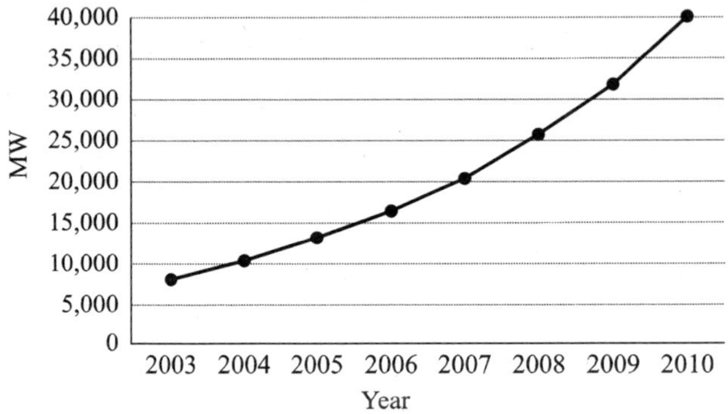

그림 9.21 풍력발전 세계시장 규모

표 9.6 국내 풍력발전 기술개발 현황

1단계 (2005년)	• 중형급 750 kW 풍력발전기개발 및 상용화 • 소형분산형 30 kW급 풍력발전기 상용화 • 경량화 · 저가화 개발 • 소형풍력기의 연계기술확립 및 보급 • 풍력자원 DB 구축 및 예측기술개발
2단계 (2006~2008년)	• 대형급 1,500 kW 풍력발전기개발 및 상용화 • 해양풍력 발전기개발 및 상용화 • 해양풍력자원 DB구축
3단계 (2009~2012년)	• 초대형급 3 MW 풍력발전기개발 및 상용화 • 해양풍력단지 보급 확산 • 풍력발전산업 고도화로 해외수출 확대

7.3 기술개발 실용화 관련

풍력발전의 기술개발 성과분석에서 보면 중형(750 kW)급 블레이드, 발전기, 제어시스템 제작기술 등 핵심 요소기술 확보하고 있고 현재 국내 중공업사의 발전기 제작기술은 지속적으로 발전하고 있다. 국내 기술력은 외국 풍력발전설비와 견주어 볼만하고 선진기술대비 70% 수준이며 회전자 설계 · 제작 기술은 70%, 발전기 및 계통연계 기술은 90%, 시스템 설계 · 조합기술은 60% 정도의 수준이다. 750 kW급 수평축 풍력발전시스템 개발의 경우에는 현재 블레이드, 유도발전기, 증속기 등의 요소기술 및 시스템제어기술은 설계 및 제작기술을 확보한 단계이며 실용화 진입 중에 있다.

표 9.7 선진국 대비 국내 풍력발전 기술 현황

핵심기술내용		국외현황	국내 개발 현황	수준
풍력발전시스템	개념설계 및 통합 기술	5 MW급 상용화	2 MW급 실증단계	80%
	시스템 하중해석 기술	평가항목에 알맞은 S/W의 조합	기술 자립도 부족	80%
	제어시스템 기술	제어 H/W 및 알고리즘 최적화	기술 자립도 부족	70%
	블레이드 기술	로터직경 120 m급 개발	로터직경 90 m급 개발 완료	75%
	피치/요 베어링 기술	5 MW급 용량 개발	2 MW급 용량 개발	90%
	증속기 기술	고효율 5 MW급 실용화	설계 및 평가 기술 미흡	70%
	발전기 기술	6 MW급 발전기 실용화	2 MW급 발전기 개발	80%
	PCS 기술	6 MW급 PCS 실용화	2 MW급 PCS 개발 완료	80%
	타워 기술	120 m 이상급 하이브리드 타워 설치	80 m급 타워 설치	90%
	해상용 기초 기술	부유구조 연구 중	해상 구조물 설계 단계	70%
	주물품 기술	6 MW급 주물품 개발	2 MW급 주물품 개발	90%
	변압기 기술	해상용 풍력터빈 변압기 개발	2 MW On-shore	90%
	시험평가 기술	각 요소별 Lab 시험	시험 인프라 부족	60%
	인증 기술	인증제도 보편화 국제규격제정/참여국 증가	국외 인증 의존 인증 능력 확보 중	80%
	시스템 감시진단 기술	해석 및 계측 통한 시스템 검증 S/W 개발 및 실용화	시스템 감시 기술의 풍력시스템 적용 단계	70%

현재 블레이드, 증속기, 유도발전기 등의 요소기술 및 시스템제어기술은 초보 단계로 설계, 제작기술 미약하며 실용화 단계에는 미치지 못하고 있지만, 최초로 (주)한국화이바에서 750 kW급 블레이드 개발완료 및 해외인증을 획득하였다. 한국전기연구원에서는 750 kW급 풍력발전시스템 제어 및 계통연계장치 개발 완료하였으며 현재 3대 중점 기술 개발 과제로 (주)효성과 (주)유니슨산업에서 750 kW급 풍력발전시스템이 국산화 개발 추진 중이다.

8 풍력발전 전망

풍력발전의 전망은 향후 지속적으로 증가할 것으로 볼 수 있는데, 2001년 기준으로 풍력발전으로 인한 전력생산은 전 세계 수요의 0.35%만 공급하고 있지만, 2002년 그린스피에서 제안한 Wind Force 12에서는 2020년까지 전 세계에너지수요의 12～13% 수준까지 풍력발전설비를 확대시키는 것을 목표로 하고 있으며 2040년까지 23% 정도까지 높아질 것으로 전망하고 있다.

풍력발전 시장의 급격한 성장에 따라 국가별로 풍력발전에 관한 지원 정책을 적극적으로 추진 중에 있다. 미국, 덴마크, 독일, 일본이 풍력발전으로 생산된

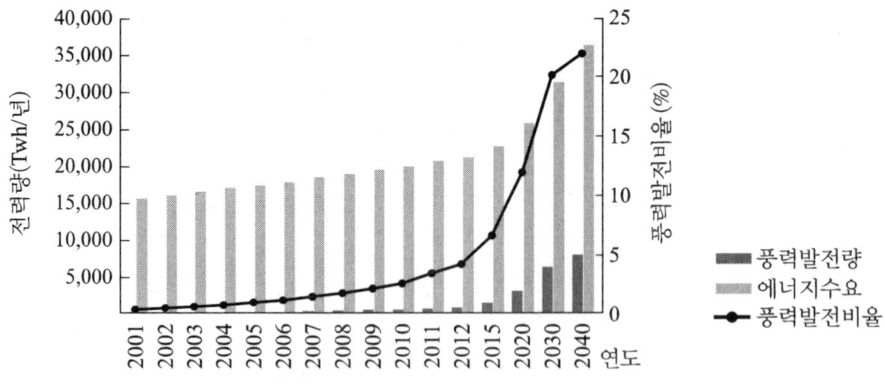

그림 9.22 풍력발전 수요전망

표 9.8 주요국의 풍력기술 보급 촉진정책

국명	보급 촉진 정책
미국	• 전력회사의 발전단가로 의무매입 및 생산비 보조(1.5 ¢ /kWh) 소득세 감면 • 2020년 전력수요의 5% 공급 계획
덴마크	• 생산비 보조(0.17 DKK/kWh) 판매단가 보장 • 2000년 말 전력수요의 10% 충당 • 탄소세 환급금 지원(0.1 DKK/kWh)
독일	• 발전전력 의무 매입 • 설치지원금 보조(설치비의 65~90%) • 생산장력금 보조(3~4 ¢ /kWh)
일본	• 전력회사의 판매단가로 전력매입 • 시설설치비의 1/2 국고보조 • 2010년까지 300 MW 건설 완료

전력을 매입하고 설치지원금으로 보조하고 있다. 중국 정부는 온실가스 감축을 위한 신재생에너지 도입하여 신성장 동력 산업 발굴 및 고용창출, 분산발전을 통한 중국 전역에 전력 공급 등을 충족시키기 위해 2005년부터 풍력발전 산업에 대한 정책지원을 시작하게 되었다. 이후 중국 정부의 전폭적인 지원으로 2009년부터 전 세계적으로 연간 신규 풍력발전 설치량이 가장 큰 국가로 등극하게 되었다. 자국의 풍력 산업을 보호하기 위해서 중국 정부는 2005~2009년까지 국영기업의 풍력 발전 프로젝트에서 '자국산 설비 의무비율(70%)'을 설정해 자국 설비를 우대하는 정책을 시행하여 2007년부터는 풍력발전 보급을 위한 FIT 제도 또한 도입하였다. 이러한 중국정부의 자국산 설비 의무비율 제도, FIT 제도를 추진하면서 중국 내 풍력발전의 설치량은 2004년 0.2 GW에서 2010년 18.9 GW로 상승하고, 2011년은 17.6 GW에 이르는 초고속 성장률을 보이고 있다. 하지만, 최근 양적인 성장으로 중국 내 많은 기업들이 풍력 산업에 진출하면서 풍력 발전 시장의 경쟁이 치열해지고 중국 업체들의 생산능력 과잉을 불러일으키고 있다. 이는 풍력 제품의 급격한 가격 하락을 초래하였고 기업들에게 수익성을 감소시키게 되는 결과를 가져왔다. 또한 중국의 현지 풍력 산업 및 시장 현황과 정부 정책 등을 고려해 볼 때, 중국 풍력발전의 시장 보급량은 향후 5년간 70 GW 내외, 즉 연간 15 GW 내외로 보이고 있어 지속적으로 개발이 필요하다는 것을 나타내고 있다.

9 풍력발전 안전 및 사고사례

표 9.9는 표의 내용에 있는 원인들로 인한 사고로 운영이 중지된 경우들을 나타낸 것이다. 국내 여러 풍력단지 내 각종 사고 건수가 증가하고 있는 가운데 향후 추가사고를 막기 위한 정부의 통합안전기준이 미흡하여 안전기준 마련을 위한 준비가 시급하다. 2016년 8월 당시 기준으로 국내 풍력발전기 사고 및 정지 현황(60건)을 사유별로 살펴보면, 부품 손상에 의한 가동정지가 55건으로 가장 많았다. 다음으로 부품 마찰로 인한 과열로 나셀화재 발생 4건, 타워 파손으로 인한 풍력발전기 전복 1건(강원도 태백풍력발전)순이었다.

표 9.9 7월까지 국내 풍력발전기 사고운영중지현황(2011~2016)

단지명	준공 연도	용량 (kW)	대수 (기)	설치 위치	발전사업자	제조사	운영중지 연도	원인
행원 풍력 1	1998 ~ 2000	9,795	15	제주도 행원리	제주에너지공사	베스타스	2011 2011 2013 2011 2013 2013	600 kW 1기 나셀 화재 600 kW 1기 발전기 노후 660 kW 1기 발전기 노후 225 kW 1기 발전기 노후 660 kW 1기 발전기 노후 750 kW 1기 발전기 노후
포창 풍력	2001	660	1	경북 포항시	경북도청	베스타스	2015	부품(기어박스) 고장
대관령 휴게소 풍력	2003	750	1	강원도 평창군	강원도청, 유니슨	유니슨	2011	750 kW 1기 나셀 화재
김녕 풍력	2010	1,500	2	제주도 김녕리	제주에너지공사	유니슨	2015	750 kW 1기 나셀 화재
영흥 풍력 1	2011	220	9	인천시 옹진군	한국남동발전	두산중공업 삼성중공업 유니슨	2010 (시험가동 중 화재)	유니슨 2 MW 1기 나셀화재
영광 풍력	2012	2,000	1	전남 영광군	DMS	DMS	2012	발전기 안전성 (진동) 문제로 가동중단
태백 풍력 1	2012	18,000	9	강원도 태백시	태백풍력발전	현대중공업 효성	2016	효성 2 MW 1기 타워파손

1) 사고 사례명 : 제주도 행원리 풍력발전기 화재사고

2010년 25일 오후 3시 14분쯤 제주도 구좌읍 행원리에 있는 풍력발전기 15기 중 2호기(750 kW급)에서 화재가 발생하여 회전날개 중심부인 동력부분과 증속기 등을 태우고 36분 만에 자연 진화됐다. 화재로 인해 제어기능이 상실되면서 풍력발전기는 강풍으로 인해 회전날개가 평소보다 빨리 돌아, 이로 인한 충격으로 오후 9시 35분께 지상 10 m 부근 기둥이 꺾여 바로 옆 행원육상약식단지로 전도되었다. 이 사고로 양식장 변전실 유리창 등 건물 일부가 무너지고 지붕을 덮은 천이 찢어지는 피해가 발생했지만 다행히 인명사고는 발생하지 않았다.

그림 9.23 행원리 풍력발전 화재사고

2) 사고 사례명 : 제주도 구좌읍 풍력발전기 화재사고

2015년 7월 제주도 구좌읍 김녕 풍력단지 내 풍력발전기(750 kW급)의 주발전장치 부근에서 화재가 발생하여 1시간 30여분 만에 진화됐다. 2012년 이후 설치된 풍력발전기에는 자동소화설비를 갖추도록 했으나 별 효과가 없는 것으로 나타났다.

그림 9.24 김녕풍력단지 화재사고

3) 사고 사례명 : 제주도 한경면 풍력발전기 화재사고

2017년 4월 12일 오후 1시35분쯤 제주도 한경면 용수리 해안에 있는 한국남부발전 국제풍력센터 소유의 풍력발전 4호기(1.5 MW급)에서 화재가 발생했다. 불은 상부에 있는 주 발전장치 부분에서 발생해 2시간 25분 만에 진화됐다. 풍력발전기 높이가 62 m, 날개 길이가 36 m에 달해 고가사다리차 등 소방차로는 진화작업을 할 수가 없었다. 산림청 헬기를 지원받아 9차례 물을 쏟아 붓고 나서야 진화됐다. 이러한 풍력발전기의 화재사고에 대한 대책으로는 전 풍력발전기에 자동소화시설 설치 및 재정비 등 화재예방에 만전을 기하여야 하며 풍력발전기의 전선의 누선, 합선, 단락에 주의하여야 한다. 또한 화재사고들의 대한 원인을 정확히 조사, 이에 따른 사고 재발이 이루어지지 않도록 철저한 대비를 하여야한다.

그림 9.25 용수리 풍력발전 화재사고

4) 사고 사례명 : 강원도 풍력발전기 전복사고

2016년 3월 6일 오후 4시경 강원도 태백시 삼수동 귀네마을 풍력발전단지의 풍력발전기 1기가 지지대 중간부분이 전복되는 사고가 발생하였다. 사고가 발생한 7호기는 높이 90 m, 총 중량 280톤에 달하는 강철재질의 타워로 전체 4개의 타워 가운데 1번과 2번의 타워부위가 절단된 상태였다. 절단된 2번 타워는 절단 과정에서 볼트가 모두 이탈됐고 풍력발전기 주변에 흩어진 것으로 알려졌으며, 이 때문에 수백 ton의 중량을 가진 풍력발전기 타워의 하중을 견디지 못하고 갑작스런 돌풍이 불면서 1번과 2번의 타워 연결부위가 절단된 것으로 추정된다. 인명 피해는 없었지만 자칫 대형 사고로 이어질 수 있는 사고였다. 전복사고에 대한 대책으로는 풍력 상단부를 충분히 지지할 수 있는 구조의 기둥을 설계하여

야하며 돌풍 등의 기준을 현실화 하는 등 철저하고 정확한 기준이 마련되어야 한다.

그림 9.26 태백시 풍력발전기 전복사고

제 9 장 연습문제

(1) 바람에너지를 회전력으로 변환시켜주는 장치로 풍력발전시스템의 용량과 제어방식을 결정하는 중요한 장치인 이것의 이름은?

① 너셀 ② 블레이드
③ 허브 ④ 증속기

(2) 기계적 에너지를 전기적 에너지로 변환시켜주는 장치의 이름은?

① 회전자 ② 주축
③ 증속기 ④ 발전기

(3) 다음 중 해상 풍력발전기에 대한 설명으로 틀린 것은?

① 국토가 비좁은 국가에서도 부지확보가 양호해 대규모의 풍력발전단지를 조성할 수 있다.
② 수심 80 m 정도의 먼 바다로 나갈 때는 '자켓', '트라이포드' 방식이 적당하다.
③ '부유식'은 먼 바다에 대량으로 설치하고 다양한 부유체・계류장치 조합이 가능해 응용성이 높다
④ '부유식' 풍력발전기가 현재 해상풍력 단지에 가장 많이 사용된다.

(4) 다음 중 공중부양 풍력발전기에 대한 설명으로 옳은 것은?

① 부양용 가스인 헬륨 10,000 m^3을 주입하여 본체에 해당하는 터빈을 공중에 띄운다.
② 지상 기지국에서 도르래를 이용해 로프를 당기거나 늘려서 공중부양 터빈의 고도 및 방향을 제어한다.
③ 바람의 세기는 높이 올라갈수록 풍속도 더 강해지지만 일정하지 못하다.
④ 지상과 연결되어 있는 폴리머 로프는 전선의 역할만 한다.

(5) 풍력발전기의 분류 기준 중 upwind방식과 downwind방식으로 나누어지는 분류 기준은 무엇인가?

① 공기역학적 방식에 의한 분류 ② 운전속도에 의한 분류
③ 바람의 방향에 따른 분류 ④ 설치장소에 의한 분류

(6) 바람의 방향이 바뀌게 되면 감지하여 날개를 바람방향에 맞추기 위하여 너셀을 회전시켜주는 이 시스템의 이름은?

(7) 가열된 공기들이 가벼워져 상승하게 되고 대기압이 높은 곳에서부터 낮은 곳으로 이동하게 되는 현상을 무엇이라고 하는가?

해답

1. ② 2. ④ 3. ④ 4. ② 5. ③
6. 요잉시스템 7. 바람

10

지열에너지

1 지열에너지의 개요

산업혁명 이후, 200년간 인류의 위대한 발전에 기여해 온 석탄, 석유 중심의 화석 에너지 시대는 막을 내릴 준비 중이다. 그 대신에 등장한 녹색성장 시대는 근본적 산업시스템을 변화시킴으로써 개발 잠재성이 뛰어나며 저비용인 신재생에너지로 완전 대체를 꿈꾸고 있다. 더불어 신재생에너지는 지구온난화를 방지하고 인류의 발전에도 기여할 수 있을 것이다.

이에 따라 정부 및 에너지 관련 단체는 신재생에너지산업 발전을 통하여 저탄소 녹색성장을 이루어 내고 환경과 경제성장의 선순환관계를 유지하는 것을 목표로 하고 있다. 신재생에너지 자원의 활용에 대한 관심은 국민의 삶과 질을 향상시키는 국민복지의 시너지효과도 거둘 수 있기에 그 어느 때보다 높은 관심을 보이고 있다. 우리나라의 경우 신재생에너지원의 보급 확대를 위한 정부 차원의 노력이 증가하고 있지만, 대부분의 연구개발 투자가 신재생에너지 중 풍력, 수소, 태양광에 집중되는 경향을 보이고 있다. 앞서 언급된 것들도 중요한

그림 10.1 지열에너지

에너지원임에 분명하지만, 본 장에서 다루고 있는 지열에너지는 인류가 사용하고 있는 가장 오래된 에너지 자원 중 하나이다. 또한 현재 수력발전을 제외한 신재생에너지 발전 중에서 가장 많은 에너지를 공급함에도 불구하고, 국내에서는 그 중요성이 상대적으로 낮게 평가되었다. 그러나 최근 들어 지하의 일정한 깊이의 일정한 지반의 온도를 사용하여 지열발전과 지열 냉난방에 활용하고 있고 지표면에 저장된 지표수를 이용하는 시스템을 개발하여 점차 지열에너지 활용하는 방안을 늘려가는 추세이다.

이렇듯 지열에너지는 친환경적이고도 발전 가능성이 무한한 에너지로 평가되고 있고 지속 발전을 위한 에너지 확보 전략과 녹색 에너지 비중을 상승시킬 수 있기 때문에 '착한 대체에너지'라는 수식어와 잘 어울린다고 볼 수 있다. 따라서 본 장에서는 착한 대체에너지인 지열에너지의 전체적인 내용과 에너지의 이용, 그리고 국내·외 이용현황과 분포에 대해서 설명한다.

화산국가인 일본은 지열에너지가 풍부하고 반영구적으로 존재하기 때문에 지열에너지원을 일본의 귀중한 재산으로 여겨오고 있다. 일본의 경우 지열에너지를 통해서 약 54만 kW의 발전용량을 생산하고 2013년도까지 280 kW로 늘리는 것을 목표로 하고 있다. 지열의 최초 이용은 19세기 초 이탈리아의 토스카나주, 라르데로에 있는 붕산제조소 공장에서 그 공장의 총지배인이었던 지놀 콘티가

표 10.1 세계지열 발전(단위 : MW)

순위	국가	발전량	순위	국가	발전량
1	미국	2,850	12	중국	29
2	필리핀	1,853	13	터키	20
3	이탈리아	822	14	러시아	11
4	멕시코	733	15	포르투갈	8
5	일본	547	16	프랑스	4
6	인도네시아	417	17	타이완	3.3(정지)
7	뉴질랜드	359	18	그리스	2.0(정지)
8	아이슬란드	141	19	타이	0.3
9	엘살바도르	130	20	잠비아	0.3
10	코스타리카	125	21	오스트레일리아	0.2
11	케냐	45		합계	8,210

1904년에 천연 증기열을 이용하여 붕산용액을 농축하는 과정에서 천연증기로 전기를 만들 생각을 했는데 이것이 세계최초의 지열발전 시도이다. 이탈리아는 현재 82만 2천 kW의 발전용량을 생산하여 세계 3위를 차지하고 있다. 세계적으로 지열 발전을 실시하는 국가는 화산이 많은 뉴질랜드, 이탈리아, 미국으로 오래 전부터 지열에 관한 연구개발이 추진되고 있다. 지열발전의 에너지원의 평가는 해양보다 약 1,000배의 열용량을 가진다고 평가하고 있다. 지열의 이용은 1 km당 약 30°C씩 증가 열이 증가되어 깊이에 따라 다양한 온도의 열을 이용할 수 있다. 지열은 약 3 km 지점에서 지열의 온도가 약 90°C가 생성됨으로써 건물의 난방 및 급탕 열로 사용되어지며, 지하 5 km의 지점에서 약 240°C의 열이 생성되어 대용량 터빈발전을 이용하여 전기에너지를 생산하는데 이용되고 있다.

지구는 하나의 거대한 보일러이다. 이것을 이용한 에너지 전환 장치는 여러 가지를 생각할 수 있지만 현재 발전에 이용되는 것은 지열로 발생한 증기를 이용하는 것이다. 빗물이 단층 등을 통하여 지하로 흘러 들어갈 때 그 근처에 마그마가 모여 있으면 고온의 물이 되는데, 이 때 우물을 파면 물의 압력이 낮아지면서 고온의 수증기가 되어 뿜어 나오게 되는 것이다. 이 증기로 터빈을 돌리는 것이 지열 발전이다. 우리가 이용할 수 있는 의미에서의 지열에너지란 지표에서 수 km 깊이 이내에 있는 열에너지의 형태로 실제 사용하는 지열은 지하 300 m 이내의 깊이에 존재한다. 연간 12～25°C 정도의 온도를 유지하고 있으며 체열이 용이하고 친환경적인 열 교환 기술의 발달로 히트펌프를 통해 급탕, 온수, 냉난방 등에 이용하는 에너지를 의미한다. 지구는 중심부로 들어갈수록 뜨거워지고 방사선물질의 붕괴에 의해 야기되는 핵반응 때문에 융해된 지구중심부의 온도는 4,000°C에 달한다. 지열에너지는 재생이 불가능한 에너지원이나 지구 자체가 가지고 있는 에너지이기 때문에 굴착하는 깊이에 따라 그 잠재력은 무한하다고 할 수 있다.

근대적인 의미에서 지열에너지의 활용역사는 대략 100년에 이른다. 1904년 이탈리아에서 처음으로 시작되었으며 전 세계적으로 지열, 풍력, 조력 발전, 태양력 등 4대 대체에너지 중 1996년에 지열발전의 비율은 약 80%로 지열에너지의 중요성은 시간이 지날수록 더욱 증가하고 있다. 우리나라에서는 2012년 「에너지 및 재생에너지 개발·이용·보급촉진법」을 규정하였다. 공공기관 설치 의무화 제도 도입에 따른 설치 규정이 도입된 이후로, 지열에너지는 무한한 존재성과 개발가능성으로 에너지절감, 화석연료를 거의 사용하지 않는 친환경에너지로 점차 중요성이 확대되었다. 지열에너지는 일반적으로 땅을 구성하는 토양, 암반, 지표수, 지하수 등이 가지고 있는 열에너지 자원으로 정의된다. 대륙에서는 상부 지각을 구성하고 있는 물질 내부의 방사성원소의 붕괴(약 40%) 및 하부 열의 방출(약 60%)에 의하여 지하 약 10 m 하부에서부터 대기 온도와 관계없이 지하 심부로 내려갈수록 온도가 증가하게 되는데, 이를 이용하는 것이 지열에너지 기술이다. 지구 내부에 저장된 무한한 열에너지는 온실가스 배출이 적으며 풍력, 태양력 등 다른 신재생에너지와는 달리 기후나 지형적인 조건의 영향을 받지 않고 지속적으로 에너지를 공급할 수 있는 항상성 에너지로 기저부하(Base-Load)를 담당할 수 있다.

우리가 이용할 수 있는 지열은 지구 생성 당시부터 존재하는 잔류열과 맨틀 내에 존재하는 방사성 동위원소의 붕괴에 의한 열로 구성된다. 지구 내부에서 발생된 지열은 지각 내에서는 전도에 의하여 전달되며 지표를 통해 방출되기도 한다.

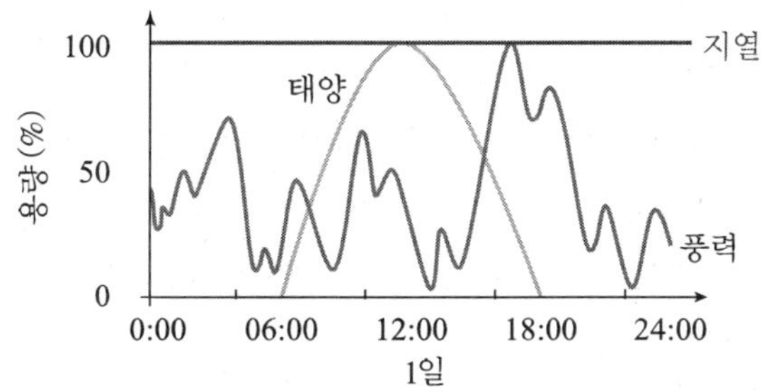

※ 기저부하(Base-Load)란?
전체 부하 가운데 첨두부하(Peak-Load)를 제외하고, 하루를 기준으로 한 경우에 24시간 지속적으로 걸리는 부하를 말한다.

그림 10.2 기저부하

환경에 미치는 영향을 보자면, 지열에너지 이용에 있어서 우물에 시추를 하는 동안의 소음 공해와 구멍을 뚫고 난 후에 나오는 침전물을 처분하는 것이 필요하므로, 장소 선정은 매우 중요한 환경적 요소이다. 소음은 또한 증기가 새어 나갈 때 우물테스트가 가동되는 고엔탈피 지열 지역의 중요한 요소이지만, 필드에서 일단 생산이 시작되면 소음의 정도는 다른 형태의 발전소 소음 크기보다 증가하게 된다. 부지가 개발되는 동안의 사고는 드물지만, 1981년 과테말라 Santiaguito 화산의 측면인 Zumil 지열 현장에서의 사고는 주목할 만한 예외적인 사항이다. 이 사고는 수백 톤의 진흙, 암석, 그리고 증기들이 대기 중으로 내뿜어졌다. 이것은 발전소 지반이 무너져서 발생한 것으로 보인다. 지열이 개발되는 지형 주위에 지진이 발생한다는 주장에 대해서 많은 논쟁이 있다. 그리고 대부분의 증기 발생지역은 이미 지진이 일어나기 쉬운 지역에 위치하고 있다. 유체의 주입이 균열이 더 잘 일어나도록 하고 압력을 증가시키면서 작은 지진을 발생시키며 특히 재주입이 이루어지는 곳이 생산하는 지하수를 품고 있는 지층과 같은 깊이가 아닐 때 작은 지진을 발생시킨다는 증거가 있다. 지열생산으로 인한 오염물질들은 주로 불응축 가스에 한정된다. 매우 적은 양의 수소황화물, 황이산화물, 메탄, 수소, 그리고 질소와 더불어 이산화탄소가 발생한다. 하지만 이는 매우 적은 양이고 요즘의 발전소들은 수소황화물을 저장하고 제거하기 위해 정교한 화학 시스템을 갖추고 있다.

2 지열에너지의 이용

지열에너지는 자원의 특성에 따라 심부지열에너지와 천부지열에너지로 구분된다. 심부지열에너지는 일반적으로 지하 500 m~수 km 깊이에 부존하는 고온의 열에너지를 말하며, 천부지열에너지는 지하 300 m 깊이 이내에 부존하는 저온의 열에너지를 말한다.

2.1 천부지열에너지 이용

1) 저온 지열원 활용

저온의 지열을 난방이나 급탕에 활용하는 가장 간단한 기술로서, 인류가 지열을 에너지로 이용한 가장 전통적인 방법이다. 지하에 충분한 지열수가 존재해야만 활용이 가능하다. 아이슬란드의 경우 지열수를 이용한 난방이 매우 보편적이고 국가 전체 난방의 90% 이상을 담당하고 있다.

2) 지열원 열펌프 기술

지열원 히트펌프(GSHP : Ground-Source Heat Pump) 기술은 외부 환경과 무

관하게 연중 12～25°C의 일정한 온도를 유지하는 천부 지중 또는 지하수의 온도와 대기와의 온도차를 이용하여 냉난방에 활용하는 방식이다. 까다로운 조건 없이 어느 곳에서나 적용이 가능한 장점이 있고 1990년 이후 전 세계적으로 활발히 보급되어 현재에는 지열직접이용의 주류를 이루고 있다. 지열원 열펌프를 이용하는 기술은 열원 종류에 따라 크게 지반이용 히트펌프(Ground Coupled Heat Pump), 지하수 이용 히트펌프(Ground Water Heat Pump), 지표수 이용 히트펌프(Surface Water Heat Pump) 및 복합 지열원 히트펌프(Hybrid Ground Source Heat Pump) 시스템의 네 가지로 구분되고 열교환 유체의 순환방식에 따라 밀폐형(Closed loop)과 개방형(Open loop)으로 구분하기도 한다.

일반적으로 적용되는 폐회로는 파이프가 폐회로로 구성되어 있는데, 파이프 내에는 지열을 회수(열교환)하기 위한 열매가 순환된다. 폐회로시스템은 루프의 형태에 따라 수직과 수평루프시스템으로 구분되는데 수직으로 100～150 m, 수평으로는 1.2～1.8 m 정도 깊이로 묻히게 되며 상대적으로 냉난방부하가 적은 곳에 쓰인다. 개방회로는 온천수, 지하수에서 공급받은 물을 운반하는 파이프가 개방되어 있는 것으로 풍부한 수원지가 있는 곳에서 적용될 수 있다. 폐회로가 파이프내의 열매(물 또는 부동액)와 지열 Source가 열교환 되는 것에 비해서 개방회로는 파이프내로 직접 지열 Source가 회수되므로 열전달효과가 높고 설치 비용이 저렴한 장점이 있으나 폐회로에 비해 보수가 필요한 단점이 있다.

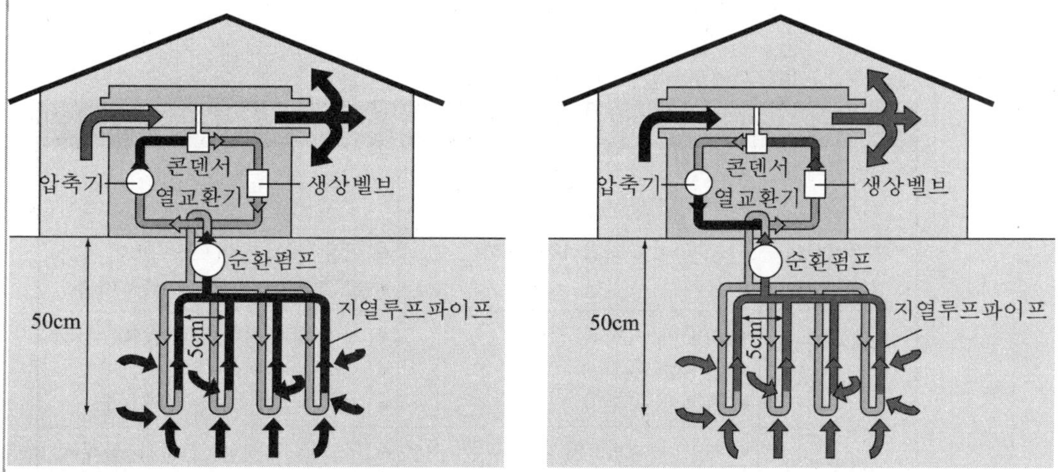

그림 10.3 지열시스템의 종류

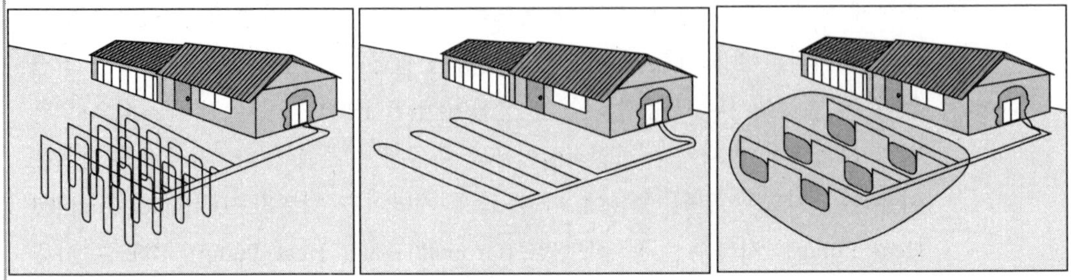

(a) 수직형(Vertical type) (b) 수평형(Horizontal type) (b) 수평형(Horizontal type)

그림 10.4 폐쇄형 지열원 열교환장치

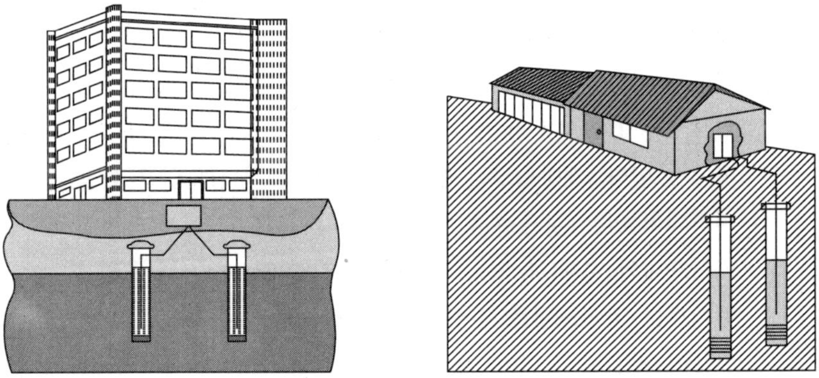

그림 10.5 개방형 지열원 열교환장치

표 10.2 주요지열히트펌프 시스템의 특성

종류	장점	단점
수직밀폐형 (GCHP)	• 가장 일반적 형태(높은 신뢰성) • 좁은 시공부지, 열성능 우수	• 높은 시공비
수평밀폐형 (GCHP)	• 시공비가 저렴하며 용이 • 유지보수 간단	• 넓은 설치부지(도심 설치 불가) • 타 행태에 비해 열성능 미흡
수주지열정 (GWHP)	• 시공비 비교적 저렴 • 열성능 우수 • 좁은 시공부지	• 지속적인 지하수량 필요 • 지하수위 저하 우려 • 지하수질에 의한 장비고장
에너지파일 (GCHP)	• 시공비 저렴, 열성능 우수 • 지중열교환기 부지 불필요 • 시공이 용이	• 구조물 일체형, 전문가 설계 • 암반 깊이, 기초 말뚝 종류, 대지면적에 따른 용량의 한계

지반이용 히트펌프(GCHP) 시스템은 흔히 밀폐형으로 불린다. 지중 열교환기(Ground Heat Exchanger)의 설치방식에 따라 수직, 수평형으로 구분하고, 최근에는 에너지 파일형이 보급되고 있다. 밀폐형은 주로 지중에 설치된 순환루프(Loop)를 통해 열교환 유체(물 + 부동액)를 순환시켜 열을 회수 혹은 교환하는 방식으로 이루어진다. 지하수 이용 히트펌프(GWHP)의 경우 2개의 관정을 이용하는 복수관정형(개방형)과 단일관정을 이용하는 (준)밀폐형에 속하는 SCW (Standing Column Well : 수주지열정)방식으로 구분된다. 개방형의 경우 한 관정에서 지하수를 양수하고 다른 관정으로 이용한 지하수를 재주입하는 방식이고 SCW형은 단일관정에서 양수하고 동일 관정에 지하수를 재주입하는 방식이다. 개방형 시스템에서는 지하수 자체가 열교환 유체 역할을 한다. 국내에서는 지중열원으로 지반(GCHP)과 지하수(GWHP)를 주로 이용하며 순환 방식으로 밀폐형 지반 이용(주로 수직형)과 밀폐형에 준하는 지하수 이용(SCW) 방식을 주로 적용한다.

2.2 심부지열에너지 이용

1) 고온 열수발전 기술

지하 2～3 km 깊이에 부존하는 180°C 이상의 고온 지열 저류층(지열수 또는 증기가 부존하는 층)에 시추공을 굴착하여 스스로 솟구치는 증기로 발전기 터빈을 돌림으로써 전기를 생산하는 방식이다. 지열 저류층에 증기만 부존할 경우 Dry steam 발전이라 하며 물이 섞여있을 경우 물을 별도로 분리하는 증기만 터빈으로 보내는 방식을 Flash 발전이라 한다. 지열 저류층이 존재하기 위해서는 저류구조, 열원, 유체(지열수)의 조건을 갖추어야 하며 주로 화산지대가 여기에 해당한다.

2) 저온 바이너리 발전 기술

지열수는 풍부하게 부존하나 온도가 180°C 이하로 증기압력이 높지 않을 때, 끓는점이 낮은 냉매(주로 유기냉매)와 지열수의 열교환을 통해 증기화 된 냉매가 발전기 터빈을 돌려 전기를 생산하는 기술이다. 고온 열수발전에 비해 발전소의 규모가 작아 통상 3～5 MW급 터빈이 적용되고 비화산지대에서도 지열발전이 가능케 한 핵심 기술이다. 2010년 1월 현재 총 약 1.1 GW의 Binary 지열

발전이 보급되었다.

3) 인공지열 저류층 생성 기술(EGS)

비화산지대에서 지하에 지열수가 부존하지 않을 경우 약 5 km 깊이까지 굴착하여 수압으로 암반의 균열대를 활성화시켜 지열 저류층을 생성한 후 물을 주입하고 가열된 증기를 생산정을 통해 끌어올려 발전하는 기술이다.

3 지열발전 구조 및 지열원

3.1 지열발전 구조

지열이란 지표면의 얕은 곳에서부터 수 km 깊이에 존재하는 뜨거운 물과 암석을 포함하여 땅이 가지고 있는 에너지를 말하고, 통상 후자에 있어 뜨거운 물을 온천, 녹아 있는 암석을 마그마라고 불린다. 열은 높은 쪽에서 낮은 쪽으로 흐르므로 지구도 항상 내부에서 외부로 열이 흐른다. 대류하면서 지각균열과 약한 부분에 맨틀의 일부가 녹아 마그마를 생성한다. 마그마는 지질구조의 비교적 공간이 많은 장소에 모이며 마그마 연못을 형성한다. 따라서 마그마 활동은 지층변동과 플레이트 변화를 가져오고 대륙이나 해저에서 화산활동을 일으킨다. 즉, 화산주변 지표면 아래에서 마그마 연못주변을 형성한다. 그림 10.6에서 나타낸 바와 같이 지열 저유층은 마그마 연못 주변에 공간이 많은 암반이 있으면 빗물 등의 지하수가 침투해 물이 고이는 층이 생기고 마그마 열로 과열되어 저열 저유조가 생긴다. 지열 저유층이 생기려면 저유조위에 록캡(모암)이라는 뚜껑 역할을 하는 물이 통과되지 않는 불투성 지층이 필요하다. 지열발전의 구조는 이 지열 저유조에 저장된 고온고압 열수에 우물(생산정)을 굴착해서 나온 증기와 열수를 분리하여 생긴 증기로 직접 터빈을 동작해 발전하는 것이다. 또한, 이 지열 저유조가 형성되는 장소로 물이 통과하지 않는 지층으로 비교적 공간이 많은 지질구조가 필요하므로 한정된 조건의 장소만 존재한다.

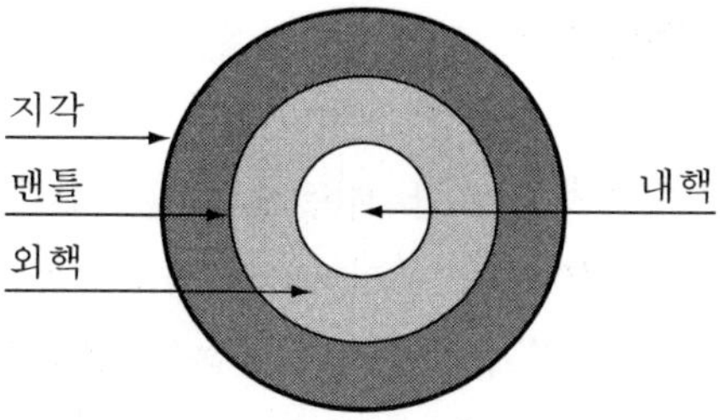

그림 10.6 지각의 내부

따라서 지열저유조가 없어도 마그마연못 주변에서는 암석이 고온으로 건조된 장소가 많이 있다. 이것을 고온암체(HDR : Hot Dry Rock)라고 부른다. 화산국이 아닌 국가에서도 지구구조에서 지하로 깊어질수록 고온암체가 많이 존재한다. 즉, 세계 각국에서 미래의 에너지자원으로 고온암체의 열이용 연구를 추진하고 있다. 최근에는 고온암체를 이용한 고온암체 발전 개발을 목표하고 있다.

고온암체 내에 깊은 우물(주입정)을 굴착하여 고압수를 주입하고 고온암체에 균열을 일으켜 인공적으로 지열저유조를 조성하는 것을 수압파쇄라 한다. 이 균열(인공 지열저유조) 부분에 새로운 생산정을 통한 증기 및 열수의 지열에너지를 이용하는 발전시스템이다. 지열에너지는 태양열의 약 47%가 지표면을 통해 지하에 저장되고 이런 태양열을 흡수한 땅속의 온도는 지형에 따라 다르지만

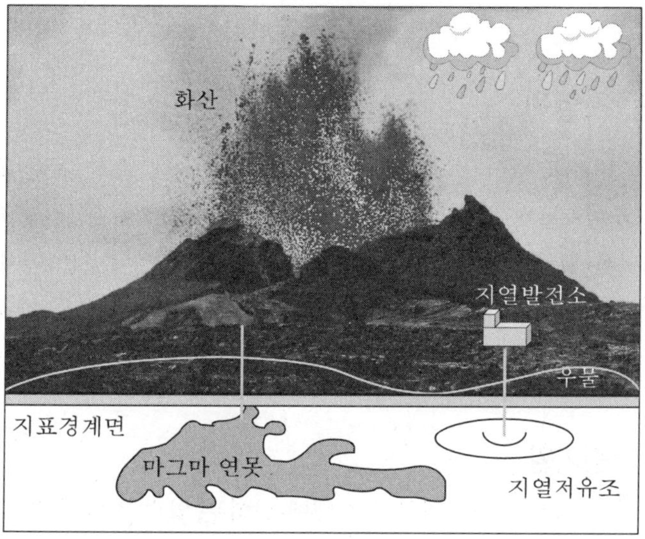

그림 10.7 지열구조

지표면 가까운 땅속의 온도는 대략 10~20°C 정도로 연중 큰 변화가 없으나 지하 수 km의 지열온도가 40~150°C 이상을 유지한다.

이렇듯 지열은 태양과 지구가 존재하는 한 계속 생성되는 에너지의 보고로서 지열에너지원은 무궁무진하다 할 수 있다. 우리나라의 경우 이탈리아, 일본 등과 같은 화산지대가 거의 존재하지 않아 심층지열 이용은 매우 어려운 것으로 나타나고 있고 이에 따라 현재는 지하 100~150 m 깊이의 지열을 이용하는 시스템의 개발 보급이 점차적으로 활성화되고 있다. 지열에너지는 지열의 온도조건에 따라서 증기발전, 바이너리발전, 관광레저 급탕, 제조업, 지역난방, 양식업, 농업 등에 다양하게 사용된다.

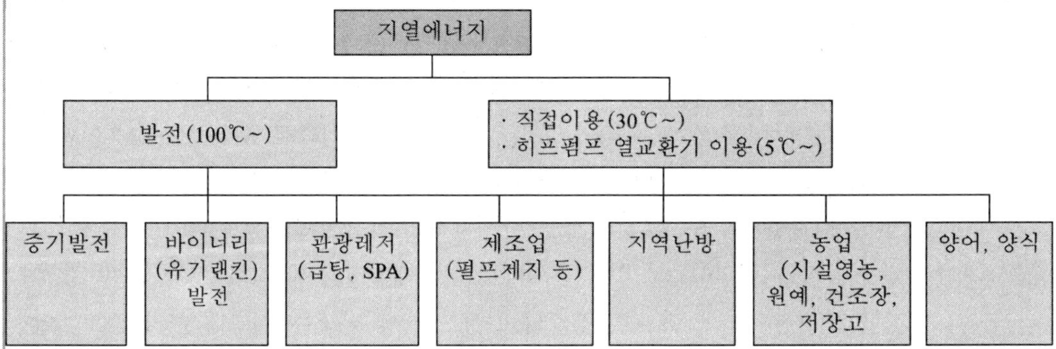

그림 10.8 지열에너지 이용구성도

3.2 지열발전 지열원

지열원은 다음과 같이 크게 건성 수증기(Dry steam), 습성 수증기(Wet steam), 고온 해수(Hot brine), 고온 암석(Hot rock) 등 4가지가 있다. 건성 및 습성에 관계없이 초고온 열 저장지는 지진대에 국한되어 있다. 일부 지역에서는 간헐천과 같은 지상분출구가 있기 때문에 지열에너지가 존재한다는 것을 명확히 알 수 있다. 또한 이러한 분출구가 없는 지역에서는 우수한 열원이 탐지되어 왔다.

1) 건성 수증기원

건성 수증기 저장지는 대기압의 수배에 달하는 압력 하에서 건성 포화수증기 또는 과열 수증기가 발생되는 곳이다. 이 저장지는 다른 지열원에 비해 가장 깊은 곳에 존재한다. 이와 같은 저장지는 매우 드물기는 하지만, 부식문제가 거의 없기 때문에 열에너지 이용이 가장 쉽고 경제적이다. 가장 잘 알려진 곳으로는 미국 캘리포니아주의 샌프란시스코 부근에 개발된 가이저(Geyser)가 있다.

2) 습성 수증기원

습성 수증기원에서는 180～370°C의 온도를 가진 고압의 물이 발생되고 보통 황화합물/가스와 같은 불순물/오염물이 함유되어 있다. 유체가 지표면으로 올라오면 압력이 감소하기 때문에, 그 중 10～20% 정도의 물이 증기로 바뀌면서 분출된다. 습성 수증기 저장시수는 건성 수증기 저장지수보다 약 20배 정도 많이 발견된다. 영국에서는 건성 및 습성 수증기원은 발견된 바 없고, 간헐천은 발견된다. 또한 아이슬란드에서는 가정 난방용으로 지열이 이용되고 있으며 바나나와 같은 열대과일을 재배하는 온실에도 지열이 이용되고 있다.

3) 고온해수원

고온 해수(즉, 소금이 녹아 있는 물) 저장지에 존재하는 지열에너지는 풍부하고 전 세계적으로 널리 분포되고 있다. 특히 대량의 저온 지열에너지원은 지질학적으로 큰 압력을 받고 있는 해수로서, 미국과 멕시코만 연안의 퇴적분지에 부존되어 있다. 이 해수는 180°C 이하의 온도에서 용해된 천연가스가 대량으로 포함되어 있을 수 있다. 따라서 열과 가스를 동시에 이용할 수 있다면 매우 매력적인 에너지원이 될 것이다.

표 10.3 4가지 지열원 특징

종류 / 특징	건성수증기	습성수증기	고온해수	고온암석
사용 용이성	가장 높음 (가장 쉬움)	다소 어려움	어려움	가장 어려움
풍부함	가장 작음	다소 풍부함	풍부함	매우 풍부함
시추 깊이	2440 m	915 m	1370 m	3050 m
수증기 또는 물의 압력과 온도	7기압 200°C	2기압 230°C	1기압 240℃	400℃
탐사위치		Kilauca 화산 (Hawaii)	Imperial Valley	Marysvill Vallez Caldera

4) 건성암석원

이용가능한 지열의 대부분은 대수층보다는 건조한 암석에 저장되어 있다. 일반적으로 지열이 분포되어 있는 온도구배는 전 세계적으로 20～30°C/km이다. 온도구배가 이 정도라면 2.2 km 깊이에서 난방에 필요한 80°C의 온도를 얻기에 충분하고 5.5 km까지 들어가면 온도는 180°C까지 될 수 있다. 어떤 지점에서는 지열의 온도구배가 더욱 커서 40°C/km 이상 되는 곳도 있고 이와 같은 곳에 존재하는 암석을 고온 건성암석이라 한다. 수증기나 고온 물이 저장되어 있는 대수층은 에너지저장 매체가 열전달 유체이기도 해서 상대적으로 열에너지를 이용하기가 쉽다. 그러나 고온 암석의 열에너지를 이용하기 위해서 암석을 분쇄시킨 뒤 열회수용 물을 주입해야 하고 물이 흐를 수 있는 수로를 설치해야 한다. 암석을 분쇄하기 위해서는 찬물을 이용하여 열적 응력을 인가하거나 화학적 폭발 또는 핵폭발을 이용해야 한다. 고온 암석 탐사를 위해 많은 조사가 이루어지지만 아직 상용화된 설비는 없다. 고압의 해수나 고온 건성 암석 탐사로 야기되는 생태학적 영향을 판단할 수 있는 자료는 거의 알려진 것이 없다. 4가지 열원에 대한 특징은 표 10.3에 요약되어 있다.

5) 용융마그마

마그마 또는 용암(lava)은 고온암석의 극단적인 경우이다. 마그마는 650°C 이상의 고온에서 화산표면이나 그 아래 저장지에서 발견되어진다. 이 열을 이용하기 위한 연구가 진행되고 있지만 실용 가능한 방법은 아직 없다. 지열발전시스템의 특징은 다음과 같다.

① 자연에너지를 효과적으로 이용한다.
② 연료가 필요 없다.
③ 이산화탄소 배출하지 않는 깨끗한 에너지이다.
④ 반영구적으로 안전하게 이용할 수 있다.
⑤ 가동률이 높고 발전원가가 저렴하다.
⑥ 대용량 발전소를 완성하기 곤란하다.
⑦ 화산지대 등 지열이 나오는 지역에 한정된다.
⑧ 자연경관이 뛰어난 장소가 많아 주변 환경과의 조화를 도모해야 하는 등의 주의가 필요하다.

4 지열발전방식

대체에너지원으로 활용하기 위한 지열원으로는 지표면으로부터 수 내지 수십 미터 깊이의 흙(Ground source) 또는 지하수(Ground water source), 호수나 강물(Water source) 등을 들 수 있으며, 이러한 지열은 통상 건물의 냉난방 열원으로 활용되는데 이를 위한 주요설비로는 지열을 회수하기 위한 열교환기와 회수한 저온의 지열을 유효에너지로 변환시키기 위한 히트펌프(Heat pump)가 있다. 히트펌프란 지열과 같은 저온의 열원으로부터 열을 흡수하여 고온의 열원에 열을 주는 장치로서 열을 빼앗긴 저온측은 여름철 냉방에, 열을 얻은 고온측은 겨울철 난방에 이용할 수 있는 설비이다.

1) 증기발전

천연 건조증기를 생산정에서 추출해서 직접 터빈에 주입하고 배기는 대기 중에 방출하는 가장 간단한 발전방식이다. 이 발전방식의 시스템은 이탈리아의 라르데레로, 미국의 가이저, 일본에서는 마쓰가와 발전소에서 이용되고 있다.

2) 싱글플래시(SF)발전

SF발전 시스템은 지열유체가 증기와 열수인 경우 지열유체가 증기분리기로 유도하며 증기와 열수를 분리하고 분리한 증기로 터빈을 가동하여 발전하는 방식이다. 이 발전방식은 다키우에, 야마가와 오오키리, 오오다케 발전소에 가동하고 있다.

3) 더블플래시(DF)발전

DF발전 시스템은 기수분리기로 분리한 후 열수의 온도가 높은 경우 열수를 플래셔로 유도하며 다시 급탕하여 생긴 증기를 터빈에 주입해 출력을 증가시키는 방식이다. 이 시스템의 발전소는 하치초하라 발전소에서 이용하고 있다.

4) 바이너리 사이클발전

바이너리 사이클발전 시스템은 지열유체가 온도가 낮은 열수인 경우 열교환기를 이용해 저비점 유체를 통해서 매체증기로 터빈을 가동해서 발전하는 방식이다. 현재 연구개발이 추진되고 있는 단계로 아직 사용하고 있지는 않다.

5) 토털플로 발전시스템

생산정에서 추출한 지열유체를 열수와 증기로 분리되지 않고 직접 토털플로 팽창기에 넣어 발전하는 방식으로, 이 발전시스템은 현재는 토털플로 팽창기의 성능이 낮은 단계로 실용화 되지 않고 있다. 앞으로 개발 추진되는 경우 다른 지열발전방법에 비해 지열에너지를 효과적으로 이용할 수 있으므로 발전비용이 저렴하다. 기수분리기에서 나온 증기를 이용해 플래시 발전방식과 조합함으로써 고성능 지열발전 시스템구축이 기대된다.

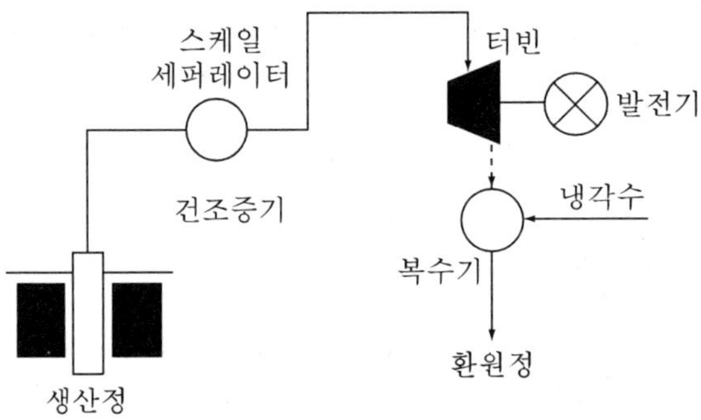

(a) 증기발전

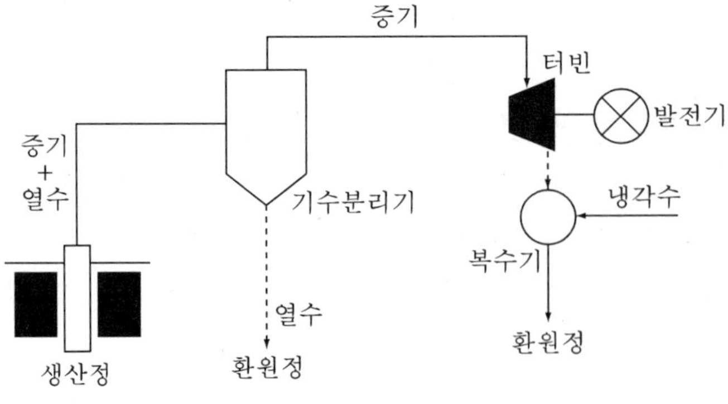

(b) 싱글플래시(SF)발전

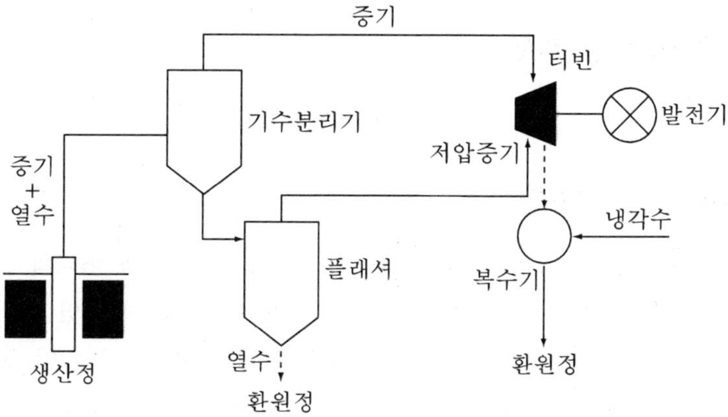

(c) 더블플래시(DF)발전

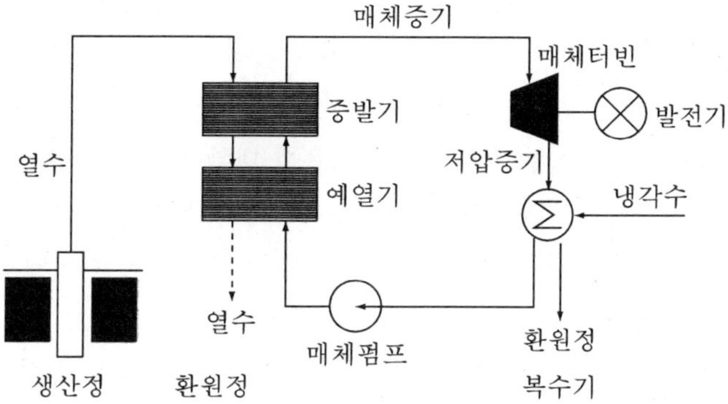

(d) 바이너리 사이클발전

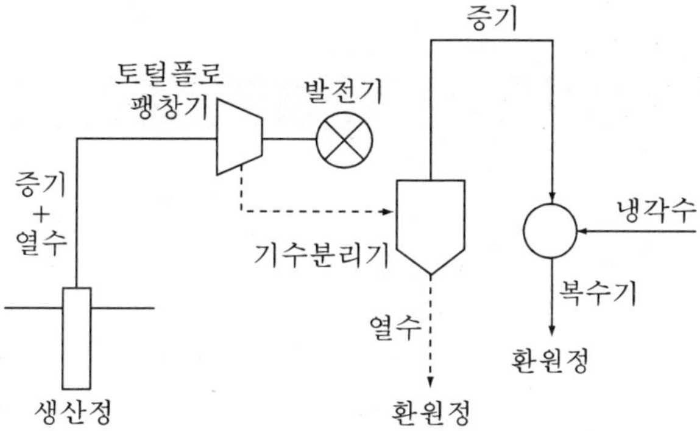

(e) 토털플로 발전시스템

그림 10.9 지열 발전방식

5 지열에너지 분포

5.1 천부지열 잠재량

천부지열이란 일반적으로 지표 아래 약 200~300 m 이내의 토양과 암석이 태양 복사열이나 지구 내부의 마그마 열 때문에 보유하고 있는 지중 열이거나, 10~15 m 심도 이하의 지하수가 보유하고 있는 에너지를 의미한다. 특정 깊이의 천부지열은 계절에 상관없이 연중 거의 일정한 온도를 유지하는 특성이 있다. 우리나라는 10여 년 전까지만 해도 지열에너지 활용 실적의 거의 전무하여 합리적인 추정한 자료가 전혀 없는 실정이었기 때문에, 우리나라와 지열부존 상황이 유사한 실정에서 지역난방이나 열펌프 활용이 매우 활발한 스위스의 경우를 참고하여 동일한 면적당 활용량을 가정하여 이용가능 자원량을 추정하여 왔다. 최근 국제적으로 심부지열 개발과 이용에 대한 관심이 높아져서 우리나라에서도 한국지질자원연구원을 중심으로 우리나라의 심부지열에너지 잠재량에 대한 조사 연구가 활발히 수행되었고, 의미 있는 결과들이 제시되고 있다. 반면, 천부지열 잠재량의 경우 국내 상황을 고려하여 제시되고 있는 연구가 아직까지 없어서 표 10.4에서는 여러 전문가의 의견 및 문헌조사를 통해 잠재량을 선정하였다.

표 10.4 우리나라의 천부지열에너지 잠재량

구 분		잠재량
지열원 온도 직접이용 가용잠재량		340,280 Mtoe/yr
히트펌프 이용가능 잠재량	지하수 직접이용	3,948 ktoe/yr
	폐쇄형 GSHP	5,249 ktoe/yr
	소계	9,197 ktoe/yr

1) 국내현황

2000년대 들어서면서 처음으로 지열히트펌프 시스템을 도입한 우리나라는 지난 2~3년 동안 연간 100% 이상의 지속적인 성장세를 보일 정도로 시장이 확대되고 있다. 2003년 말까지 약 30개소에 불과했던 지열히트펌프 시스템은 2007년에는 48,716 Wth, 2008년에는 118,893 kWth가 설치되었고, 2009년에는 누적설치용량이 약 334,000 kWth에 이르렀다. 정부는 지열히트펌프 시스템의 보급 확대를 위하여 '공공기관 설치의무화 사업', '일반 보급보조사업', '지방보급사업', '융자사업' 등의 지원제도를 운영하고 있다. 정부 보급 사업을 통한 지열히트펌프 시스템은 주로 교육시설과 사회복지시설에 적용되고, 그 외에도 공공기관과 상영용 건물 그리고 산업시설에 시공되었으며, 최근 그린 홈 100만 호 사업을 통한 보급사례도 나타나고 있다. 민간사업에 의한 지열히트펌프 시스템의 국내 보급 현황에 대한 정확한 통계자료는 아직 없지만, (사)한국지열협회의 2009년 조사결과에 따르면 민간재원으로 시공된 용량은 19,950 kWth이고, 25,760 kWth이 시공 중이다. 설계 중인 용량 93,800 kWth를 더하면 약 140 MWth가 시공될 것으로 추산된다. 또한 지열히트펌프 시스템 외에도 개별, 지역난방, 온실 온천 등의 직접이용 설비용량은 2010년 말 기준 약 43.6 MWth로 추정된다. 국가지원 보급 지원 사업에 의한 보급량과 민간사업에 의한 보급량을 합산할 경우에 2010년 기준 우리나라의 지열에너지 직접이용 설비용량은 약 652 MWth이다.

표 10.5 보급사업 및 설치의무화사업을 통한 국내 보급현황

구분		2005년	2006년	2007년	2008년	2009년	2010년	합계
그린홈 100만 호	개소	–	–	–	–	292	1,421	1,713
	용량(kWth)	–	–	–	–	5,024	13,694	18,718
일반보급 보조	개소	29	41	38	22	11	9	150
	용량(kWth)	8,832	16,604	27,535	14,046	6,828	5,113	78,958
지방보급 보조	개소	15	17	7	139	36	19	233
	용량(kWth)	5,247	3,717	2,622	88,564	14,393	11,089	125,632
설치의무화 사업	개소	147	123	107	146	391	351	1,265
	용량(kWth)	34,119	32,593	17,921	20,164	70,294	71,945	247,036
합계	개소	191	181	152	307	730	1,800	3,361
	용량(kWth)	46,820	52,914	48,078	122,774	96,539	101,841	468,966

국내에서는 아직까지 온천으로 이용하는 것 외에는 지열에너지를 본격적으로 이용하려는 시도가 그다지 없었고 지열 자원도 저온 염수가 주류를 이루고 있는 것으로 알려지고 있어 앞으로도 이런 추세는 지속될 것으로 보인다. 그러나 우리나라의 백두산과 한라산 지역은 분화 기록이 존재하는 휴화산으로 상당한 지열에너지 자원 부존 가능성이 있기 때문에 최소한 자원 탐사 활동은 필요하다고 할 수 있다. 1990년대 초 한국자원연구소에서 마산·창원 지역에 대한 지열 자원 조사를 실시한 바가 있다. 히트펌프를 이용하는 지열이용시스템은 운영비가 기존의 설비에 비해서 적은 반면 초기투자비가 커 경제성이 다소 약한 것이 단점이고 이에 따라 국내 지열이용 시스템 도입 실적은 2000년도에 최초 도입된 후 2004년 말 현재까지 설치된 곳은 학교, 레스토랑, 모텔 등 약 64개소이며 미8군 내 아파트 156동에 지열이용 열펌프 156대가 외국사에 의해 설계, 시공된 바 있다. 앞으로 고성능 히트펌프의 개발과 지중열교환기 효율이 높아진다면 히트펌프를 이용한 지열이용시스템의 보급은 점차적으로 증가할 것으로 예상되고 있다.

2) 국외현황

2010년 현재 전 세계 78개 국가에서 천부지열을 이용 기술을 활용하고 있다. 지열에너지의 활용방식 면에서 지열히트펌프 시스템이 설비용량 기준으로 전체의 약 69.7%(35,236 MWth), 이용량 기준으로 약 49%(214,782 TJ/yr)를 차지하고 온천 및 수영, 지역난방의 순으로 높은 활용도를 나타내고 있다. 최근 5년간(2005~2010년) 보급용량은 약 80%, 이용량은 약 60% 증가하였으며, 지열 히트펌프 시스템이 보급용량 기준 2.3배(연평균 18%), 에너지 이용량 기준 2.45배(연평균 19.7%)증가하여 가장 큰 증가폭을 보였다. 국가별로 살펴보자면, 미국이 설비용량을 기준으로 12,612 MWth를 보급하여 가장 많은 직접이용 설비를 보급한 것으로 나타나고 중국, 스웨덴, 독일의 순으로 나타난다. 이용량 기준으로는 중국이 20,932 GWh/yr로 가장 높은 이용량을 나타내며, 미국(15,710 GWh/yr), 스웨덴(12,585 GWh/yr), 터키(10,248 GWh/yr)의 순으로 높은 이용량을 나타내고 있다. 지열시스템에서 가장 중요한 설비인 지열원 히트펌프에 대한 연구는 1940년대 후반과 1950년대에 미국과 유럽에서 시작되었으며 본격적으로 난방을 목적으로 사용되기 시작한 것은 1970년대 유가파동 이후로서 현재는 미국에서만 매년 수만 기의 지열원 히트펌프가 설치되고 있으며 유럽국가에서도

표 10.6 전 세계 지열에너지 직접이용 현황(1995～2010년)

구분	보급용량(MWth)				이용량(TJ/yr)			
	2010	2005	2000	1995	2010	2005	2000	1995
지열히트펌프	35,236	15,384	5,275	1,854	214,782	87,503	23,275	14,617
지역난방	5,391	4,366	3,263	2,579	62,984	55,256	42,926	38,230
온실난방	1,544	1,404	1,246	1,085	23,264	20,661	17,864	15,742
양식업	653	616	605	1,097	11,521	10,976	11,733	13,493
농산물 건조	127	157	74	67	1,662	2,013	1,038	1,124
산업 이용	533	484	474	544	11,746	10,868	10,220	10,120
온천 및 수영	6,689	5,401	3,957	1,085	109,032	83,018	79,546	15,742
융설	368	371	114	115	2,126	2,032	1,063	1,124
기타	41	86	137	238	956	1,045	3,034	2,249
합계	50,582	28,269	15,145	8,664	438,073	273,372	190,699	112,441

사용이 급증하고 있는 추세이다. 특히, 미국은 지열협회(ISGHPA)를 중심으로 연구를 시작하여 1980년대부터 실용화 보급을 실시하고 있고 최근 오클라호마 대학을 중심으로 히트펌프회사, 시공, 설계, 진단업체가 활동 중에 있다. 일본은 지질구조상(지진 관련) 지열이용이 바람직하지 않은 것으로 여겨졌으나 미국회사와 공동으로 인공연못을 활용하는 지열교환기를 개발하여 지열냉난방 시스템을 완성하였고 현재 계속 연구진행 중에 있다.

5.2 심부지열 잠재량

지난 2008년 한국지질자원연구원과 에너지기술연구원의 연구결과에 따르면, 우리나라의 심도 5 km 기준 전체 부존잠재량은 2,352,347백만 toe이고, 개발 가능한 발전시설 입지 조건을 고려한 가용잠재량은 부존잠재량의 6.81%인 160.13백만 toe이다. 또한 125°C 에서의 발전효율 최대 10%를 적용(Clauser, 2006)하고 2%의 열회수율(MIT, 2006)과 가동률 73%(WEC, 2007)을 적용한 기술적 잠재량은 23.4백만 toe이다.

표 10.7 우리나라 심부지열 잠재량

구분	내용	잠재량(ktoe)
부존잠재량	• 심도 5 km 내 전국의 지열에너지 부존 총량	2,352,347,459
가용잠재량	• 개발가능 지역의 부존량(남한 면적의 6.81%) • 125°C 이상 지역 선정 • 발전시설 입지 고려 • 고도 200 m 이하로 한정	160,131,880
기술적 잠재량	• 현 기술수준으로 개발가능한 잠재량 • 열회수율 2%, 발전효율 125°C 기준 최대 10%, 가동률 73% 적용	233,793

자료 : 에너지관리공단(2010)

6 폐기물에너지 개요

폐기물에너지란 사업장 또는 가정에서 발생되는 가연성 폐기물을 가공・처리하여 얻어지는 고체, 액체 또는 기체 형태의 연료와 이를 연소 또는 변환시켜 발생되는 에너지를 의미한다. 대표적인 폐기물에너지로는 폐기물 고형연료 고분자 폐기물의 열분해 연료유 및 탄화물, 가연성 폐기물의 가스화 연료, 소각열 등이 있다. 최근 환경문제와 결부되어 사회적인 문제가 되고 있는 가정 및 산업폐기물의 처리를 위하여 전 세계적으로 많은 연구가 진행되고 있으며 영국의 Juniper Consultancy Services Ltd.는 세계 각국의 폐기물 처리 현황 및 공정 분석을 실시하였다. 분석된 자료에 의하면, 열분해를 통해 처리되는 폐기물 중 50% 이상이 타이어(tyre) 및 MSW (Municipal Solid Waste)로 나타났고, 가스화를 통해 처리된 대상 폐기물 중 60% 이상이 agri-waste 및 MSW인 것으로 분석되었다. 특히, 공정은 가스화 및 열분해 기술을 조합하여 구성된 경우도 있었으나 공정의 단순화를 위하여 전체공정의 60% 이상이 가스화 또는 열분해의 1 stage process를 구성하고 있음을 알 수 있었다.

그림 10.10 폐기물

6.1 폐기물에너지의 종류

1) 성형고체연료(RDF)

종이, 나무, 플라스틱 등 가연성 폐기물을 파쇄, 건조, 분리, 성형 등의 공정을 거쳐 제조된 고체연료이다.

2) 폐유 정제유

자동차 폐윤활유 등의 폐유를 감압증류법, 열분해 정제법, 이온정제법 등의 공정으로 정제하여 생산된 재생유이다.

3) 플라스틱 열분해 연료유

플라스틱, 합성수지, 타이어, 고무 등의 고분자 폐기물을 열분해하여 생산되는 청정 연료유이다.

4) 폐기물 소각열

가연성 폐기물 소각열 회수에 의한 스팀생산 및 발전, 시멘트킬른 및 철광석 소성로의 열원 이용 등이 있다.

6.2 폐기물에너지 기술

1) 가스화(Gasification)

가스화란, 탄화수소계 유기물을 부분산화를 통해 CO, H_2 및 CH_4 등과 같은 혼합 가스 형태로 전환하는 공정으로 유기물 속의 탄소성분의 일부가 산화제인 산소 또는 공기에 의해 산화되어 연소되는 연소열을 이용하여 혼합가스 생성에 필요한 열을 공급한다. 가스화 공정의 개발은 1970년대와 1980년에 있었던 두 차례의 Oil shocks 이후이고 폐기물 처리를 위한 가스화 공정의 도입은 폐기물의 매립에 의해 발생될 수 있는 매립장소의 한정 및 환경적 요인과 재래식 방법의 연소를 통한 폐기물 처리 시 발생되는 기술적인 문제를 해결하기 위한 것이었다. 가스화란 폐기물 속의 탄소성분을 산소 또는 공기 및 스팀을 가하여 합성가스(Syngas) 및 Ash residue로 전환하는 공정을 의미한다. 일반적으로 가스화제로서 공기를 투입하는 경우 반응온도는 900～1,100°C, 산소를 사용하는 경우 1,000～1,400°C를 유지한다. 가스화 공정은 일반적으로 폐기물로의 열전달을 통한 건조과정, 폐기물로부터의 휘발성 유기물질 및 합성가스의 발생과 타르 및 Char가 발생되는 과정, 추가적인 부분산화에 의한 Char의 가스화 및 Tar의 열분해 과정의 주요 과정을 거치게 된다.

2) 열분해(Pyrolysis)

산소를 공급하지 않는 상태에서 400～800°C로 유기물질을 가열에 의해서만 흡열반응을 통한 열적으로 처리하는 과정을 의미한다. 온도 및 체류시간에 따라 가스, 오일 및 Char의 생성되는 양은 변화된다. 열분해의 부산물은 가스, 액체 및 고체의 탄화물이며 생성량은 열분해 온도 및 압력에 따라 변하게 된다. 열분해 공정은 연소 및 가스화 공정과는 다르게 자체적으로 열분해에 필요한 열원을 갖지 못하기 때문에 외부에서 반응기 벽을 통하여 열원을 공급해 주어야 한다.

3) 폐기물 고형연료(RDF)

폐기물 고형연료(RDF : Refuse Derived Fuel)는 폐합성수지류, 폐재류, 폐종이류 등과 같은 가연성 고체폐기물을 원료로 하여 수분과 불연성 성분들을 제거하고 분쇄, 분리, 선별, 성형, 건조 등의 가공 공정을 거쳐서 제조되는 고위발열량이 5,000 kcal/kg 이상인 저공해 고체연료를 말한다. RDF는 산업 보일러 및 발전 연료와 생활 연료로서 다양한 분야에 활용이 가능하며 일반적인 소각 방법에 비하여 수송성, 저장성, 연소 안정성이 우수하여 소각시설의 열에 따르는 많은 문제점을 해소할 수 있고, 폐기물의 에너지화 기술 중에서 상대적으로 경제성이 높은 장점을 갖고 있다. 자원재활 촉진법에는 생활폐기물과 폐플라스틱으로 만든 고형연료를 구분하고 있고 생활폐기물로 만든 고형폐기물연료제품을 라고 하며 폐플라스틱 RDF, 60% 이상 함유한 고형연료제품을 RPF (Refuse Plastic Fuel)이라고 한다. 생활폐기물을 RDF로 만들려면 수분을 건조해야 하고 병, 돌, 철, 흙 또는 알루미늄 깡통과 같은 불연물을 제거해야 한다. 이를 위해서 우선 폐기물을 작게 파쇄한 후 건조를 하고 건조된 폐기물에서 불연물을 선별하고 마지막으로 성형기에서 펠렛으로 생산하며 성형할 때 공해가스를 줄이기 위해서 석회를 첨가하기도 한다. RDF의 연소기술은 기본적으로 석탄보일러에서 고체연료 연소기술과 유사하며 연소실, 열교환기, 공해방지시설 등으로 구성된다. 다만, 석탄과 달리 RDF는 염소성분이 다소 많으므로 과열증기관 등에서 고온부식문제에 대응하는 기술과 공해방지시설을 RDF 특성에 맞게 고려해야 한다.

① 저장과정 ② 선별과정 ③ 파쇄과정

④ 건조과정 ⑤ 성형압출과정 ⑥ 필렛화

그림 10.11 쓰레기 RDF생산 공정 및 과정

4) 기술 비교

국내 지방자치단체들이 운영하는 소각로는 165개로 대부분 스토커 방식이다. 스토커 방식은 800°C 정도의 온도에서 쓰레기를 태운다. 스토커 방식은 설치비와 운영비가 저렴한 반면 불완전 연소할 경우 다이옥신 등 유해가스 배출우려가 있고 소각재를 다시 처리해야 하는 단점이 있다. 가스화 및 용 설비의 경우 연소실의 온도가 1400～1800°C의 고온에서 폐기물이 처리됨으로써 소각재까지도 용융시키고, 탕이 되어 흘러내리는 소각물은 수쇄 처리되어 모래형태의 골재로 재활이 가능하다. 따라서 고온열분해가스화 용융소각의 경우 다이옥신 뿐 아니라 저산소 조건으로 공해물질이 배기가스 SO_x, NO_x로 나올 수 없을 뿐 아니라 중금속 덩어리 등의 소각재도 일체 배출되지 않는 장점을 갖는다. 무엇보다 열분해 가스화방식으로 소각하면서 발생되는 에너지를 회수해 자원화 할 경우에 인근 하우스단지나 양식장, 주택 등에 저렴한 가격으로 난방 공급 또한 가능할 것이다. 열분해 기술은 400～550°C의 무산소 분위기에서 이루어지며 분해온도에 따라 생성가스의 성분이 변화되며 분해온도가 높을수록 열분해 후 생성되는 가스는 탄소수가 적은 합성가스로 분해된다. 가스화의 경우 용융공정을 거치지 않는 750°C 전후의 열분해 가스화 기술이 있으며 최종 생성물을 액상 또는 기상으로 회수하느냐에 따라 차이가 있다. 또한 1,300°C 이상의 용융공정을 거치는 가스화 공정의 개발이 최근 활발히 이루어지고 있다.

표 10.8 화학적 폐기물에너지화 기술의 특징

구분		열분해	가스화	소각열 회수 이용
산화제 공급		무산소 분위기	완전연소에 필요한 산소보다 부족한 산소량	완전연소에 필요한 이상의 공기 공급
온도		400～550°C	750～1300°C	1000°C 내외
생성물	가스상	탄화수소계열의 가스가 주성분인 합성가스로 응축하여 오일을 얻을 수 있음	CO, H_2가 주성분인 합성가스	CO_2, H_2O가 주성분인 연도가스(Flue gas)
	고상	불연분, 탄화물	슬래그(용융 시) 재(비용융 시)	소각재(Ash)
에너지 이용방법		폐기물의 화학에너지를 합성가스로 변환시켜 액상연료 회수 또는 탄화물 제조 이용	폐기물의 화학에너지를 합성가스로 변환시킨 후 이를 연료가스 및 화학원료로 이용	폐기물의 화학에너지를 열에너지로 변환하여 증기를 얻어 발전 및 난방

7 제조공정

1) 열분해/가스화 용융공정

150여 년 전부터 폐기물로부터 직접에너지를 회수하는 방법인 재래식 소각시스템이 널리 이용되고 있지만 다이옥신의 배출 우려, 낮은 열 회수율, 시설의 초대형화, 소각재의 2차 처리 요구 등의 단점이 있었다. 현재에는 이들 문제를 해결할 수 있는 대기 오염제어 장치가 설치되고 에너지 회수율을 높인 열 회수 이용 장치가 장착된 소각시스템이 보급되고 있으며, 특히 소각기술을 대체할 수 있는 열분해/가스화 용융공정의 개발 보급이 2000년 이후부터 증가하고 있다. 또한 사업장 폐기물의 경우 발열량이 높은 석유화학계 폐기물의 경우 소각 등에 의한 단순 에너지화보다는 연료나 그림 10.12에 나타낸 바와 같은 열분해 공정을 이용하여 대체 발전용 연료나 화학원료를 제조하는 기술들의 보급이 자원의 재순환 측면에서 경제적이라고 판단되어 이들 기술의 보급과 개발이 이루어지고 있다. 결과적으로 폐기물에너지화는 비교적 단기간 내에 사용화가 가능하고

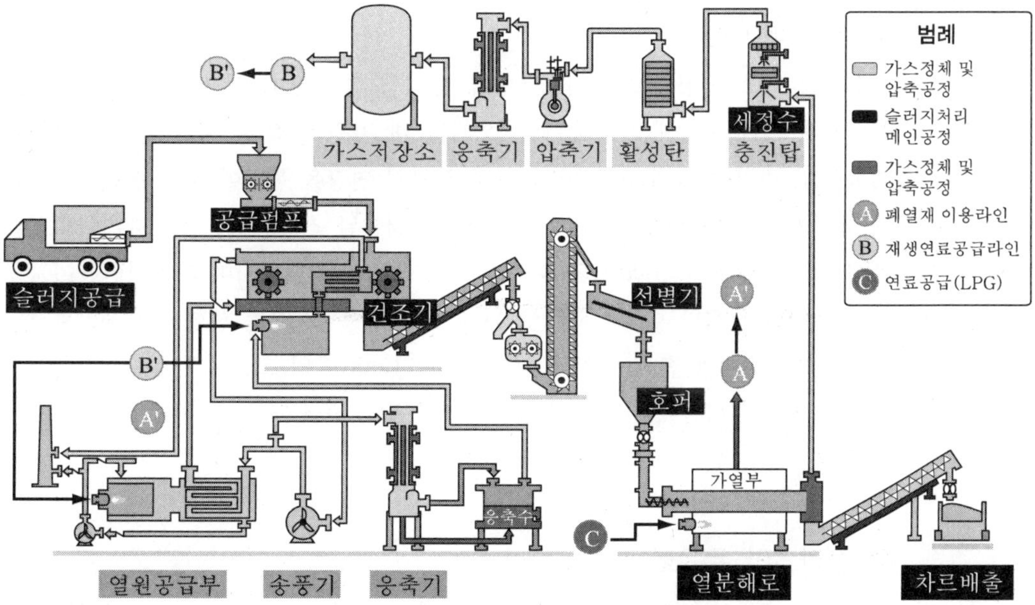

그림 10.12 열분해 가스에너지화 및 폐열재활용

다른 신재생에너지에 비하여 경제성이 매우 높고 조기에 보급이 가능하다는 장점을 갖고 있으면서 폐기물의 청정 처리 및 자원으로의 재활용효과가 크기 때문에 폐기물의 적극적인 대체 에너지 자원으로서 활용이 이루어지고 있다. 국내에서도 현재 신재생에너지 분야에서 폐기물에너지가 차지하는 비중이 제일 크다.

2) 유동상 소각로

유동상 소각로는 자동화 운전, 악취방지, 그리고 쓰레기 및 유해 폐기물에 함유된 유해 물질의 처리 제거도 고려한 최신 시스템이다. 유동상 소각로의 유동사는 쓰레기가 연소할 때 발생하는 열에 의해 가열되므로, 한 번 유동사를 가열한 후에는 보조연료가 필요하지 않고 폐열보일러로 여열을 회수하여 시설 내에 필요한 전력은 물론, 여열을 다목적으로 이용할 수 있다. 모든 쓰레기들에 대응이 가능한 유동상 소각로의 특징에 공해방지 기술을 접목시킨 유동상 소각로는 향후 쓰레기 처리 행정을 효과적으로 지원할 수 있다. 소각로 내부에 직경이 0.5～0.8 mm 정도의 유동사를 넣어 하부에서 공기를 불어 넣으면 유동사는 마치 끓고 있는 뜨거운 물처럼 된다. 따라서 600～700°C로 가열된 유동사로 채워진 소각로 내에 투입된 쓰레기는 완전히 연소가 된다.

3) 가스화 용융로

유동상 가스화 용융로는 다이옥신류 등의 오염물질 대폭 저감, 쓰레기 보유에너지에 의한 소각재의 용융처리, 쓰레기 내 자원의 회수, 시설 운전유지비의 대폭저감, 소각재 슬래그에 의한 최종처분장의 연장을 통하여 최근 쓰레기 처리에 요구되고 있는 문제를 해결하기 위하여 개발된 최신 기술이다. 폐기물의 열분해 가스화는 500～600°C의 유동상 가스화로에서 행해지며 가스화반응이 완만히 일어나 균질한 발생가스를 얻을 수 있다. 생성가스는 선회식 용융로로 보내어져 연소공기와 함께 선회하면서 1,300～1,400°C의 고온에서 연소되며 생성가스에 포함된 비산재는 용융되어 슬래그로 됨과 동시에 고온 하에서 다이옥신을 분해 제거한다.

4) 플라즈마 용융로

플라즈마는 약 4,000～12,000°C 사이에 존재하는 고도로 이온화된 물질을 말한다. 플라즈마에 전류를 흘리면 플라즈마중의 에너지는 쉽게 상승하고 급격히 고온, 고밀도의 열원으로 된다. 플라즈마 용융로는 그 열을 이용함으로써 산업폐기물이나 소각재를 용융하여 슬래그화 하는 첨단의 폐기물처리설비이다.

5) 슬러지 건조기

드럼 대류형 건조기는 드럼 고효율의 슬러지건조를 통하여 슬러지의 경제적 처리 및 활용을 실현할 수 있도록 한다. 400°C로 가열된 고온공기와 슬러지를 직접 접촉시켜 건조 드럼 내 슬러지의 이송을 행하면서 수분 10～20%까지 완전히 건조시킨다.

8 석탄액화 기술개요

8.1 개념

석탄가스화·액화기술은 저급연료(석탄, 폐기물, 바이오매스 및 중질잔사유 등)를 산소 및 스팀에 의해 가스화한 후 생산된 합성가스(일산화탄소와 수소가 주성분)를 정제하여 전기, 액체원료, 화학연료 및 수소 등의 고급에너지로 전환시키는 복합기술로서 가스화기술, 합성가스 정제기술, 합성가스 전환기술로 구분된다. 석탄가스화·액화기술을 이용하면 원유로부터 추출하는 대부분의 화학물질을 합성을 통하여 제조가 가능하고, 기후변화협약, 환경규제, 자원의 제약에 대응할 수 있는 석유나 천연 가스의 고갈에 대비한 안정적인 에너지원 확보 차원에서 저공해, 저비용, 고효율화된 기술이다.

석탄액화(CTL : Coal To Liquid)는 석탄가스화, 탈황, CO_2 분리 등의 과정을 거쳐서 만들어진 합성가스를 피셔트롭쉬(Fisher-Tropsch) 등의 공정을 통하여 디젤을 위주로 한 중질유, 올레핀, 가솔린 등의 합성석유를 제조하는 것이다. 석탄액화 방식에는 직접액화와 간접액화 방식이 있다. 직접액화기술은 액체 솔벤트와 함께 400°C 이상, 100 bar 이상에서 촉매를 사용하여 석탄에서 원하는 성분을 뽑아내어 수소를 첨가시키는 방식이고, 간접액화기술은 석탄을 가스화 시켜 CO와 수소가 주성분인 합성가스를 만들고 이를 정제한 후에 피셔트롭쉬 공정이나 메탄올가솔린 변환(MTG : Methanol To Gasoline) 공정으로 합성 연료유를 생산하는 기술이다.

8.2 석탄액화기술

탄소가 수없이 연결된 석탄을 온도를 높여서 분해하여 녹여내는 직접액화기술과, 석탄을 1,000°C 이상의 고온에서 산소, 수증기와 함께 완전히 분해하여 가스로 만든 후에 이 가스를 촉매로 조합하여 기름을 만드는 간접액화기술로 나뉜다. 이 두 기술 모두 1920～1930년대에 독일에서 상용화되었다. 석탄간접액화기술은 탄소가 주성분인 석탄을 고온에서 수증기 및 산소와 반응시켜 일산화탄소와 수소로 바꾸고 이 가스에 포함된 황화합물을 제거한 후에 촉매로 반응시켜서 탄화수소가 주성분인 액체연료로 전환시키는 기술이다. 간접액화의 주요공정은 석탄가스화, 석탄가스 정제 및 액화공정으로 각각의 기술은 다음과 같다.

1) 석탄가스화공정

가스화는 탄소계 연료가 소량의 산소에 의해 부분산화 되고 일부의 탄소는 스팀에 의해 수성가스화 되어 일산화탄소 및 수소로 전환되는 반응이 고온(800～1,500°C)에서 일어나는 것을 말한다.

2) 정제공정

가스화에 의해 만들어진 합성가스에 포함된 불순물은 황화합물(H_2S, COS), 분진, 질소화합물(NH_3), 할로겐화합물(HCl) 및 수은 등이 있다. 분진의 제거를 위해 세라믹필터 또는 금속필터가 사용 중이나 가격 및 성능의 개선의 여지가 많다. 수은은 개량 활성탄을 이용하여 제거한다. 황화합물은 상온 및 저온에서 액체를 사용하여 제거하는 기술이 상용화되어 있다. 액화공정의 촉매를 보호하기 위해서는 황성분이 ppv 레벨로 제거되어야 하므로 상용 석탄액화공정에서는 Rectisol 공정을 사용하고 있다. Rectisol 공정은 －40°C의 저온메탄올을 이용하여 물리적으로 산성가스를 제거하는 공정으로 황성분을 0.1 ppm 이하로 제거할 수 있다. 유지비용이 비교적 낮고 저렴한 용제인 메탄올을 사용하며 황 이외에 CO_2도 동시에 제거되는 장점이 있다. 하지만, 고온의 석탄가스를 －40°C의 저온으로 냉각하고 다시 200°C 이상으로 가열하는 과정에서 많은 에너지 손실이 있기 때문에 중고온에서 탈황함으로써 에너지를 절약하는 신공정이 개발 중이다.

3) 액화공정

액화공정의 핵심은 반응기와 촉매기술이다. 일산화탄소와 수소가 반응하여 탄소수가 여러 개인 탄화수소로 바뀌는 Fischer-Tropsch (FT) 반응은 온도 및 압력과 같은 반응조건과 합성가스의 조성, 그리고 사용되는 촉매의 종류에 따라 생산되는 제품이 달라진다. 특히, 온도가 영향을 많이 끼친다. 220～250°C에서 운전되는 저온 공정에서는 왁스 등분자량이 큰 탄화수소가 많이 생성되고, 330～350°C에서 운전되는 고온 FT 공정에서는 휘발유, 디젤 및 분자량이 작은 탄화수소가 많이 제조된다. 고온 FT공정에서는 생산되는 제품은 기체연료인 메탄, LPG성분부터 휘발유, 경유, 왁스, 알코올 등 매우 다양하여 액화반응기 후단부에 제품 분리 공장이 크게 설치어야 한다. 따라서 고온 FT공정을 적용하는 석탄간접액화공장은 규모가 커야 복잡한 제품의 분리 및 각각의 저장에 필요한 투자를 할 수 있다. 최근 액화공정의 추세는 저온 FT공정을 채택하여 제품의 종류를 단순화하고 후단부 제품처리 부분을 최소화하여 전체 공정의 투자비도 줄이는 방향으로 진행되고 있다. FT 반응용 촉매는 철과 코발트가 주로 사용된다. 불순물에 비교적 잘 견디고, 넓은 범위의 수소/일산화탄소 비율을 가진 합성가스를 처리할 수 있고, 저온 및 고온 모든 온도에서 활성을 나타내는 철촉매가 현재로는 석탄액화용 FT공정에 적합한 촉매이다. 저온 FT공정에서 제조된 왁스는 탄소의 수가 20개 이상의 고분자물질로 상온에서는 양초와 같은 고체이다. 이 왁스를 수소와 함께 촉매를 이용하여 분해하면우리가 원하는 크기의 물질로 만들 수 있다. 보통의 경우 왁스의 수소화 분해로 70 : 30 비율의 디젤유와 납사가 만들어진다. 석탄간접액화에 의해 제조된 디젤유는 황성분이 거의 없고 세탄가가 높은 친환경연료이다. 현재로는 기존 디젤에 섞어서 사용할 때 가장효용성이 좋다고 알려져 있다.

제 10 장 연습문제

(1) 지구중심부의 온도는 4,000℃에 달한다. 우리가 이용할 수 있는 의미에서의 지열에너지란 지표에서 수 km 깊이 이내의 있는 열에너지이다. 우리가 사용할 수 있는 지열에너지의 깊이는 어느 깊이 내에 존재하는가?

① 지하 300 m ② 지하 400 m
③ 지하 2 km ④ 지하 5 km

(2) 전 세계 지열에너지 직접이용 현황 국가별 설비용량을 기준해서 가장 많은 이용량을 가진 나라는 어디인가?

① 스웨덴 ② 중국
③ 미국 ④ 독일

(3) 폐기물에너지 종류에 대한 설명으로 옳게 설명되지 않은 것은?

① 성형고체연료(RDF) – 비닐, 깨진 유리 등 재활용 할 수 없는 것을 소각할 때 나오는 뜨거운 증기와 열
② 폐유 정제유 – 자동차 폐윤활유 등의 폐유를 이온정제법, 열분해 정제법, 감압증류법 등의 공정으로 정제하여 생산된 재생유
③ 플라스틱 열분해 연료유 – 플라스틱, 합성수지, 고무, 타이어 등의 고분자 폐기물을 열분해하여 생산되는 청정 연료유
④ 폐기물 소각열 – 가연성 폐기물 소각열 회수에 의한 스팀생산 및 발전, 시멘트 킬른 및 철광석소성로의 열원 이용 등

(4) 지구는 하나의 거대한 보일러이다. 이것을 이용한 에너지 전환 장치는 여러 가지가 있지만 현재 발전에 이용되는 것 중 옳은 것은?

① 지열로 발생한 증기를 이용하는 것이다.
② 지열로 발생한 파력을 이용한 것이다.
③ 지열로 발생한 압력을 이용하는 것이다.
④ 지열로 발생한 높은 온도를 이용하는 것이다.

(5) 지열에너지의 개념 중 지구의 99%는 몇 ℃ 이상인가?

① 2,000°C 이상 ② 1,000°C 이상
③ 500°C 이상 ④ 200°C 이상

(6) 지구 내부에 저장된 무한한 열에너지로 온실가스 배출이 적으며 태양광, 풍력 등 다른 신재생에너지와는 달리 기후나 지형적인 조건의 영향을 받지 않고 지속적으로 에너지를 공급할 수 있는 항상성 에너지로 무엇을 담당하는가?

(7) 폐기물 공정에서 열분해란 산소를 공급하지 않은 상태에서 400~800℃로 유기물질을 가열에 의해서만 흡열반응을 통한 열적으로 처리하는 과정을 의미한다. 온도 및 체류시간에 따라 가스, 오일 및 char의 생성되는 양은 변화된다. 열분해의 부산물은 가스, 액체 및 고체의 탄화물이며, 생성량은 어느 것에 영향을 받는가?

해답

1. ① 2. ③ 3. ① 4. ① 5. ②
6. 기저부하 7. 열분해 온도 및 압력

11

수소에너지

1 수소에너지 개요

현재 가장 많이 사용하고 있는 화석연료인 석유, 석탄, 천연가스 등과 같은 화석연료는 사용 후 재생이 불가능하고 매장량이 한정되어 있으며 연소 시 발생되는 공해물질은 환경오염의 원인이 되며 지구온난화를 가속시킨다. 이러한 화석연료의 문제점을 해소하기 위해 무한한 자원을 가지고 있으면서 깨끗하고 안전한 대체에너지에 대한 개발이 새롭게 구축되어야 한다. 이러한 맥락에서 차세대의 이상적인 대체에너지로서 각광받고 있는 것이 수소에너지이다. 미래의 에너지원인 효율적 수소생산기술과 수소저장 및 수송기술, 안정성 기술 등 수소를 이용한 응용기술에 초점을 두어 각 분야의 연구를 상호적으로 결합하여 미래의 에너지 안보 및 국가 경쟁력을 높이는 중요한 요소가 될 수소에너지 기술 확보에 세계 각국이 노력을 기울이고 있다.

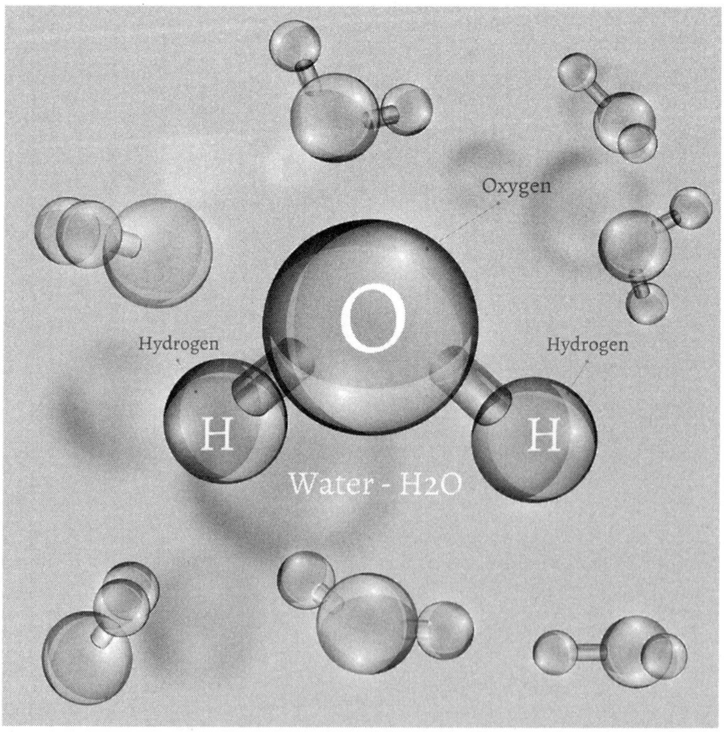

그림 11.1 물 분자

태양에너지의 원천인 수소는 우주가 시작할 때부터 자연에 존재했지만, 인간이 수소라는 이름을 정의하기 시작한 지는 2백년 정도가 지났을 뿐이다. 이 기간 동안 인간에게 영향을 끼친 수소의 존재는 현재 이루어진 화학과 물리의 역사라고 볼 수 있다. 이 수소가 이제는 지구의 미래를 맡는 주역이 되고 있는 것이다. 수소의 발견은 영국의 과학자 헨리 캐번디시(Henry Cavendish)가 1776년 전기 불꽃으로 수소와 산소를 결합하여 물을 생성하는데 성공하면서 시작되었다. 당시까지만 해도 물 성분들 이름이 정해지지 않는 상태에서 캐번디시는 하나를 생명유지 기체, 다른 하나를 가연성기체라고 불렀다. 프랑스 화학자 앙투안 로랑 라부아지에는 1785년 캐번디시의 실험을 재현하여 성공한 뒤 생명유지 기체를 산소로, 가연성기체를 수소로 명명하였다.

수소이용의 역사를 보면, 놀랍게도 최초의 내연기관은 수소를 이용한 기관이었다. 리비츠의 수소기관은 1805년 제안되었고, 세실은 1820년에 수소기관을 제안하였다. 19세초에는 석탄가스화에 의해 만들어진 도시가스가 유럽과 미국에서 난방 및 조명의 역할로 사용되었고 이 가스에는 수소가 50% 함유되어 있었다. 1911년 화학자 보쉬(Carl Bosch)가 수소와 질소로 암모니아와 비료를 합성하는 방법을 개발한 뒤로 비료제조에 주로 수소가 사용되었다. 수소가 항공연료로 처음 사용된 것은 1920～1930년대의 일이다. 독일의 엔지니어들은 대서양 정기항로에 투입된 상용 체펠 비행선의 추진연료의 하나로 수소를 사용하였다. 1930～1940년대 독일, 영국은 실험용 자동차와 기차 그리고 잠수함 등의 연료로 수소를 사용하였다. 오늘날 세계에서 생산되는 수소 중 상당량이 암모니아 비료 생산 등의 화학공업, 식용유의 경화처리 등 식품가공업, 금속산업, 반도체 산업 등에 쓰이며 발전기 냉각용 등 다양한 방면으로 사용된다. 수소의 주원료는 천연가스, 원유와 같은 화석연료가 주류를 이루며 인공위성 추진체에 사용되고 대부분은 산업용으로 사용되고 있다. 하지만, 에너지로서의 수소의 가치는 수소가 발견되고 200년 정도가 흐른 1973년 유한한 화석연료의 인지와 환경오염이 심각해지고 난 후였다. 각국이 수소에너지에 대한 관심을 가지고 국가적 차원의 연구계획을 시작하였으며 대규모 실용화 목표는 1980년대 중반 독일에서 시작되었다. 그 이후 수소기술개발 계획은 미국과 일본에서도 본격적인 계획수립에 착수되어 미국은 1990년, 일본은 1993년에 각각 대규모 수소기술 개발 프로그램을 시작하였다. 또한 아이슬란드는 수소에너지 경제권의 창조를 목적으로 국가프로젝트를 시작하였다.

2 수소에너지 기술

2.1 수소의 제조기술

수소의 제조기술에는 태양광분해법, 열화학 사이클법, 전기분해법, 고온열분해법, 화석연료로부터 얻는 제조기술이 있다. 먼저 태양광분해법은 태양에너지로 물을 분해해서 수소를 제조하는 것으로 반도체소자를 이용하여 태양광을 전기에너지로 변환시키고 동시에 물 분해를 수행시키는 광전기 화학법 광증감제나 광촉매를 이용하여 물의 분광학적 분해를 가져오는 광촉매법, 미생물을 이용해서 광합성과 같은 원리로 수소를 제조하는 생물학적 광분해법 등 여러 가지 방법이 있다. 열화학 사이클법은 500~1,000°C 정도의 열원으로 가능한 화학반응들을 조합하여 물을 분해하는 사이클을 구성하는 것으로 이론적으로는 열효율이 아주 높은 물의 분해기술이다. 하지만, 화학반응에 관여하는 화합물의 분리 이송 반응장치의 재질선택 등에 문제점이 있다. 1990년 이래로 200가지가 넘는 많은 열화학 사이클들이 제안되어 연구되고 있으나 아직까지 실용화에 접근한 사이클은 없다. 전기분해법은 가장 오래된 방법으로서 실용화된 기술이지만, 값싼 수력발전이 이용되는 캐나다나 노르웨이 등을 제외하고는 경제성이 없어서 현재는 널리 사용되고 있지 않으며 캐나다 노르웨이 등 값싼 수력자원이 풍부한 지역에서는 아직까지도 사용되고 있는 수소 제조방법이다. 국내에서도 몇 군데 전기분해 시설이 있지만, 현재는 거의 사용되지 않고 있다. 다만 최근 용접분야에서 이용의 편의성으로 수산화가스 발생기라는 기기가 보급되고 있는데, 이는 물의 전기분해로 수소와 산소의 혼합기체를 제조하고 이를 토치에서 연소시켜 용접이나 절단용으로 사용하고 있으며 기타 이용방법에 대하여도 적용을 검토하고 있다. 향후 전기분해에 의한 수소제조기술은 태양광발전시스템, 풍력발전 등의 대체전원이나 심야전력과 같이 발전소의 부하전력 변화에 따라서 생기는 잉여의 기저전력을 이용하여 제조함으로써 에너지의 저장수단으로 보급되리라 전망하고 있다. 따라서 기존의 알칼리 전기분해를 대신해서 장치가 간편하고 효율이 우수한 고체고분자전해질 전기분해기술 등에 대한 수요가 요구되리라 생각되고 있다. 고온열분해법은 2,500°C 정도의 고온으로 직접 물을 분해시켜 수소를 제조하는 기술이지만, 고온을 얻는 고온장치의 개발, 고온에서 생성되는 수소의 분리방법 등 어려운 문제점이 많은 기술이다. 석탄, 석유, 천연 가스와 같은 화석연료를 주로 사용하는 현재의 에너지 시스템에서 수소의 대부분은 이들 화석연료의 처리과정에 의해 얻어지고 있다. 이렇게 얻어지는 수소는 대부분 공정가스로 사용되고 있으며 이들 중에 여분이 주로 정제과정, PSA (Pressure Swing Adsorption)를 거쳐 순수한 수소제품으로 판매되고 있다.

표 11.1 국내의 수소 제조 및 이용현황

제조(%)		이용(%)	
화석연료	96	석유정제	36
가성소다제조	3	암모니아합성	5
기타(전해, coke overn gas)	1	기타 석유화학공업	11
		기타	3
총 약 220,000톤(2,464 × 10^6 m^3)			

표 11.2 수소제조 기술 비교

Production process	Status of technology
Steam reforming of natural gas	Mature
Catalytic decomposition of natural gas	Mature
Partial oxidation of heavy oil	Mature
Coal gasification	R&D-mature
Steam-iron coal gasification	R&D
Electrolysis of water	Mature
Thermochemical cycle (pure)	R&D
Thermochemical cycle (hybrid)	R&D
Photochemical processes	Early R&D
Photoelectrochemical processes	Early R&D
Photobiological processes	Early R&D
Integrated process	Early-mature

2.2 수소의 저장기술

수소에너지 시스템을 실용화하기 위해서 안전하고 효율적인 수소의 저장과 수송기술이 필요하다. 수소의 저장기술은 많은 분야에서 연구개발이 진전되어 있고, 특히 우주개발 등의 경제성과 관련 없는 특수 분야에서 실용화되어 수소 저장합금에 의한 저장과 액체수소로의 저장기술은 몇몇 선진국에서는 이미 확보된 기술이다.

1) 고압수소 저장

국내에서 사용되는 수소의 대부분은 고압으로 저장되어 수송·유통되고 있다. 주로 내용적 46.7 L인 망간강 또는 합금강 용기에 150 kg/cm^{2}의 수소기체를 충전한 것이 사용되며 대량 수송용인 경우에는 내용적 510 L, 충전압력 200 kg/cm^{2}의 용기도 사용되고 있다.

2) 액체수소 저장

액체수소의 저장에는 20 K 정도의 매우 낮은 온도가 필요해서 성능이 우수한 단열재가 요구되며 단열방법으로는 진공단열, Perlite로 충진한 후 진공하는 방법 등이 사용되고 있다. 액체수소의 저장을 위한 초단열재의 개발, 저장에 따른 비용의 저렴화, 장치의 안전성 확보 등에 대한 기술이 필요하다.

3) 수소저장합금 저장

수소저장합금은 단위 체적 당 약 1,000배의 수소를 저장할 수 있으므로 고압 봄베나 액체수소보다 높은 밀도로 수소를 저장할 수 있고 내고압 용기를 필요로 하지 않으며 장시간 안전한 저장이 가능하다. 수소저장에 사용되는 수소저장 합금으로는 합금의 활성화가 용이하고 단위체적 및 단위 중량당 수소 저장량이 가능한 큰 것이 요구된다. 이와 같은 합금으로는 $LaNi_5$ 및 TiFe 등이 있으며 이들의 특성을 개선하고 값싸게 하기 위해서 여러 가지 합금들이 개발되고 있다.

4) 기타 저장기술

앞서 살펴본 고압의 기체, 액체수소에 의한 수소 저장기술은 기존에 상용화되어 있는 기술이고 수소저장합금에 의한 수소저장은 실용화 단계에 있다. 기타 저장기술로는 장차 실용화가 가능한 기술로 암모니아, 메탄올, 사이클로 헥산 등의 화합물에 의한 저장기술이 있고 제올라이트에 저장, 카본나노튜브에 저장, Slush수소에 의한 저장, 수소가스의 지하저장 등 여러 가지 방법들이 연구개발 되고 있다.

2.3 수소의 수송기술

기체 또는 액체상태의 수소는 파이프라인으로 수송이 가능하고 기체 상태의 수소는 기존의 천연가스나 도시가스의 수송체계에 그대로 적용이 가능하므로 특별한 기술을 요구하지는 않는다. 하지만, 액체수소의 경우에는 초저온이 요구되므로 Vacuum jacket의 파이프라인이 이용되고 있으며 장차 초전도 재료에 의한 송전이 이루어질 경우에 액체수소 수송 파이프라인과 공동으로 사용하는 기술이 개발될 것으로 전망하고 있다.

1) 파이프라인에 의한 수송

파이프라인에 의한 수소의 수송은 가장 보편화된 수소의 수송기술이며 기체 수소의 경우는 기존의 천연가스나 도시가스와 같이 파이프라인에 의해 쉽게 수소를 수송할 수 있다. 그러나 문제가 되는 것은 액체수소의 경우로 공장부지 내 정도의 가까운 거리가 아니면 기화손실이 크기 때문에 사용하기가 어렵다. 이런 이유로 국내에서는 공업단지 내의 인접공장으로 수소공급을 할 경우에 사용되고 있을 뿐이지만, 미국(Houston), 독일(Rhein-Ruhr), 프랑스(북부와 벨기에)에서는 100～330 km의 장거리에서 이용되고 있다. 배관과 수송압력은 각 파이프라인에 따라 다르지만, 최대로 30 cm의 직경과 100기압의 수소압력으로 수송되고 있다. 독일에서는 파이프라인에 의한 수송의 경우에는 10억 Nm^3/h의 수소 수송능력을 가지고 있다. 천연가스의 파이프라인 수송과 비교하여 압력손실은 작지만 체적 에너지밀도가 약 1/3이기 때문에 수소수송 비용이 천연가스의 경우보다 에너지 비로 1.5배 정도 높은 것으로 계산되고 있다.

2) 일반 용기를 이용한 수송

일반용기란 주로 고압의 기체수소저장 실린더를 대상으로 한 것이며 소형의 액화수소 저장용기도 포함하고 있다. 고압 수소저장용 실린더는 12～15 MPa의 압력으로서, 40 L와 47 L인 용기를 사용하므로 수소를 약 5～7 m^{3}을 저장하게 되고, 이 용기의 총 중량은 대략 55 kg이다.

3) 탱크로리에 의한 수송

탱크로리(Tank rolly)는 기체수소용 집결용기를 말하며 차량에 고정되어 운반되고 있다. 일반 고압용기가 압력 15 MPa 이내의 용적이 50 L 미만인 용기로 5 내지 7 m^{3}의 수소를 운반할 수 있는데 비하여 집결용기는 용기 하나의 크기가 6 m 이상이고, 무게가 500 kg 이상인 대형으로 20 MPa의 저장압력으로 60 내지 140 m^{3}의 수소를 저장할 수 있다. 탱크로리에는 이 같은 용기를 20개 정도까지 집결해서 수송하므로 1회에 최대 2,800 m^{3}까지 수소를 수송할 수 있다.

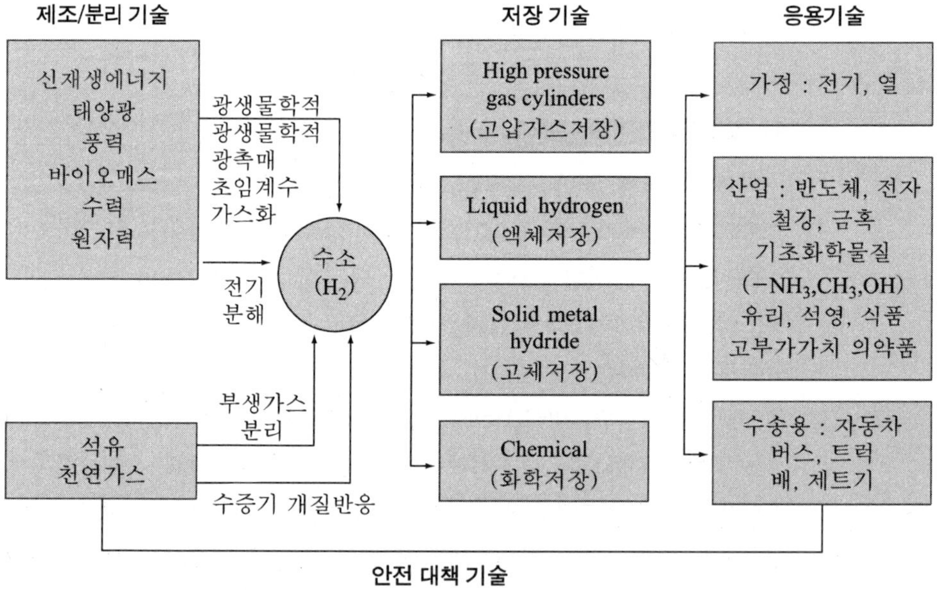

그림 11.2 수소에너지 기술

3 수소에너지의 특성

수소에너지는 태양광, 태양열, 석탄, 석유와 같은 1차 에너지를 변환시켜 얻는 2차 에너지와 같다. 이처럼 수소는 모든 에너지의 자원으로부터 에너지 변환을 통해 얻을 수 있는 효율적인 에너지 변환 매체이며, 다양한 합성 원자이면서 연료라고 말할 수 있다. 수소는 무한정인 물 또는 유기물질을 원료로 하여 제조가 되며 사용 후에 다시 물로 재순환 된다. 따라서 자원 고갈 우려가 없으므로 화석연료 자원이 부족한 국가에 적합한 에너지원이다. 수소는 물의 전기분해로 가장 쉽게 제조할 수 있으나 전기에너지에 비해 수소에너지가 경제성이 낮아 대체전원 또는 촉매를 이용한 제조기술 연구를 추진 중에 있다. 다른 에너지와 비교를 해보면 천연가스와는 2배, 원유와는 3배 정도 이상의 가격차이가 난다. 또 다른 기타 방법으로 제조를 하는 경우에는 비용만 더욱 높아진다. 따라서 에너지원으로는 특수용도를 제외하고는 거의 사용하지 않으며 대부분 상업용이다. 수소에너지체계로 가기 위해서는 가격문제를 가장 빨리 해결해야 한다. 수소는 가스나 액체로서 쉽게 수송할 수 있으며 고압가스, 액체수소, 금속수소화물 등의 다양한 형태로 저장이 가능하며 현재 수소는 기체로 저장이 되어 수송되고 있지만 적기에 수소를 액화시키거나 고체로 만들어 저장시키려는 기술이 추진 중에 있다. 수소는 연료로 사용할 경우에 연소 시 극소량의 NO_x를 제외하고는 이산화탄소와 같은 온실효과를 나타내는 가스의 발생이 없을 뿐더러 분진 등의 대기오염 물질의 방출 또한 없다. 공해물질이 거의 생성되지 않는다. 따라서 환경오염이 우려 되지 않는다. 수소는 산업용의 기초 소재로부터 일반 연료, 수소자동차, 수소비행기, 연료전지 등 개발을 통해 이용이 가능하다면 현재의 에너지시스템에서 사용되는 거의 모든 분야에 적용 가능하다. 액체수소연료는 단위무게로 볼 때 높은 열량을 가지고 있으므로 보다 큰 연료 탱크를 필요로 하지만 Jet fuel과 경쟁력이 있으며 로켓 연료로 사용되고 있다.

수소의 저장과 수송, 연료전지 이용기술 등은 선진국 일부에서 일부 실용화되어 가고 있다. 해외 선진국 중심으로 수소에너지 공동개발 추진 및 수소에너지 검증 등이 이루어지고 있다. 수소에너지의 장점은 간단하게 무소음, 무공해, 무한정으로 요약할 수 있다. 수소를 연료로 하는 자동차는 소음이 거의 발생하지 않으며 수소에너지를 연료로 사용할 때는 극소량의 이산화질소와 일산화질소를 발생하는 것을 제외하고는 오염물질도 거의 배출되지 않는다. 또한, 사용이 간편하고 수송이 용이하며 다양한 형태로 저장이 용이하다는 특징이 있다. 화석연료는 에너지를 생산하고 탄소를 발생시키지만, 수소에너지는 에너지 사용 후 물을 생성하게 된다. 여기서 주원료가 물이기 때문에 무한정으로 사용할 수 있다는 장점이 나오게 된 것이다. 이렇게 신재생에너지원으로 주목받게 된 수소에너지는 기초소재로부터 일반연료, 수소자동차, 수소비행기, 연료전지 등 에너지시스템에 있어 다방면에 걸쳐 이용되고 있다. 수소에너지의 단점으로 가장 먼저 해결해야 할 문제는 '저장' 문제이다. 일상에서 사용하기에 수소는 용량이 너무 큼으로써 대부분의 가스 연료처럼 액체로 저장하면 좋지만, 수소는 압력이나 온도를 끌어 올려 액화하려면 많은 비용이 든다. 프로판 가스와 비교해보면 부피가 무려 22배라서 수소 저장에 관한 연구도 한창 진행되고 있으며 금속이나 탄소 등에 흡착시키는 기술 등이 떠오르고 있다. 금속은 티타늄-철합금, 란타넘-니켈합금, 마그네슘-니켈합금 등 다양한 연구가 지금도 계속되는 중이다. 수소자동차의 핵심 기술로 알려진 수소 연료전지를 살펴보면 촉매로 이용하는 금속이 대부분 고가이므로 이를 영구적으로 사용하지 못하고 교체해야 하기 때문에 에너지 생산 가격은 더욱 오를 수밖에 없다.

4 수소에너지의 이용분야

수소의 이용기술은 매우 다양하여 기존의 화석연료가 사용되고 있는 모든 분야에서 사용이 가능하고 연료전지 이용기술 수소자동차 및 수소항공기에의 이용기술, 수소저장 합금에 의한 차전지 제조기술, 수소화 반응에 의한 히트펌프에의 이용기술, 화학공업 활용기술, 저온 촉매연소기술 등 여러 분야의 연구개발이 이루어지고 있다. 현재까지 수소는 대부분 화학공정에서 공정가스로 이용되고 있고 국내의 경우에도 마찬가지이다. 석유화학 공장의 부산물로 얻어지는 혼합기체 상태의 수소는 일부만이 분리되어 수소로 판매되고 있을 뿐, 나머지는 이들 공장에서 연료로 소각 처리되고 있으며 기타 반도체 제조공정 용접가스 실험분석용 등 극히 제한적인분야에서 수소가 이용되고 있다. 향후 기대되는 수소의 이용분야로는 연료전지 수소자동차 및 수소항공기 수소의 촉매연소 등이 있지만, 이는 당분간 지속될 기존의 값싼 화석연료 시대에서는 일상적인 상용화가 어려운 분야로 생각되고 있다. 하지만 언젠가는 수소에너지 시스템 사회가 도래할 것이므로 서서히 이들 분야의 기술수요도 창출되리라 기대하고 있다.

4.1 수소자동차

수소가 에너지원으로서 가지는 장점은 연소하면 매우 적은 양의 질소산화물만을 발생할 뿐이지 다른 공해물질이 생기지 않는다는 점이다. 또한, 수소는 지구상에 존재하는 거의 무한한 양의 물을 원료로 만들어내고 사용 후에는 다시 물로 재순환되기 때문에 고갈될 걱정이 없는 무한 에너지원이다. 따라서 수소는 저공해 자동차의 필요성이 강조되는 현대사회에서 자동차의 연료로서 환영받고 있다. 이외에도 수소는 산업용 기초 소재, 일반 연료, 수소비행기 등 넓은 범위에서 에너지원으로 사용되고 있다. 수소자동차는 일반 가솔린자동차와 달리 가솔린 대신 수소를 연료로 사용함으로써 배기가스의 주성분은 물이며, 질소산화물이 약간 배출되는 것 이외에는 공해물질이 거의 배출되지 않는다. 수소자동차를 실용화하는데 가장 중요한 문제는 수소의 저장방법이다. 액체수소 저장탱크와 금속수소화물을 이용한 수소저장탱크 등 두 가지 방법이 쓰인다. 액체수소를 이용하는 경우에 수소를 액화시키는 것이 어렵고 저장 도중에 수소가 손실될 수 있으며 저장탱크를 만드는 것 또한 쉽지 않다. 수소저장탱크에 금속수소화물을 이용하는 경우는 수소저장합금이 무거운 금속이므로 이를 이용한 수소저장탱크가 너무 무거워 어려움을 겪고 있다. 만약에 현재의 연료통을 40 L용량의 연료

그림 11.3 수소자동차

통을 부착한다면, 수소저장합금의 무게만 300 kg이 넘게 된다. 따라서 이를 움직이는 데에만 엄청난 에너지가 필요하며 다른 목적으로 저장합금을 수송하는 데에도 여간 어렵지 않다.

4.2 화학공업

현재 생산되는 수소의 대부분은 화학공정에 이용되고 있고 단일 이용공정으로 암모니아 제조용 수소의 수요가 제일 크고 나머지의 대부분이 석유화학공업에 이용되고 있다. 암모니아는 수소와 질소를 Fe_2O_3 촉매 존재 하에서 400°C, 200 atm의 고온고압조건에서 반응시켜서 합성이 되는데 비료제조에 80%, 아크릴로니트릴 카프로락탐 제조에 10%, 화약제조에 4%, 그 외는 냉매로 쓰이고 있다. 국내에는 나프타를 사용한 공정이었지만 점차 부탄사용공정으로 교체되고 있으며 천연가스를 원료로 한 저가의 암모니아를 국내생산량 이상으로 수입하고 있다. 석유정제 공업에서의 정제설비 현황을 표 11-3에 나타내었는데 석유제품의 경질화저유황화 현상이 두드러지면서 수소를 대량으로 사용하는 공정이 점차로 증가하고 있다. 특히 나프타, 등유, 경유 또는 중질유 등의 수소화 탈황이나 중질유의 수소화 분해 또는 윤활기유의 수소화 정제 비중이 커지면서 수소의 소비량이 더욱 커지고 있음을 볼 수 있다. 정유공업에서는 옥탄가가 낮은 나프타를 BTX제조의 원료나 자동차 휘발유로 사용되는 옥탄가가 높은 개질유로 전환시켜주기 위하여 촉매와 접촉 반응시켜주는 나프타 접촉개질 공정에서 수소가 부산물로 생산된다.

국내에는 Rheniforming, Engelhard의 Reforming process가 도입되어 있는데 접촉개질 반응에서는 나프탈렌이나 파라핀이 방향족으로 전환되거나 작은 파라핀으로 분해되면서 수소가 떨어져 나오면서 다량의 수소가 발생된다. 이 공정이 없거나 부산 수소의 회수만으로는 부족한 경우에 직접 수소를 생산하게 되고 탄화수소의 수증기개질법이나 부분 산화법을 이용한다. 부생수소는 개질공정 자체의 필요한 수소 순환비 및 수소분압 유지에 사용하고 또한 개질 공정의 전처리 과정인 나프타의 수소화 탈황공정 또는 윤활기유의 수소화 정제공정 등에 필요한 수소공급원이 된다. 경유 및 등유의 탈황공정은 원료유를 순환수소와 혼합하여 통상 330～400°C에서 재생 가능한 금속산화물 촉매 하에 반응이 진행되는데, 황화합물을 제거하고 저장안정성에 악영향을 주는 질소화합물을 제거하고 반응조건의 가속도에 따라 불포화성분을 수소화하여 연점(Smoke point) 및 세탄가(Cetane No.) 등의 제반 성능을 향상시킬 수 있다. 조건에 따라 대략 50~140 m^3/m^3의 비율로 수소가 소비되고 발생가스는 황화수소를 다량 함유하고 있기 때문에 대부분 황회수 장치로 보내진다. 접촉개질 공정에서는 나프텐(직류휘발유) n-파라핀이나 측쇄가 작은 나프텐성분을 방향족이나 측쇄가 많은 탄화수소로 변환시켜 옥탄가를 높이게 되는데, 이 과정에서 수소화 분해반응으로 C1, C2 등의 가스가 부생하며 또한 탈수소화 및 환화 방향족화 반응으로 수소가 대량으로 부생하는데, 이 수소를 정제하여 이용하는 것이 가장 경제적인 수소 제조 방법이다. 공정자체에 사용 후에 잉여가스는 나프타 수소화 탈황장치로 공급하거나 연료로 사용하는 경우도 있다. 중질유 접촉분해공정은 350°C 고비점 유분을 고체 산촉매를 사용하여 분해하는데, 저비점 유분은 측쇄를 가진 올레핀 및 이소파라핀이 많은 반면 고비점 유분은 방향족 성분이 많다. 분해가스는 메탄, 에탄이 적고 프로판, 프로필렌 및 부탄, 부틸렌 유분이 많다.

표 11.3 국내석유정제 시설

시설	1994년	1996년 9월	2000년
상압증류시설	1700	2018	2438
등 경유 탈황 시설	270	447	622
접촉개질시설	94	114	149
접촉분해시설	0	70	200
수소화분해시설	49	89	89
중질유탈황시설	30	55	215
Coking	19	19	19
MTBE	3.8	6.3	10.5
Alkylation	0	0	21.5

4.3 수소연료전지

연료전지는 수소 제조기술과 반대반응으로 수소와 산소의 화학반응에 의하여 거꾸로 전기를 생산하는 기술이다. 현재 수소의 이용기술 중 가장 유망한 분야로 꼽히고 있는 연료전지 발전기술은 기존의 발전기술과는 달리 연소과정이나 구동장치가 없으므로 효율이 높을 뿐만 아니라 환경문제 대기오염 진동 소음 등을 유발하지 않는 새로운 개념의 발전기술이다. 연료전지는 1839년 영국의 W.R Grove가 발명하였으며, 1952년 F.T. Bacon이 베이컨전지를 개발하여 특허를 취득하였다. 미국에서 이 특허를 개량하여 1969년 아폴로 11호에 탑재하였고, 이후에 현재까지 우주선의 전력 및 식수 공급원으로 사용되고 있다. 미국은 1960년대, 일본은 1980년대 초부터 본격적인 개발에 착수하였으며, 현재 이들 두 나라가 연료전지 개발을 선도하고 있다. 유럽은 미국, 일본에 비해 상대적 열세에 있으며, 한국은 1988년부터 선도 기술사업(G-7)으로 기술개발을 추진하고 있다. 고효율, 저공해를 지향하는 대체에너지 기술(태양전지, 지열, 풍력 등) 중 기술의 성숙도, 환경적 제약, 입지 난, 1차 에너지 공급 등의 제반 여건을 감안할 때, 연료전지 기술이 가장 확실한 차세대 발전기술로 인정되고 있고 다음 세기에는 주력발전기술이 될 것이라는 것이 에너지 관련 기관의 전망이다. 연료전지 발전 플랜트의 특징을 보면, 고효율 발전으로 효율이 40~60%이고, 종합효율은 80~85%에 이르고 있다. 에너지 절감양은 연료전지 사용 시, 25~50%에서 에너지가 절감되는 것으로 알려지고 있으며 기존의 화력발전에서 문제가 되고 있는 SO_x 및 NO_x의 배출이 거의 없고 이산화탄소는 1/2 이하이며 소음, 진동이 거의 없다. 또한 다른 이점으로 전지모듈 구조의 설치면적이 작고 신증설이 용이하며 수송이 간편한 점이다. 분산형 전원으로 공해가 없고 설치면적이 작아 도심지 설치가 용이하므로 송배전 설비비를 절감할 수 있으며 열병합발전으로 배열을 이용하여 온수, 급탕, 냉난방을 동시에 해결할 수 있다. 연료전지의 수소원은 수소뿐만 아니라 LPG, LNG, 납사 메탄올, 석탄가스, 경질유 등 다양한 연료를 개질하여 사용할 수 있다.

4.4 수소이용 히트펌프

화학히트펌프 시스템은 화학반응에 수반되는 발열 또는 흡열반응을 이용하는 것으로서 주로 수소와 반응하는 화합물들을 이용하고 있다. 잠열을 이용하는 일반의 기계적 히트펌프 시스템이 기계적 에너지를 열에너지로 변환시키는 것과는 달리 희석, 용해, 흡수・탈착 및 화학반응을 사용하여 열에너지를 화학반응의 반응열을 이용하여 흡수한 후에 고온에서 열을 방출하게 하므로 기계적 히트펌프에 비해서 많은 양의 열을 보다 높은 온도까지 올릴 수 있다. 이와 같이 화학히트펌프는 작동매체로 화학반응 물질을 이용하고 있으므로 매체의 선택범위가 넓어져서 장치 실용화 전망이 있는 기술로 여겨지고 있다. 화학히트펌프의 기본적이 구조는 서로 연결된 두 개의 반응기들로 이루어지는데 한 반응기에서는 흡열반응이 이루어지면서 또한 다른 반응기에서는 발열반응이 이루어진다. 미국 Oak Ridge 연구소에서는 DOE의 반응열을 이용하는 화학히트펌프를 위한 화학반응으로 21종을 제안한 바 있다. 대부분 수소와의 화학반응을 이용한 것으로서 수소화 반응 시에는 발열반응을 이용하고 탈수소화 반응 시에는 흡열반응으로 이용한다. 이와 같은 화학반응 중 실제로 연구가 진행되고 있는 것은 아세톤-프로판, 벤젠/사이클로 헥산 등 두 가지가 주류를 이루고 있다.

4.5　기타 이용기술

앞서 살펴본 바와 같이 수소는 암모니아, 메탄올, 염산 등 외에도 옥탄올, 부탄올 등의 알코올, 과산화수소 제조 등의 화학공업에서 뿐만 아니라 식품/유지공업, 유리공업, 반도체, 금속산업 등에서 널리 쓰이고 있다. 식품/유지공업에서는 유지, 경화유 등 마가린의 제조나 Shortening용으로 수소가 사용되고 있다. 유지공업에서 경화란 수소첨가(Hydrogenation)를 의미하고 원료유지의 Glyceride 조성의 불포화부분의 일부 또는 전부를 포화시키는 공정으로서 이 공정을 거친 제품을 경화유라고 한다. 반도체 제조 등 전자산업에서 소요되는 수소는 환원성 분위기를 만드는데 쓰이고 99.999%에서 99.9999% 정도의 순도를 요구하며 대부분 MeOH의 분해공정을 이용하여 수소를 얻고 있다. 이와 같이 수소는 대부분 화석연료로부터 얻고 있고 전기분해는 극히 일부에서서 이용하고 있으며 그 양도 많지 않다. 국내에서 생산 또는 발생되는 수소는 대부분 자체소비에 충당되고 있고 몇몇 업체에서 정제된 수소를 공급받아 판매하고 있다. 국내의 수소 제조량은 포항제철에서 발생하는 COG도 포함시킨다면 연간 약 55만 톤이 발생되는 것으로 보인다.

5 수소제조 및 저장

현재 사용되는 수소의 제조법은 다음과 같다.

① 탄화수소의 수증기개질에 의한 제조
② 탄화수소의 부분산화
③ 메탄올로부터의 수소제조
④ 식염 전해로부터의 부생수소
⑤ 물 분해에 의한 수소제조

또한 미래의 수소제조법 방법은 다음과 같다.

① 고분자 전해질을 이용한 물 전해
② 광촉매 의한 물 분해
③ 열화학 사이클에 의한 물분해법
④ 물의 광분해법
⑤ 생물학적 수소 발생법

이 중 제4세대 초고온원자로(VHTR)에서 발생하는 약 950~1000°C의 열(熱)로 직접 물을 해리(解離)시켜 수소를 생산하는 것을 기본 개념으로 하고 있는

표 11.4 주요수소 제조 방법

	제조방법	원료	에너지원	국외기술	국내기술
화석 연료 이용	수증기개질	NG/LPG/나프타	열(Heat)	실용화단계	실용화단계
	부분산화	중질유/석탄	열	실용화단계	실증단계
	직접분해	NG	열	실용화단계	실증단계
	자열개질	NG/LPG/나프타	열	실용화단계	실용화단계
	전기분해	물	전력(화력)	실용화단계	실용/실증단계
순수 물 분해 (비화석 연료이용)	전기분해	물	전력(수력/원자력)	실용화단계	실용/실증단계
	열화학분해	물	원자력/태양열	실용화단계	기초연구단계
	생물학적분해	바이오매스	열/미생물 등	실용화단계	기초연구단계
	광화학적분해	물	태양광	기초연구단계	기초연구단계

것은 물분해법으로 보고 있다. 이러한 원자력수소의 가장 큰 장점은 대량의 수소를 저렴하게 생산할 수 있다는 것이다. 이는 원자로를 가동하면서 부가적으로 발생하는 열에너지를 활용, 물분해에 필요한 전기에너지를 보완 또는 대체하기 때문으로 VHTR 1기에서 원유 1350만 L에 해당하는 연간 약 330만 톤의 수소 생산이 가능할 것으로 보고 있다.

특히 수소제조기술들이 선진국과 상당한 기술격차를 보이고 있는 반면 원자력수소는 우리나라가 미국, 일본, 중국 등과 공동으로 세계에서 가장 먼저 기술개발에 뛰어든 만큼 향후 상용화가 이루어질 경우 원천기술로 막대한 부가가치를 올릴 수도 있다. 이 같은 관점에서 2020년 수소경제 진입 시점에서 원자력수소의 역할이 매우 중요하다는 것으로 알 수 있다. 그러나 이러한 장점에도 불구하고 앞서 언급된 것처럼 청정에너지를 만들기 위해 지구상에서 가장 위험하다고 평가되는 원자력을 사용한다는 사실은 원자력수소의 본래적 한계로 지적된다. 표 11.5에 나타낸 수소제조방법들 또한 화석연료의 고갈에 대비하기 위한 수소에너지를 화석연료로 만든다는 것과 값비싼 전기를 사용해 경제성이 없다는 것(물 전기분해), 지리적·환경적 한계가 있다는 것(자연에너지 활용 물 전기분해) 등 극복해야할 한계들이 존재하는 것은 마찬가지이다.

결국 어떠한 기술이 미래의 수소제조법으로 사용이 될지는 앞으로의 기술 개발 상황, 저장 및 배송 기술, 유관 기술 개발의 여부에 따라 결정될 것으로 보이지만 특정한 하나의 기술이 채택되기 보다는 각국의 지리적, 환경적, 기술적, 경제적 상황에 따라 다양한 방법이 혼합되는 형태가 될 가능성이 높다고 볼 수 있다.

표 11.5 물 전기분해법 vs 증기개질법의 장단점 비교

	물전기분해	증기개질
장점	• 공정의 단순성 • 환경친화적 • 상용화된 기술사용 • 가정/충전소별 자체 생산가능(On-site) • 화석연료 비사용 • 기술 진전 가능	• 현존하는 최고효율의 수소생산 방식 • 상용화된 기술사용 • 저렴한 생산비
단점	• 고가의 전력 사용 • 고가의 생산비	• 화석연료(메탄)에 의존 • CO_2 발생

6 수소에너지 발전 시스템

화학공업 및 반도체산업 등의 산업체에서의 수소이용은 앞으로도 그 수요가 계속 증가할 것으로 전망되고 있고 이를 제외하고 수소의 제조, 저장 및 이용기술을 포함하는 수소에너지로서의 수소 활용 전망도 상당히 밝은 것으로 평가되고 있다. 최근 여러 나라에서 대체전원으로부터 수소를 제조하고 있으며 이를 저장하여 연료전지나 수소보일러, 수소자동차에의 이용을 연결하는 파일롯트 시스템의 건설과 이의 적용연구를 수행하거나, 추진하고 있는 것은 미래의 에너지 시스템으로 수소의 중요성을 보여주고 있다. 일본의 WE-NET 프로그램이나 캐나다의 Euro-Quebec and Hydrogen World Council은 이와 같은 수소에너지 시스템을 지구 규모로 확대해서 연구개발을 추진하고 있는 좋은 예이다. 수소의 제조, 저장, 수송, 이용을 망라하는 수소에너지 관련기술은 그 요소기술들이 개발되었거나 연구가 진행 중에 있으며 대부분의 개발기술은 특수용도 이외에는 경제성의 문제로 일반산업에 실용화가 이루어지지 않고 있다. 최근의 연구동향은 각 분야의 요소기술을 시스템화하여 차세대의 무공해 에너지시스템으로 평가되고 있는 수소에너지 시스템기술에 그 관심이 높아지고 있고 화석연료의 지속적인 사용에 따라 지구온난화 등과 같은 환경공해를 해결할 수 있는 수단으로 대체에너지원으로부터 수소를 제조하고 이를 저장, 이용하는 에너지시스템의 개발이 점차 이루어질 것으로 예상된다. 이러한 수소 이용 관련 기술의 개발이 이루어진다면 기존의 화석연료 시스템에 수소에너지 시스템이 혼합된 에너지시스템 시대가 멀지 않은 것으로 판단된다.

7 수소에너지 산업 현황 및 전망

7.1 국내 현황 및 전망

우리나라에서 수소에 관한 연구는 1970년대 말부터 관련 기초연구가 시작되었다. 1989년 과기처의 지원으로 한국에너지기술연구소가 연구를 총괄했으며 수소에너지 관련 기초연구를 대학 및 연구소 공동으로 수행하였으나, 1단계의 연구지원으로 끝이 났고 이후 G7 과제에 채택되지 않음에 따라 대체에너지 기술개발사업 및 관련 연구소에서의 중장기 연구계획에 따른 연구가 수행 중에 있다. 1989~1992년까지 특정 과제로 추진되었던 연구내용은 수소의 제조기술, 수소의 저장기술 및 운송, 수소의 안전대책 기술 관련으로 9개의 연구과제가 수행되었다. 한편 1988년부터 수소에너지 분야의 연구개발도 지원이 되었는데, 대부분이 대학에서 기초연구 수준으로 진행되었다. 한국에너지기술연구원에서는 지속적으로 수소에너지 관련 연구를 수행 중에 있으며, 열화학법에 의한 수소제조기술, PV시스템을 이용한 수소제조기술, 고체고분자전해질 이용 수소제조기술, 저가의 청정연료를 이용한 제조기술, 금속수소화물을 이용한 열수송기술 등의 연구가 수행 되는 중이거나 완료가 되었다. 실용화라는 측면에서 보면 용접 또는 절단용의 수전해에 의한 수소가스발생기나 연료전지용 수소제조 장치 등이 일부 보급되었다. 실험실 가스크로마토그라피 분석기용 수소제조 장치 등이

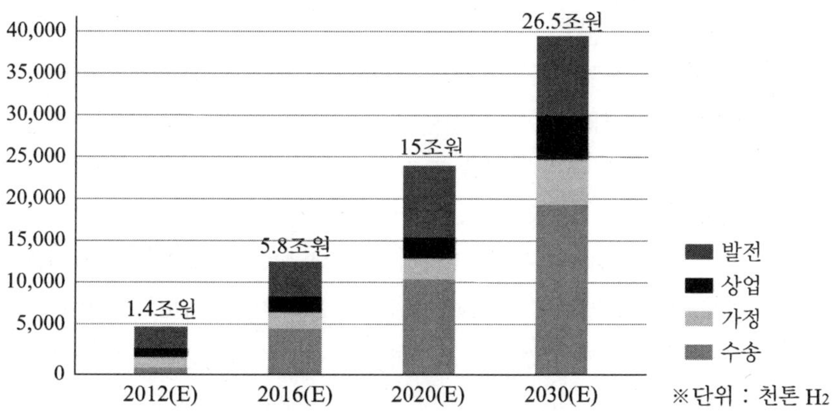

그림 11.4 수소에너지 전망

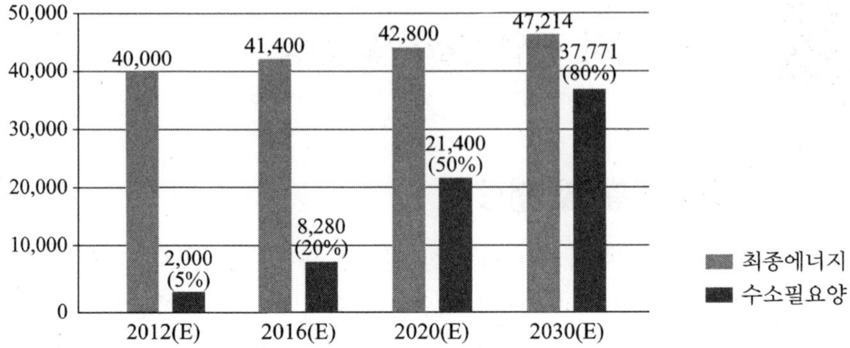

※단위 : 천톤 H_2. 단, ( )안의 %는 당사의 로드맵에 따른 최종에너지 대체비율

그림 11.5 수소에너지의 실용화

실용화 가능 수준까지 올라왔다. 재생 가능 자원으로부터 보다 싸게 수소에너지를 얻는 것은 현재에 있어 매우 중요한 기술이기 때문에 수소제조가격을 낮출 수 있는 기술 개발을 위해 2000년 10월부터 과기부에서 5년간 60억을 지원하면서 고효율 수소 제조기술 개발을 시작하게 되었다. 대상 기술은 열화학적, 생물화학적 및 광촉매를 이용한 물로부터 수소를 제조하는 기술로서, 장기적 계획을 추진 중에 있다.

국내 수소 연료전지 산업의 주된 영역은 수소제조, 수송, 연료전지 자동차 및 가정용, 발전용 연료전지가 그 주류를 이루고 있다. 국내에서 생산되는 수소는 930만 Nm^3(130만 톤) 정도이고 주로 부생수소로 생산된다. 생산된 수소는 대부분 석유 및 화학 분야에서 자체적으로 소모되고 15% 정도만 타산업체에서 사용된다. 국내에서 수소를 에너지 분야에 이용하는 양은 단지 1% 정도로 아주 미미한 수준이다. 이런 면에서 수소산업 발전은 수소를 어떻게 에너지 분야로 그 활용도를 넓혀나가는가에 달려 있다고 볼 수도 있다. 국내 부생수소 생산이 울산, 여수, 대산 등에 밀집되어 있다는 점도 수소의 에너지 인프라 확보차원에서 보면 아주 좋은 조건을 갖추고 있다고 볼 수 있다. 연료전지분야 산업현황은 크게 발전용, 가정용 연료전지 및 연료전지 자동차가 연료전지가 주된 생산 분야이다. 에너지관리공단 2012년 통계에 의하면, 현재 연료전지분야 산업체는 9개로 매출규모로는 1조 2천억 원(2012년 기준) 정도가 되는 것으로 알려져 있어 늦게 시작한 산업에도 불구하고 최근 급격한 성장을 이루고 있다. 현재 국내에서 운행되고 있는 연료전지 자동차는 83대, 그리고 연료전지 차량에 연료를 공급하기 위한 충전소가 17군데 건설되어 있는데, 가동되고 있는 곳은 4군데 정도이고 아직 민간부문에서 운용되는 설비는 없다. 연료전지자동차는 1990년 말부터 현대자동차에서 개발을 시작하여 2013년 말 연산 1000 대 규모 상용 생산설비를 세계 최초로 갖추어 본격적인 상업화에 대비하고 있다. 현대차 예상으로 전 세계 시장은 2020년경 39만대(Pike Research), 국내 시장은 18,000여대 연료전지 자동차가 운행될 것으로 예측하고 있다. 이에 따라 국내 수소 스테이션 보급도 168곳에 건설될 예정이다.

7.2 국외 현황 및 전망

전 세계의 온실가스 감축 의무로 인하여 수소에너지와 수소연료전지의 시장이 2020년까지 지속적인 성장이 있을 것으로 전망하고 있는 가운데 일본은 수소자동차 상용화에 대비하여 수소자동차 보급 확대를 위해 도쿄, 오사카, 후쿠오카, 나고야 등 4개 대도시를 중심으로 수소스테이션 100기를 건설하는 계획을 추진 중이다. 또한, 이러한 지속적인 투자를 통해 2025년까지 수소연료전지 자동차의 보급을 200만대 정도 예상하고 있는 상황이다. 유럽에서 신재생에너지 분야에서 가장 발전한 국가 중 하나인 독일의 경우 수소스테이션을 오는 2023년까지 대도시에 10개 이상, 대도시를 잇는 고속도로에는 최소 90 km마다 1개의 수소스테이션을 건립하여 총 400개소의 수소 충전 인프라를 만드는 것을 목표로 하고 있고 영국 역시 수소연료전지에 대한 연구와 확산에 관한 파트너십을 통해 2030년까지 160만대 보급 로드맵을 내놓으며 보급 활성화를 위한 노력이 계속 되고 있다.

미국에서의 수소에너지 기술개발은 1990년 이른바 마츠나가 수소연구개발법안(Matsunaga Hydrogen Research and Development Act)이 성립된 후 1992년 DOE의 "Hydrogen Program"이 확정되고서부터 본격적인 기술개발이 시작되게 되었으며 연 평균 1,800만 달러를 투자하고 있다. 현재 DOE는 단기, 중기, 장기로 나누어 수소 도입량 계획을 설정하고, HTAP (Hydrogen Technical Advisory Panel)와 산업계, 학계의 협력을 얻어서 그 실현을 도모하기 위한 연구개발을 추진하고 있다. DOE program은 2030년까지 연차적으로 가정 연료로서의 확대 공급할 예정이다.

일본정부(통상산업성 산업과학기술청)는 1993년 기존의 Sun shine 프로그램(신에너지기술 연구개발 계획, 1974～991년 동안 수행), Moon light 프로그램

(에너지절약기술연구 개발계획), 환경기술 연구개발 프로그램의 3부문을 통합해서 새로운 에너지/환경기술 연구개발계획인 뉴선샤인 프로그램(New Sunshine Program)을 시작하였다. 이 가운데 수소에너지기술 연구개발 계획(Japanese Hydrogen Program)인 WE-NET (World Energy Network)이 있고 WE-NET을 중심으로 수소와 관련되는 모든 국책연구사업(민간관련 포함)을 수행하고 있다. 이 계획은 1993년부터 2020년까지 28년간에 걸쳐 2.5 billon 달러를 투자하여 수행될 예정이고 연구개발기간은 모두 3단계로서 WE-NET의 목적은 수소를 이용하는 재생에너지의 효과적 공급, 수송 그리고 이용을 위한 세계적 에너지 네트워크를 건설하는 것이다.

독일 정부의 수소와 연료전지 관련 기술개발 예산은 1997년 2,500만 DM (Deutsche Mark, 약 160억 원)이며, 2000년에는 3,100만 DM(약 200억 원)으로 증가될 예정이다. 그 외에 Bavaria 주정부도 2000년까지 1억 5,000만 DM(약 975억 원)을 수소프로젝트에 투입할 계획을 가지고 있다. Bavaria 주정부는 1986년에 태양-수소에너지 시스템기술을 개발하는 SWB프로젝트(Solar Wasserstoff Bayern)를 발족시킨 이후에 기술개발을 적극적으로 지원하고 있다. 수소저장 합금의 개발, 수소자동차의 개발 외에 대체전원(PV system)으로부터 수소의 제조와 저장, 그리고 연료전지, 수소보일러, 수소자동차 등의 이용에 연결하는 수소에너지 시스템기술의 플랜트를 설치하고, 운전하여 수소에너지 시대의 도래에 대비하고 있다.

캐나다의 EQHHPP계획(EU-캐나다 수소기술개발 공동프로젝트)은 대표적인 수소프로그램이다. 이 계획은 캐나다에서 100 MW의 수력발전에 의한 전력으로 수소를 해마다 16,000톤 생산하고 유럽으로 해상 수송하여 에너지로 이용하는 것을 목적으로 한 것이며 EU 각국과 캐나다(Quebec주)와의 공동프로젝트로서 1986년에 발족하였다. 1단계(1986~1987)에서는 계획의 수립 및 평가, 2단계(1989~1991)에서는 시스템 연구, 3단계(1992~1998)에서는 수소의 대량수송과 이용기술의 연구개발, 수소자동차의 실증을 목표로 하고 있었다. 당초 목표로 한 수소의 대량수송은 자금문제 등으로 가능하지 못했지만 수송방법의 검토, 액체수소의 저장탱크의 모델시험, 자동차/항공기/제철/선박 분야 등에서 수소이용 기술의 개발을 수행하고 수소자동차는 독일에서 1996년부터 도시버스로 사용하는 등의 성과를 거두었다. 또한, 당초계획을 1년 연장하여 1998년으로 프로젝트를 종료하였다.

8 수소 연료전지 현황 및 전망

8.1 국내 · 외 현황 및 전망

전 세계에서 생산되는 수소생산량은 약 3,800만 톤 정도가 된다. 역시 에너지 분야에 극히 일부가 사용되고 있기는 하지만, 수소와 연관된 주변 인프라 발전소 연료전지 등에서 새로운 산업으로 성장이 예상되고 있다. 닛케이 BP 클린테크연구소(출처 : 2013.10.24 세계 수소 인프라 프로젝트 총람)에 따르면 향후 수소 인프라의 규모는 2050년 약 160조 엔 규모로 대규모성장 할 것으로 예측하고 있다. 전 세계 연료전지 보급현황을 살펴보면 2012년 기준으로 보면 아시아 지역의 연료전지 보급이 크게 두드러지고 있다. 종류별로 살펴보면 자동차나 가정용 연료전지인 PEMCF 도입이 주를 이루고 있지만 미국, 한국 등은 발전용 연료전지용으로 MCFC가, 일본과 미국은 가정용 연료전지에 대한 수요 확대로 SOFC 보급도 크게 증가하고 있다. 자동차용 연료전지 보급을 위한 수소충전소 보급도 전 세계적으로 보면 아직은 미미한 수준이기는 하지만 자동차 수요 증가에 대비하여 점차 보급 확대가 예상되고 있다. 2013년 3월 기준으로 본다면 세계에는 총 208개소의 수소충전소 준공되었으며, 이 중 27개소 수소충전소가 2012년에 준공된 것으로 알려지고 있다.

유럽은 수소인프라 확장과 연료전지 가격을 낮추기 위한 정책을 펼쳐왔다. 특히 유럽 내 독일은 신재생에너지를 활용하여 수소를 생산하고 있으며 대용량 수소 저장소를 구축하여 그리드를 통해 공급하는 계획을 세워 추진하고 있다. (FCH JU 프로그램) 독일은 또한 2023년까지 수소충전소를 400개를 건설하여 수소 인프라를 구축하고 있으며, 이를 통해 연료전지 자동차의 초기 시장 진입을 지원하는 정책도 진행하고 있다. 국내 수소 연료전지 보급계획은 크게 재생에너지 보급 계획 내에 있고 정부의 그린 카 보급계획이 있다. 국내의 경우 정부의 초기 보급정책에 따라 수소 및 연료전지 분야가 급성장하고 있기는 하지만 현재 국가의 성장 동력으로 발전하기 위하여 보다 적극적인 정책 수립이 필요하다. 수소 연료전지 산업육성을 위해서는 크게 4가지 기본적 바탕이 필요하다. 인프라(Infrastructure), 시장(Market), 정책(Global energy policy) 및 비즈니스 모델(Business model)들이다. 수소 연료전지 산업에서 가장 중요한 부분은 기술

(Technology)이고, 법 및 제도의 정비, 그리고 산업화 기본 구조가 될 공급 인프라가 필요하다. 두 번째로는 시장이다. 발전, 수송, 연료 분야 및 이 분야 연료 공급 시스템 등이 새로운 시장으로 형성될 수 있다. 전 세계의 환경 및 클린 에너지 보급정책은 수소 연료전지 분야의 산업화에 있어서 또 다른 중요한 요소이다. 친환경 에너지 정책과 더불어 보급 정책은 특히 초기산업화에 커다란 영향을 미치는 요소이다. 끝으로 초기 경제성이 없는 기술의 시장 진출을 위해서는 새로운 사업 영역의 확보도 아주 중요하다. 수소타운, 재생에너지와의 융・복합 저장시스템, P2G 등 다양한 분야에서 수소 연료전지 기술의 적용성 향상을 위한 노력이 필요하다.

8.2 이용기술에 대한 전망

수소에너지가 개발이 되어 실용화 단계에서 이용을 할 수 있다면 많은 분야에서 사용할 수 있는 신재생에너지로서 이용할 수 있다. 각 분야별 수소에너지 전망은 다음과 같다.

1) 전기 생산 분야

수소 연료전지는 깨끗하고 조용할뿐더러 효율도 높아서 다용도로 쓰일 전망이다. 분산형 전원으로서, 크게는 대형 발전소에서 전력 생산에 사용이 될 수 있다. 이러한 독특한 성질들 때문에 수소 연료전지의 발전 용량은 빠르게 늘어날 것이다.

2) 자동차

수소의 성질은 수소 내연기관용과 전기 동력의 자동차 모두의 연료로 사용 가능하다. 현재 실증이 활발히 이루어지고 있는 분야로 국내에서는 현대 자동차를 비롯하여 세계 각국에서 활발히 연구 중이며 상용화가 되고 있는 추세이다. 수소에너지 저장 같은 기술적인 문제들을 극복해 나간다면 수소에너지를 활용한 자동차는 미래의 자동차의 주류를 이룰 것으로 본다.

3) 해군에서의 활용

독일 해군은 차기 잠수함 연료 동력을 위해 수소 연료 전지 공장을 합병시키기로 결정하였다. 호주, 캐나다, 이탈리아 해군에서는 잠수함에 수소 연료전지 이용을 실험하고 있다.

4) 우주개발 프로그램

1974년 이전에는 수소가 다른 에너지에 비해 월등하고 비교되지 않는 가장 가벼운 연료라는 성질 때문에 각국의 우주개발 프로그램에서 주연료로 사용하고 있다. 근래로 들어오면서 수소에너지는 산업체에서도 쓰이지만 인공위성이나 로켓 등과 같은 방대한 에너지가 필요로 하는 곳에서도 사용할 수 있으며, 나아가 미래에는 우주개발을 위한 주 에너지원으로 사용될 전망이다.

5) 비행기

수소의 가벼운 무게와 우수한 연소 성질 및 환경 친화성 때문에 수소는 비행기에게 이상적인 연료로 거듭날 수밖에 없다. 독일과 러시아는 수소를 연료로 쓰는 항공 수송의 개발에 협력하기로 하였다. 일본은 수소가 연료로 사용될 것으로 기대되는 초음속의 수송에 대한 연구개발 작업에 들어갔다.

6) 수소화물 활용

수소화물에 열이 공급될 때 수소가 방출되며 각각의 다른 금속과 합금에 따라 온도와 압력 특성은 변한다. 많은 전기화학적, 열화학적 활용에 있어서 이러한 성질들은 이점으로 작용한다.

7) 촉매연소

수소의 또 다른 독특한 성질 중 하나로 Platinum 또는 Palladium과 같은 적은 양의 촉매 하에서 무화염 연소 또는 촉매 연소를 한다는 것이다. 이는 안전한 수요 이용을 도와주는 역할을 한다.

8.3 수소에너지시스템 연구개발

수소에너지시스템 관련 기술들은 미국, 독일, 일본 등의 몇몇 선진국에 의해 주도적으로 연구와 개발이 이루어지고 있고 주로 1960년대 우주개발의 필요에 의해 많은 진전이 이루어졌다. 미국의 경우에는 수소추진 로켓, 액체수소의 저장과 수송, 연료전지 이용기술 등이 일부 실용화 중에 있다. 최근의 지구환경오염에 따른 청정에너지의 개념으로 다시금 수소에너지시스템의 필요성이 증대되고 있지만, 기존의 화석연료 시스템과는 아직까지 경제성에서 훨씬 열세에 있으므로 장차 외부적인 여건 변동이 없는 한 당장에는 실용화가 어려운 것으로 예측되고 있다. 다음으로는 대표적인 수소에너지시스템의 연구사례를 소개하고자 한다.

1) WE-NET 프로그램

비교적 활발한 수소에너지 관련 연구가 진행되고 있는 일본은 Sunshine계획의 일환으로 수소의 제조, 저장 및 이용기술의 각 분야에서 체계적인 연구가 수행되어 그동안 많은 연구결과를 얻었을 뿐만 아니라 장차 실용화 연구에 대비하고 있다. 또한 1994년부터 추진되고 있는 New Sunshine 연구에서도 수소의 제조와 저장연구가 계속적으로 추진되고 있으며, WE-NET 프로그램으로 연구의 국제화를 추진하고 있다.

수소이용 국제 클린에너지 시스템기술로 불리는 이 프로그램은 세계적인 과제인 에너지문제와 지구환경문제를 근본적으로 해결하기 위한 대규모 프로젝트로서 수력, 태양광, 지열, 풍력 등 재생 가능한 에너지를 이용해서 효율적인 수전해 기술로 값싼 수소를 생산하며, 액체수소 등의 형태로 변환해서 수송 저장 후, 환경오염물질을 배출 없이 수소연소터빈을 이용한 발전이나 각종 기술을 조합하여 세계적 규모의 수소이용 네트워크를 구축하기 위한 연구개발이다. 대규모 실증시스템 구축의 기반을 얻는 것을 목표로 하고 있으나, 1993년부터 1단계 6년간은 수소이용 기술을 중심으로 하며, 출력 500 MW급, 에너지효율 60% 이상의 수소연소터빈, 에너지 변환효율 90% 이상의 고체고분자전해질 수전해법(PEM법)에 의한 수소제조, 용량 300톤/일 규모의 수소액화설비, 수송량 20만 m^3급 탱커, 저장량 25만 m^3급 저장시스템, 분산수송 및 저장용 수소저장합금, 액체수소 온도 수준의 저온재료, 2,000°C급 고온재료 등의 개발에 관해서 필요한 기초적 기술 확립을 위한 조사 및 요소연구를 실시하고 있고 1993년부터 2020년까지 28년간 24억 달러를 연구 투자할 계획이다.

2) SWB 프로젝트

독일의 경우에도 민간 및 정부 간의 활발한 연구가 진행되어 수소저장 합금의 개발, 수소자동차의 개발 등 많은 성과를 얻고 있고 최근에 대체전원(PV system)으로부터 수소의 제조와 저장, 그리고 연료전지, 수소보일러, 수소자동차 등의 이용에 연결하는 수소에너지 시스템기술의 플랜트를 여러 곳에 설치, 운전하여 수소에너지 시대의 출발에 대비하고 있다. SWB (Solar Wasserstoff Bayern) 프로젝트는 태양－수소에너지를 이용하기 위하여 태양전지 및 수전해에 의한 수소제조, 저장, 수소이용 등 일관된 시스템기술 연구와 기기개발을 수행하는 프로젝트이다. 이 사업의 예산규모는 Phase 1 & 2 (1986～1999년)를 합쳐 145백만 DM(약 60백 만 달러)가 소요되어 실증실험을 마친 단계이다. SWB 프로젝트의 시설 내용을 보면, 수소제조는 PV system을 이용하여 100 kW급 전해조 3기로부터 연간 80,000 Nm^3의 수소를 제조하고 있으며 수소저장은 30기압의 5,000 Nm^3 용량의 고압저장탱크와 3,000 L의 액화수소저장탱크를 설치하였으며 수소의 이용을 위해서 20 kW 규모의 연소기, 17 kW 규모의 흡수식 냉방기, 10 kW와 7 kW 규모의 연료전지, 수소자동차를 위한 연료공급시스템 등 다양한 장치를 설비해서 응용연구를 수행하고 있다.

9 사고 사례

최근 국내의 경우 수소자동차, 수소에너지 등 우리 생활과 밀접한 관련을 가지고 많은 도움을 주지만, 수소는 고압가스로 분류되며 특성상 취급 시 많은 주의를 필요로 한다. 지난 2008년부터 2012년까지 5년간 발생한 고압가스 사고 중 수소와 연관된 사고는 총 6건으로 전체 고압가스 사고 중 8.7%를 차지하고 있다.

1) 사고 사례명 : 수소제조공장 폭발사고

지난 2010년 군산에서 발생한 이 사고는 2명의 인명피해와 약 1억 2,000만원의 재산피해를 발생시킨 대형 폭발 사고이다. 당시 사고가 발생한 공장은 수소가스를 제조하던 공장으로 생산 과정 중 수소가스에 공기 등이 섞이면서 수소가 아닌 혼합 가스가 충전되는 상황이 발생했고, 이러한 가스에 화재가 발생한 후 화염이 배관 등을 통해 타 용기 내부로 확산되며 대형 폭발로 이어졌다. 당시 발생한 사고는 공장 뿐 아니라 방음벽 등의 주변 시설까지 파손 되는 등의 많은 피해를 발생시킨 사고였다. 한국가스안전공사에서 조사한 결과 수소용기의 재검사가 실시되지 않은 상황이었으며 가스배관에 압력표시나 색상표시가 되지 않은 것을 확인할 수 있었다. 또한 수소카트리지 용기가 저장탱크로 사용되고 있었다는 것도 문제점 중 하나였다.

인화점이 낮아 폭발 가능성이 높은 수소는 가연성 가스로 산소와 혼합되는 경우 불이 붙거나 폭발하게 되는데, 다른 고압가스에 비해 인화점이 낮아 쉽게 불이 붙거나 폭발할 수 있다. 다른 연료와 비교했을 때, 더 작은 불꽃만으로도 불이 붙고 폭발할 수 있다는 뜻이다. 이 뿐 아니라 화염이 퍼지는 속도도 LPG나 LNG에 비해 배 이상 빠르기 때문에 수소에 불이 붙을 경우 더 큰 피해가 발생하게 된다. 쉽게 불이 붙고 폭발할 수 있는 수소는 누출 시에 열이나 스파크 등의 점화원이 발생하지 않도록 하고 발화원을 제거해 폭발 가능성을 최소화하는 것이 급선무이다. 큰 위험 없이 수소의 누출을 중단시킬 수 있다면 이를 중단시키는 단계도 필요하고 지속적으로 물을 분무해서 용기를 냉각시키는 대처도 필요하다. 수소는 독성이 없는 무독성가스로서 우리가 수소를 흡입했을 경우에도 우리 몸에 큰 영향을 끼치지는 않는다. 하지만 앞에 설명한 것처럼 쉽게 폭발할 수 있는 위험한 가스이다. 새로운 에너지로 수소가 주목 받고 있는 최근

그림 11.6 군산수소폭발 사고

그림 11.7 폭발한 저장탱크

우리 생활 속에서도 수소를 접할 경우가 늘어났다.

2) 사고 사례명 : 잠수함 폭발 사고

2015년 11월 2일 오후 5시 39분경 현대중공업 울산조선소 특수선사업부에서 건조 중이던 잠수함에서 폭발로 인한 화재가 일어났다. 화재는 30분 만에 진압되었으며 인명피해는 없었다. 본 사고는 잠수함에 설치된 수소탱크에서 잔류가스를 빼내는 과정에서 발생한 것으로 추정되고 통상 원자력을 동력으로 사용하지 않는 국산 잠수함에는 수소연료전지와 탱크가 탑재된다.

3) 사고 사례명 : 잠수정 폭발사고

2016년 8월 16일 경상남도 진해군항에서 잠수정 폭발사고가 발생하였는데 진해군항 잠수정 내부에 차 있던 수소가스가 폭발한 것으로 추정되었다. 해저에서 기동하는 잠수정은 엔진 소음을 최소화하기 위해 축전지에 충전된 전기로 움직이면서 엔진을 가동했다가 이를 충전하는 과정을 반복한다. 폭발사고 원인을 조사 중인 군 당국은 축전지 충전 과정에서 수소 가스가 발생한다는 점에 따라 잠수정 축전지에서 수소 가스가 누설될 수 있다고 판단한 것으로 알려졌다.

제 11 장 연습문제

(1) 다음 중 수소의 제조방법이 아닌 것은?

① 태양광 분해법 ② 전기분해법
③ 화석연료 ④ 석유연료

(2) 다음 중 수소에너지의 이용사례가 아닌 것은?

① 수소자동차 ② 화학공업 이용기술
③ 수소이용 히트펌프 ④ 수소이용 핸드폰

(3) 수소에너지의 장점이 아닌 것은?

① 무소음 ② 무자본
③ 무한정 ④ 무공해

(4) 화학공정에 이용되는 수소는 어느 공정에서 가장 많이 사용이 되는지 고르시오.

① 아크릴로니트릴 가프로람탁 제조 ② 암모니아 제조
③ 화약제조 ④ 냉매

(5) 수소저장의 방법으로 옳지 않은 것은?

① 고압수소로 저장 ② 액체수소로 저장
③ 수소저장합금 저장 ④ 고체수소로 저장

(6) 일본의 수소에너지 관련 프로젝트 명칭으로 수소의 제조, 저장에 관해 지속적으로 추진 중인 연구 프로젝트는?

(7) 수소저장기술의 분류에 관해 기술하시오.

해답

1. ③, ④ 2. ④ 3. ② 4. ③ 5. ④
6. WE-NET program 7. 고압수소저장, 액제수소저장, 수은저장합금에 저장

12

지구온난화

1 지구온난화 개요

1.1 지구온난화 개념

온난화 현상 자체는 과거에도 있었으나 현재의 온난화는 주로 19세기 후반부터 관측되고 있는 온난화를 가리킨다. 이러한 현대 온난화의 원인은 온실가스의 증가에 있다고 보는 견해가 지배적이다. 산업 발달에 따라 석유와 석탄 같은 화석연료를 사용하고 농업 발전을 통해 숲이 파괴되면서 온실효과의 영향이 커졌다고 본다. 현재 기후변화에 관한 정부 간 패널(IPCC)에서 인정한 견해는 19세기 후반 이후 지구의 연평균기온이 0.6°C 정도 상승했다는 것이며 20세기 전반까지는 자연 활동이 온난화를 유발했지만 20세기 후반부터는 인류의 활동이 온난화를 유발했다는 것이다. 지구온난화는 지표 부근의 대기와 바다의 평균 온도가 장기적으로 상승하는 현상을 말하는데, 현재까지도 계속 진행되고 있으며 시간이 흐르면서 점점 지구가 온난화 현상으로 바뀔 가능성이 높다고 예측되고 있다.

그림 12.1 지구온난화

1906년부터 2005년까지 세계 평균 표면 기온은 0.74 ± 0.18°C 상승했다. 이 기간의 마지막 동안에 온난화 속도는 절반 이상을 차지했다. 1900년 이후 도시 열섬으로 인한 오염 효과는 0.002°C로 매우 적다. 위성 온도 측정을 통한 좀 더 기온이 낮은 대류권의 온도 변화는 1979년부터 10년마다 0.13에서 0.22°C 증가했다. 1850년부터 지난 천 년간의 온도 변화 기록은 프록시가 중세 온난기와 소빙기 같은 기후 변동을 제외하면 거의 안정했다. 현재 온난화 기록은 많은 독립적인 과학 그룹에 의해 관찰되고 있다. 예를 들어 물의 열팽창에 따른 해수면 상승, 눈과 얼음의 광범위한 액화 현상, 바다의 엔탈피 증가, 상대 습도의 증가, 생물 계절학에서 나타난 봄의 발현으로 인한 꽃 종류의 식물 증가 등이 있다. 이러한 사건들은 확률적으로 우연히 발현될 수 있는 경우는 없다.

미국 항공우주국의 고다드 우주항공연구소와 미국 국립 기후 데이터 센터에 따르면, 2005년부터 2010년까지 지구는 점점 따뜻해지고 있으며, 이는 광범위한 측정이 가능해진 19세기 후반 1998년에 비하면 높은 수치이다. 2007년의 일본 기상청 발표에 의하면, 한반도 부근 바다의 수온이 최근 100년간 세계 평균 바다 수온 상승 온도인 0.7도의 2배에 해당되는 1.2～1.6도 가량 오른 것으로 밝혀졌다.

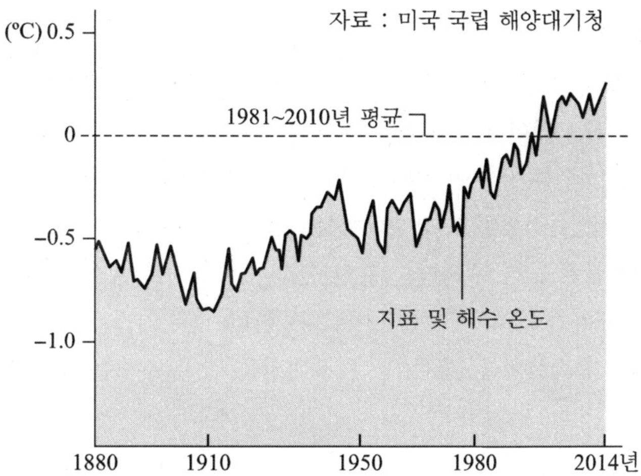

그림 12.2 지구온도변화

1.2 지구온난화 문제점

지구온도 변화를 통해 지구 내에서 발생한 문제점은 지구의 지표면 평균온도가 1900년 이후 약 0.6°C 올랐으며 해수면이 10년에 1 cm씩 오르고 있다. 북극해 얼음두께가 지난 40년 동안 40% 감소했고 전 세계적으로 주요 빙하들의 크기가 줄어들고 있다. 북반구의 강우, 특히 집중호우가 늘었지만 아시아와 아프리카의 지역에서는 가뭄이 자주 나타난다. 홍수와 폭풍에 의한 보험금 지급이 1980년대 매년 약 20억 불에서 1990년대 30억 불로 늘어났다. 엘니뇨 영향이 흔해지고 강해졌다. 이 모든 일의 배후에 지구온난화가 있다. 1995년 기후 변화에 관한 유엔국제위원단(UN IPCC)은 인간이 양산한 대기오염 물질이 최근의 기후변화에 영향을 미친다는 보고서를 냈다. 이 보고서에서 기후 전문가들은 2100년까지 지구 기온은 지역차이가 있더라도 섭씨 1°C에서 3.5°C 상승할 것으로 예상했다. 이 수치는 향후 10년 안의 온도 상승이 과거 수십 만 년 동안보다 더 크다는 것을 의미한다는 것을 알 수 있다. 지구온난화 추세에 대부분의 기후 전문가는 동의하지만, 문제는 지구온난화가 얼마나 빠르게 진행되고 그 결과가 어떠할 것인지 또 온난화의 영향이 가장 크게 두드러질 곳이 어느 곳인지에 관해서는 의견이 다양하다.

1) 온실효과

지구온난화의 직접적인 원인으로는 이산화탄소와 같은 온실기체가 대기 중으로 배출됨으로써 일어나는 온실효과 때문인데, 자연계에 존재하는 대표적인 온실효과 기체는 수증기와 이산화탄소가 있다. 온실효과 기체라는 것은 가시광선을 투과시키지만, 적외선을 잘 흡수하는 광학적 성질을 가지고 있는 기체이다. 대기 중에 포함된 다른 주요한 성분인 산소, 질소, 아르곤 등은 적외선을 흡수하는 성질이 없어 온실효과 기체가 아니다. 한편, 할론가스, 프레온가스, 메탄 등의 유기가스, 질소산화물, 오존 등은 적외선을 잘 흡수하는 온실효과 기체이다.

2) 온실가스

온실가스는 이산화탄소(CO_2), 아산화질소(N_2O), 메탄(CH_4), 수소불화탄소(HFCS), 과불화탄소(PFCS), 육불화황(SF_6) 및 그 밖에 대통령령으로 선정하는 것으로 적외선 복사열을 흡수하거나 재방출하여서 온실효과를 유발하는 대기 중의 가스 상태의 물질을 말한다(저탄소 녹색성장 기본법 제2조 9항). 현재 이산화탄소의 양은 전례가 없을 정도로 높다. 과거 기록에 의하면, 이산화탄소의 양이 최대치에 도달한 후, 거대한 기후 변화가 일어났다. 각각의 기후변화는 이산화탄소가 최대치에 도달한 후 수 천년 후에 빙하기가 초래했다. 대기 중의 열을 흡수하여 저장함으로써 온실 효과를 일으키는 기체는 자연 상태의 수증기 이외에 이산화탄소뿐만 아니라 메탄(CH_4), 프레온 가스(CFCs), 및 아산화질소(N_2O) 등이다. 화석 연료 또는 열대림의 화재로 대량으로 방출되는 이산화탄소, 가축 이용의 증대와 농업의 확대로 산출되는 메탄(CH_4), 냉매제, 살충제 또는 세척제로 사용하는 프레온 가스(CFCs), 그리고 화학 비료에서 나오는 질소 등이 최근에 크게 증가하고 있으므로 이들 기체로 발생되는 온실 효과의 증대로 지구의 온난화가 염려된다.

3) 기후변화

일정 지역에서 오랜 기간에 걸쳐서 진행되는 기상의 변화를 기후변화라고 한다. 최근 지구온난화로 인해 발생되는 폭염과 가뭄, 홍수 등 극한 기상현상의 발생이 증가하고 있는데, 이러한 현상이 기후변화에 해당한다.

2 지구온난화의 원인

산업혁명 이후 인구 증가와 산업화에 따라 화석 연료의 사용이 늘어나게 되었다. 화석 연료의 사용이 증가함에 따라 온실가스 배출량은 증가하고 무분별한 삼림 벌채로 대기 중의 온실가스 농도가 높아지면서 지구의 평균 온도가 상승하는 지구온난화 현상이 나타나고 있다. 지구온난화의 원인 물질로는 이산화탄소(CO_2), 메탄(CH_4), 아산화질소(N_2O), 염화불화탄소(CFCs), 수소화불화탄소(HFC), 과불화탄소(PFC), 육불화유황(SF_6), 오존(O_3), 수증기 등이 꼽히고, 대표 선수격인 이산화탄소의 농도는 산업혁명이 시작되기 전인 200여 년 전에 약 280 ppm이었던 것이 1995년에 361 ppm으로 증가하였는데 지금도 매년 증가 추세이다.

온난화의 원인으로는 산업혁명 이후 본격적으로 증가되기 시작한 화석연료의 과도한 사용에 있으며 석탄, 석유 등 현대 문명을 지탱하는 모든 화석연료는 이산화탄소를 방출한다. 자동차 연료로 쓰이는 휘발유 1 L은 이산화탄소 660 g을 생성하고 아마존유역에서 농경지 조성을 위해 열대우림을 불태울 때도 이산화탄소가 발생한다.

이산화탄소는 주로 석유와 석탄과 같은 화석연료의 연소에 의해 배출되며 메탄은 폐기물, 음식물쓰레기, 가축의 배설물 등에서 발생하고 수소화불화탄소, 과불화탄소, 육불화유황 등은 냉매 및 반도체 공정에서 주로 배출이 되는 가스이다. 가스별로 지구온난화에 영향을 미치는 정도를 지구온난화지수(GWP : Global Warming Potential)라고 하는데 이는 이산화탄소를 1로 보았을 때, 메탄은 23, 이산화질소 296, 프레온가스는 1,300~23,900으로 볼 수 있다. 이 중 이산화탄소는 지구온난화지수가 낮기는 하지만, 규제 가능한 가스로서 전체 온실가스 배출량 중 약 80%를 차지하고 있기 때문에 6대 온실가스 중 가장 비중 있는 온실가스로 여겨지고 있다. 화석연료의 연소 등에 의해 대기 중으로 방출된 탄소는 식물의 광합성을 통해 흡수된 후, 유기물로 전환된다. 또한 땅 속으로 들어간 생물의 유해가 화석연료로 전환되기도 한다. 지층에 포함된 탄소는 지각변동 과정에서 맨틀로 용해되고 화산 활동을 거친 뒤에 다시 대기 중으로 방출되며 해수에서는 이산화탄소의 용해와 방출이 일어나는 등 자연계 내에서 탄소는 순환과정을 반복하고 있다. 그러나 연간 인위적 배출량이 자연 배출량의 3%만 초과하여도 흡수원과 균형효과가 파괴되고 대기 중에 이산화탄소가 축적되어 지구온난화의 원인이 된다.

표 12.1 대기권 온실가스 증가 추세

기체	공기 중의 농도	
	산업혁명 이전	1994년
이산화탄소(CO_2)	280 ppm	359 ppm
메탄(CH_4)	700 ppb	1,666 ppb
염화불화탄소(CFCs)-12	0 ppt	509 ppt
염화불화탄소(CFCs)-11	0 ppt	261 ppt
아산화질소(N_2O)	285 ppb	309 ppb

2.1 자연적인 원인

기후변화는 외적으로 초래된 변화뿐만 아니라 기후시스템 요소의 변화와 요소간의 상호 작용에 의해서 발생된다. 외적 요소에 의한 기후변화의 대표적인 예로는 화산분화에 의해 성층권의 에어로솔 증가, 태양 활동의 변화, 태양과 지구의 천문학적인 상대위치 변화 등이 있다. 외적인 요인 없이도 기후시스템은 자연적으로 변할 수 있다. 이는 기후시스템(자연적 요소)의 5가지 주요 구성요소인 대기, 해양, 육지, 생물권, 설빙 각기 상호 작용하여 끊임없이 변화하기 때문이다. 자연적인 원인으로는 태양 흑점수의 변화에 따라서 태양 복사 에너지량이 변화하는 태양에너지의 변화, 화산분출물이 대류권에 도달하는 태양빛을 감소시킨 후에 기후변화가 일어날 수 있는 화산 폭발에 의한 변화, 그리고 지구의 공전궤도는 10만 년을 주기로, 지구의 자전축은 4만 천 년을 주기로 조금씩 바뀌고 있는데 이로 인해 태양에너지를 받는 양이 달라 기후에 영향을 미치는 지구 움직임의 변화 등이 있다.

그림 12.3 기후변화로 인한 가뭄

2.2 인위적인 원인

인간 활동이 대규모적으로 기후에 영향을 끼치기 시작한 것은 산업 혁명 초기인 18세기 중엽부터로, 1970년부터 2004년 사이에 지구 온실가스 배출량은 70%나 증가하였다(IPCC, 2007). 인간 활동, 특히 공장이나 가정에서의 화석연료 연소와 생물체의 연소는 대기 구성 성분에 영향을 주는 온실가스와 에어로솔을 생산하여 온실가스를 증가시키며 대기 중 에어로솔에 의해 태양 복사에너지 반사와 구름의 광학적 성질변화(산란효과에 의한 지구 냉각화)를 일으키고 있다.

1) 온실가스 및 에어로솔의 증가

산업혁명 이후 석유, 석탄, 천연가스 등 화석연료를 에너지원으로 사용하면서 대기 중 온실가스 농도가 증가하였다. 미세먼지 '에어로솔' 대기오염 원인을 살펴보면, 에어로솔은 기교질(氣膠質)·연무질(煙霧質)·대기오염물질 등이라 부르기도 한다. 에어로솔은 지구 표면에서 생기는 것으로서 대기 중에 생기는 것과 지구 밖으로부터 오는 것으로 나누어진다. 이처럼 공기 중에 떠다니는 크기가 수 마이크로미터 미만의 미세 먼지인 에어로솔 또는 지표 부근의 오존 등 대기오염 물질은 호흡기 질환이나 심혈관 질환을 유발시키며, 이로 인해 병을 유발하고 사망률을 크게 증가시킨다.

2) 산림파괴 및 환경변화

산림의 파괴는 물과 탄소의 순환에 영향을 미치고 자연환경의 변화를 일으켜 기후변화의 원인이 된다.

그림 12.4 사업화에 의한 공장의 매연

그림 12.5 벌목에 의한 산림의 파괴

3 지구온난화의 영향

온실가스가 지구 대기권에 가득 차게 되면 지구에서 우주로 방출되는 열(적외선)을 붙잡게 되고, 우주로 흩어질 열이 대기 중에 머물게 되어 대기를 덮는 열의 일부가 해양으로 전달되어 바닷물의 온도를 상승시킨다. 이렇게 대기와 해양온도가 상승하게 되면서 전체적인 지구 온도가 상승하게 되는데, 이 현상을 온실효과에 의한 지구온난화라고 한다.

1) 빙하의 변화

지구온난화로 인해 지구의 온도가 상승하게 되어 빙하가 녹는 현상이다. 1940년대 새하얀 눈으로 가득 덮인 볼리비아 차칼타야 빙하가 2005년에는 온도 상승으로 인해 대부분의 눈이 녹아내렸다.

2) 해수면의 상승

빙하와 극지방의 얼음이 녹고 바닷물의 열팽창은 전 세계 해수면의 상승을 초래했다. 지난 한 세기 동안 해수면은 약 18 cm 상승했고 2100년까지 50 cm 정도 더 상승할 것으로 IPCC는 추정했다. 이런 추세에는 전 세계 인구의 대부분이 모여 사는 해안 변 저지대에 심각한 위협이 된다. 특히 해안 변 저지대에 인구가 밀집해 있는 방글라데시, 이집트, 베트남, 모잠비크 등의 국가는 큰 수해를 당할 확률이 높다. 해수면이 상승하면 방글라데시는 국토의 18%까지 잃을 것으로 추정되고 최근 아시아 근해에서의 연이은 해일 피해는 이런 우려를 더하고 있다.

3) 강우형태의 변화

대기 온도가 상승하면서 더 많은 물이 대기 중으로 증발하고 이는 과거와 비교할 수 없는 규모의 태풍이나 폭우, 폭설을 야기한다. 최근 빈번히 일어나는 예측하기 어려운 폭우의 형태는 그 전조로 볼 수 있다.

4) 생물상에 미치는 영향

지구온난화가 가속화되면 좁은 온도 범위에서 사는 종, 서식지역이 협소하거나 서식환경이 추악한 생태계에 사는 종은 멸종할 것이 틀림없다. 예를 들어, 물의 온도가 1~2°C만 상승해도 산호 백화 현상이 일어나 산호초를 파괴할 수 있다. 가까운 장래에 생물종이 크게 감소할 지역으로는 극지방의 바다와 산호초, 산악생태계, 해안습지, 툰드라, 아한대림과 온대림 등이 꼽히고, 대부분 서식지의 환경이 경계선에 놓인 지역임을 알 수 있다. 경계선에 놓인 지역들은 사소한 온도변화에도 큰 기후 변화를 겪기 마련이다. 어떤 종은 새로운 환경으로 이주하거나 현재의 서식처에서 변화하는 환경에 적응할 수도 있을 것이다. 또한 일부 종은 지구온난화의 영향을 전혀 받지 않을 수도 있고 반대로 개체수와 서식범위를 확장하는 종이 등장할 수도 있다. 이렇게 번성할 가능성이 가장 큰 생물은 이미 환경 속에서 넓은 범위를 차지하고 있는 일부 잡초, 해충, 병원균 등이 있다.

5) 농업에 미치는 영향

지역적인 생태계 시스템에서 봄 이전의 시기와 극지방으로의 식물 및 동물 영역 변화는 최근의 지구온난화와 높은 연관성이 있다. 미래 기후 변화는 툰드라, 홍수림, 산호초를 포함한 특정 생태계 전반에 큰 영향을 미칠 것으로 예상된다. 대부분의 생태계는 높은 이산화탄소 농도와 높은 지구 온도에 영향을 받을 것으로 예상된다. 전반적으로, 기후 변화는 생태계의 다양성 감소와 많은 종의 멸종을 초래할 것으로 예상된다. 이산화탄소의 증가는 바다의 산성도 증가를 불러일으킨다. 해양 산성화로 알려진 이 과정은 지구온난화와 '비슷한 나쁜 쌍둥이'로 알려져 있다. 해양 산성도 증가는 탄산염의 양을 감소시키면서 유공충과 같은 해양 먹이 사슬 바닥에 있는 생물이 더욱 살기 어렵게 만든다. 현재 해양 산성화의 속도는 지난 3억년 4번의 대량 멸종 중 해양 생물의 95%를 멸종시킨 페름기-트라이아스기 멸종보다 더욱 빠른 속도로 진행되고 있다. 산업 혁명부터 세기 말까지 산성도 변화는 팔레오세-에오세 최대 열출력(Paleocene–Eocene Thermal Maximum)과 같으며 이는 지난 5천 년 간 유공충의 35~50%를 사망시켰다.

4 기후변화 국내 · 외 현황

4.1 국내 기후변화 현황

최근 30년간 기온은 0.7도 상승하였고, 연평균 강수량은 200 mm 이상 증가했다. 이는 IPCC가 발표한 최근 100년간 지구의 상승온도인 0.74도 상승보다 3배 이상 빠른 것으로 한반도 지구온난화의 심각성을 나타내고 있다. 계절별로는 지난 30년 온도 평균값과 최근 10년간의 평균 온도차가 겨울은 0.8도, 봄은 0.7도, 가을은 0.6도, 여름은 0.2도 순으로 겨울과 봄에 가장 뚜렷하게 기온이 상승했고 여름철의 온도상승은 지역에 상관없이 약한 상승의 경향을 보였다. 또한 최근 10년간(1999~2008년) 우리나라 연간 강수량은 1435.9 mm로 과거 평년값(1971~2000년)과 비교하였을 때 약 9.1% 증가했다.

국립해양조사원에 따르면 지난 46년간의 해수면 높이 측정 자료를 분석한 결과 제주부근 5.1 mm, 남해안 지역 3.4 mm 각각 해수면이 상승하였으며, 특히 지난 10년간의 해수면 상승속도가 이전의 상승속도 보다 2배 이상 빨라진 것으로 나타났다. 또한 남해안과 동해안 지역을 중심으로 아열대 지역의 북상이 뚜렷하게 나타나고 있다. 1990년대 제주, 부산, 통영, 목포, 여수, 완도 등이 아열대 지역에 속했으나 2007년 현재에는 거제, 고흥, 남해, 울산, 포항, 등에서도 아열대 기후가 나타났다. 이러한 기온상승, 해수면 상승 등의 영향으로 겨울은 점점 시간이 갈수록 짧아지고 여름과 봄이 길어지는 자연계절의 변화, 봄꽃 개화일의 변화, 과수와 어류의 서식지 변화 등 이상기후는 한반도 생태계 전반에

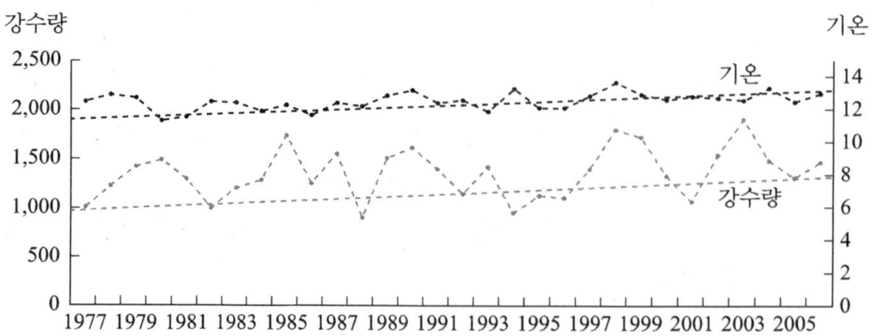

그림 12.6 최근 30년간 우리나라의 연평균기온 및 강수량 변화

표 12.2 계절별 비교

기간 \ 계절	봄(3~5월)	여름(6~8월)	가을(9~11월)	겨울(12~2월)
1971~2000년	12.3	23.8	15.5	2.4
1999~2008년	13.0	24.0	16.1	3.2

※ 분석에 사용된 관측지점 : 강릉, 서울, 인천, 울릉도, 추풍령, 포항, 대구, 전주, 울산, 광주, 부산, 목포, 여수, 제주 서귀포

※ 출처 : 한반도 기후변화 추세분석(기상청, 2009)

걸쳐 영향을 미치고 있다.

우리 주변의 풍광이 바뀌고 있으며, 큰비는 장마철을 따로 가리지 않고 여름이든 가을이든 지역을 불문하고 찾아오고 한 겨울의 삼한사온이란 현상은 사라진지 오래이다. 또한 봄은 짧고 여름은 길어지는 추세이고 기후변화에 따라 동식물의 생태에도 많은 변화가 일고 있다. 대표적인 난대수종인 동백꽃은 이제 서울에서도 자란다고 하고 고실수의 북방한계선은 날로 북으로 그 영토를 옮겨가고 있다.

4.2 국외 기후변화 현황

전 세계적으로 지구온난화로 인한 홍수, 폭우, 열파, 태풍을 포함한 극한 현상이 나타나고 있으며, 특히 열대와 아열대 지역에서 심각한 것으로 나타나고 있다. 최근 50년간의 관측 자료에 의하면 열파와 한파의 정도 역시 변하여 한파와 서리의 빈도는 감소한 반면 열파와 열대야의 빈도는 증가했다는 경과를 볼 수 있다. 1970년대 이후의 관측 자료에 의하면 북대서양에서의 강한 열대성 태풍 활동이 활발해진 것이 분명하며 다른 지역 또한 역기 활동이 증가하였다. 2003년 유럽에서 발생한 심각한 폭염은 프랑스 40.0°C, 영국 38.1°C 스위스 41.5°C로, 프랑스는 1873년 이래 스위스는 139년 만에 최고치를 경신하였다. 폭염으로 인하여 프랑스는 14,802명, 독일 7,000명, 스페인 4,230명, 이탈리아 4,175명의 사망자가 발생하였다. 또한 2006년 필리핀에서 발생한 폭우로 인한 산사태가 발생하여 1,700여명 이상의 사상자와 사망자가 발생했고 한국과 일본, 중국 등에서도 홍수로 인해 약 900명이 사망하였다. 이렇듯 지구온난화로 인한 기후변화는 재해를 넘어 인류의 목숨까지 위협받게 되었다.

표 12.3 대륙별 이상기상 현상(2006)

대륙	국가	종류	내 용
유럽	동유럽	폭설과 한파	• 1월 폭설과 함께 찾아온 강추위로 동유럽에서 11명 이상 사망 • 러시아에서는 28년 만에 찾아온 최악의 한파로 7명이 동사
	유럽 전체	폭염	• 7월 40°C가 넘는 폭염으로 유럽전체로는 50명 이상이 사망(영국은 7월 폭염이 1990년 중 최대의 폭염을 기록, 독일은 지난 1백년 중 가장 더운 7월로 기록됨)
오세아니아	호주	가뭄	• 호주의 남동부 지역은 기상기록 이후 최악의 가뭄발생. 호주의 올해 가뭄은 지난 천년 동안 있었던 가뭄 가운데 최악의 것으로 보고
아시아	필리핀	폭우	• 2월 폭우로 인한 산사태가 발생하여 주민 2,500명이 거주하는 마을 전체가 흙더미에 묻히면서 1,700여명 이상이 실종되거나 사망
	중국, 일본	폭설과 한파	• 1월의 폭설과 강추위로 중국은 62만 명 이상 피해 • 일본에서는 1,900여명이 피해
	중국	황사	• 22년 만에 최악의 황사로 16명 사망·실종, 항공기 운항 취소
	한국, 일본, 중국	홍수	• 7월 태풍과 장마전선의 영향으로 홍수와 산사태가 발생, 많은 사상자 기록 • 북한은 549명 이상이 사망, 남한은 48명 이상이 사망 • 중국은 6월 들어 홍수가 빈번히 발생하여 349명이 기상재해로 사망 • 일본의 가고시마현에는 7월 20일부터 3일간 1,100 mm가 넘는 기록적인 폭우를 기록, 24명 사망
남아메리카	브라질	가뭄	• 브라질은 7~8월 비가 거의 내리지 않아 76년 만에 최악의 가뭄사태로 180여만 명이 식수 부족 경험, 8월 14~15일에는 이상고온과 건조한 날씨로 120건의 화재가 발생
아프리카	케냐, 에티오피아	가뭄 및 홍수	• 1월 극심한 가뭄으로 40여명 이상이 사망, 1,100만 명 이상이 아사 위기

2015년 기상재해로 사회 · 경제적 피해액은 증가하였다. 유엔 산하국제재해경감전략기구(UNIDRS : United Nations Office of Disaster Risk Reduction)에서 발표되었던 연도별 보고서에 따르면 2015년은 기록 이래 가장 따뜻한 해였고, 전 세계적으로 발생한 각종 자연재해로 총 2만 3천명이 숨지고 약 1억 명이 재해 영향을 받았다. 2015년에 자연재해가 가장 많이 발생한 나라는 중국, 미국, 인도 필리핀, 인도네시아이고, 사망자가 가장 많이 발생한 자연재해는 네팔 지진으로 8,800여명, 다음이 유럽과 아시아에서 무더위로 인해 7,300여 명이 사명하였다. 경제적 손실로 볼 때 미국이 1위로 250억 달러, 중국이 2위로 136억 달러에 달했고, 지역별로 볼 때 아시아에서 발생한 자연재해가 가장 많아 사망자수가 세계 총 사망자수의 약 72%를 차지했다. 2016년은 전 지구 평균기온 역대 최고 1위를 차지하였다. 2016년 전 지구 평균기온(1～11월)이 20세기(1910～2000년)의 평균기온(14.0°C)보다 0.93°C 높아 관측이 시작된 1880년 이래에 전 지구 평균기온이 가장 높은 해가 될 것으로 예상된다. 지구온난화로 인한 다양한 형태의 기상재해가 발생되고 있다.

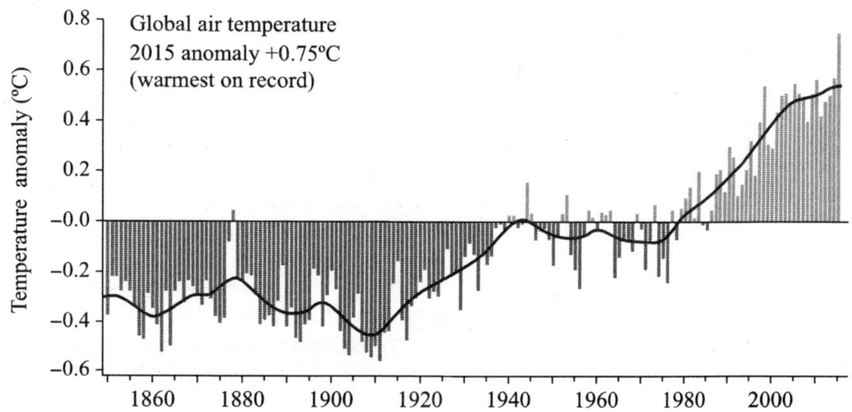

그림 12.7 전 지구 평균기온 편차 시계열(2015)

5 향후 전망

기후변화모델을 통한 예측에 따르면 이산화탄소 농도가 산업혁명 이전의 280 ppm의 약 2배인 550 ppm이 될 경우 기온은 약 2°C 상승할 것이며, 1000 ppm이 될 경우 약 4°C 상승할 것으로 전망된다. 이는 지난 100년간 지구평균 기온이 0.74°C 상승한 것에 비하면 매우 비약적인 상승률로 표 12.4처럼 해수면도 18～59 cm 상승할 것으로 예측되고 있으며 IPCC는 표 12.5와 같이 2000년 특별보고서를 통해 크게 A1, A2, B1, B2의 배출시나리오를 발표하였으며 이를

표 12.4 온실가스 배출 시나리오별 기온과 해수면 상승

시나리오(2100년 농도)	2090년대 기온변화	2090년대 해수면 상승
2000년 농도(370 ppm)	0.6 (0.3～0.9) °C	NA
B1 (550 ppm)	1.8 (1.1～2.9) °C	18～38 cm
A1T (540 ppm)	2.4 (1.4～3.8) °C	20～45 cm
B2 (600 ppm)	2.4 (1.4～3.8) °C	20～43 cm
A1B (720 ppm)	2.8 (1.7～4.4) °C	21～48 cm
A2 (830 ppm)	3.4 (2.0～5.4) °C	23～51 cm
A1Fl (970 ppm)	4.0 (2.4～6.4) °C	26～59 cm

※ SRES (Special Report on Emission Scenarios)

표 12.5 배출시나리오 및 특징

배출시나리오	특 징
A1시나리오	세계 경제의 매우 급속한 성장, 금세기 중반에 최고에 도달할 지구촌 인구, 신규기술의 급속한 도입가정. A1시나리오는 기술변화 방향에 따라 화석 집약적(A1F1), 비화석 에너지자원(A1T), 모든 자원 간의 균형(A1B)으로 세분화 됨
B1시나리오	지구 인구는 A1과 같지만 경제구조는 서비스 및 정보 경제적으로 급속히 변화한다는 가정
B2시나리오	인구와 경제 성장이 A1과 B1의 중간으로 경제적, 사회적, 환경적 지속가능성에 대한 지역적 해법 강조
A2시나리오	인구증가율이 높고 경제발달과 기술변화가 매우 더딘 상황을 가정

기반으로 기후변화를 예측하고 있다.

인류가 지구온난화를 이대로 방치할 경우 2100년에는 습윤 및 고위도 수자원 10~40% 증가, 저·중위도 및 반건조 지역은 반대로 10~30% 감소하여 반건조지역에서의 물부족 문제가 더욱 심화될 것으로 예측되고 있다. 또한 기온이 1.5~2.5도 상승 시, 전 세계 동식물의 20~30%가 멸종될 것이며, 저위도 건조지역의 온도가 1~2도 상승되면 농작물 생산량이 급격히 감소될 것이다. 또한 해수면 상승으로 전 세계 해안의 30% 이상이 침수될 것으로 예측되고 있으며 특히 2015년경 부에노스아이레스, 텐진, 방콕, 카이로, 뉴욕, LA, 오사카, 도쿄 등의 도시가 치명적인 피해를 입을 것으로 보인다. 최악의 시나리오로 해수면이 2100년경 88 cm 상승할 경우, 남태평양과 인도양의 1,100여개 섬이 모두 투발루와 같은 처지에 처할 것이다.

국립기상연구소의 전망에 따르면 SRES A1B 시나리오(2100년 이산화탄소 농도가 약 720 ppm)를 가정한 21세기 말 한반도는 평년(1971~2000년)대비 기온은 4°C 상승하고 강수량은 17% 증가될 전망이다. 또한 극한 저온현상 빈도는 감소하고 극한 고온현상 및 호우 빈도가 증가될 것이며 태백, 소백산맥 산지를 제외한 서해안, 동해안 중부까지 아열대 기후구가 북상할 것으로 예측되고 있다.

표 12.6 지구온난화의 부문별 영향(IPCC 2007)

구분	2020년대 (1°C 상승)	2050년대 (2~3°C 상승)	2080년대 (3°C 이상 상승)
수자원	4~7억 명 물부족	10~20억 명 물부족	11~32억 명 물부족 세계 인구 5분의 1 이상 홍수 영향
생태계	양서류 멸종, 산호 백화현상 생물종 다양성 변화	생물 20~30% 멸종 위기	지구생물 대부분 멸종 이산화탄소 배출로 생물권 분포 변화
식량	농산물 수확량 일시적 증가, 1,000~3,000만 명 기근 위협		해안가 30% 이상 유실 1,500만 명 이상 홍수 위협
해안	홍수, 폭우 증가	300만 명 홍수 위협	
건강	알레르기 및 전염성 질병 확산	영양부족, 과다출혈, 심장관련 질병 증가 더위, 홍수, 가뭄으로 인한 사망 증가	

6 지구온난화 기후 변화추이

1) 기온 상승

1880년에서 2012년 동안 전 지구적인 연평균 지표온도는 0.85°C (0.65~1.06°C) 상승하였으며, 최근 10년간(2003~2012년) 평균 지표온도는 1850년에서 1900년 평균 지표온도에 비해 0.78°C (0.72~0.85°C) 높게 나타났다. 지표온도의 10년 평균값은 1900년도 이후 증가하고 있는 추세를 보이고 있고, 특히 1980년도 이후 지표 온도의 10년 평균값이 앞선 10년 평균값 대비 2배 정도의 폭으로 증가하고 있음을 알 수 있다. 지난 40여 년 간 우리나라 연평균기온은 10~15°C 정도로 비교적 큰 변화는 없었으나 매년 평균적으로 0.018°C씩 지속적으로 상승한 것으로 나타났으며 10년 단위 평균값도 지속적으로 상승하여 2001~2010년 사이에 12.8°C로 가장 높았다. 우리나라에서 지난 100년 동안의 기온을 측정한 관측소는 모두 6개(서울, 인천, 부산, 대구, 강릉, 목포)이다. 6개 관측지점의 100년(1912~2008년) 연평균 기온에 대한 10년마다의 평균 기온은 그림 12.8과 같이 1910년대 이후 계속적으로 증가하고 있으며 1910년대에 비해 1950년대에 약 0.5°C 증가했고 1950년대에 비해 2000년대에는 1°C 이상 기온이 상승하였다.

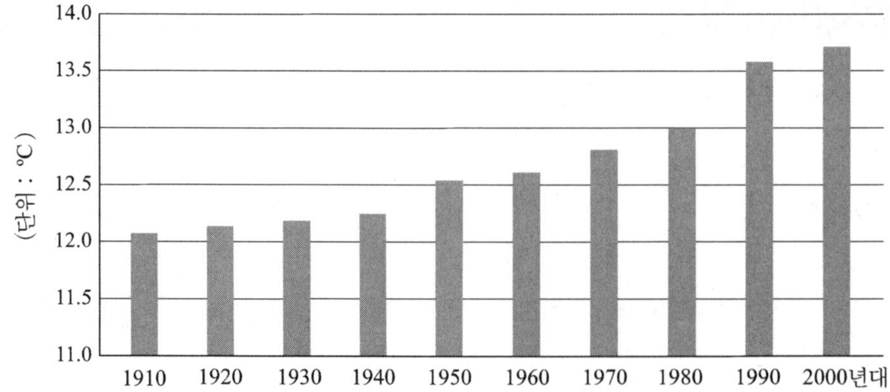

출처) 기후변화 이해야하기 Ⅱ –한반도 기후변화: 현재와 미래, 국립기상연구소(2009)

그림 12.8　주요 도시 기온 변화(1910~2008)

2) 강수량 변화

1971부터 2013년까지의 연평균 강수량을 산술평균한 값인 '평년값'은 약 1,332 mm으로 나타났다. 지난 40여 년간 연평균 강수량이 가장 많은 해는 2003년(1,861 mm)이고, 반대로 연평균 강수량이 가장 적은 해는 1988년(약 895 mm)인 것으로 파악되었지만, 기후변화와 연계한 전국 연평균강수량은 큰 변화를 보이지 않고 있다.

지난 100년간(1912～2008년)의 강수량과 관련해서, 장기 자료가 존재하는 6개 관측 지점(서울, 인천, 부산, 대구, 강릉, 목포)의 10년 평균 강수량을 대상으로 시계열로 분석해보면, 1940년대와 1970년대를 제외하고 대체로 1910년도와 비교하여 대체로 증가하는 추세를 나타내고 있다.

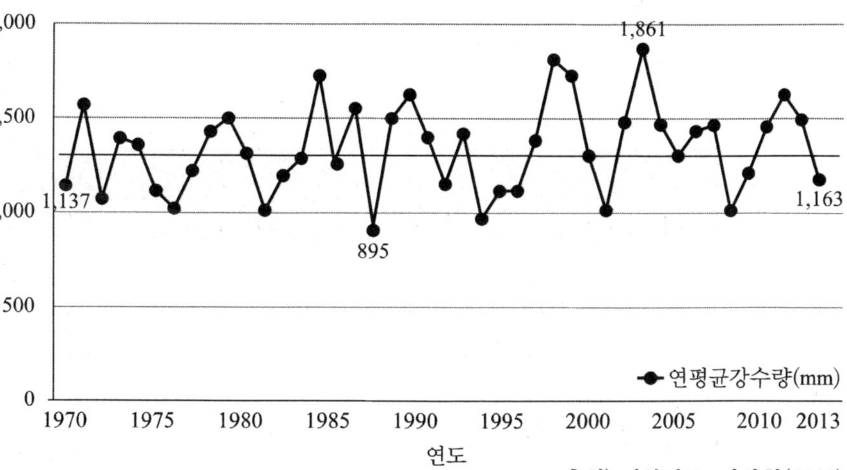

출처) 기상연보, 기상청(2013)

그림 12.9 연평균 강수량 추이(1971～2013년)

3) 열대야 빈도

여름철(6～8월) 폭염 및 열대야가 발생하는데, 여름철 평균기온은 24.8°C로 평년보다 1.2°C 높았고, 1년 중 가장 무더운 시기인 7월 후반부터 8월 후반까지 고온 현상이 나타나 폭염과 열대야가 지속되었다. 7월 전국평균 폭염일수는 5.5일로 평년(3.9일)보다 자주 발생하였으며, 전국평균 열대야일수도 4.0일로 평년(2.3일)보다 1.7일 많았고 대부분 7월 후반에 집중되었다. 8월에는 일본 동쪽에서 남북방향으로 크게 발달한 북태평양고기압의 영향으로 기압계 흐름이 다시 정체된 가운데 중국 대륙에 위치한 고기압으로부터 가열된 공기가 우리나라 상공으로 지속적으로 유입되었으며 강한 일사까지 더해지면서 기온이 큰 폭으로 올라 극심한 무더위가 지속되었다. 8월 1~25일 기간 동안 전국 평균기온과 평균 최고기온이 28.0°C(편차 +2.6°C)와 33.6°C(편차 +3.5°C)로 1973년 이래로 가장 높았다. 전국적으로 연일 무더위가 이어지면서 전국평균 폭염일수가 16.7일을 기록하여 1973년 이래 가장 높은 값을 경신하였다. 전국평균 열대야일수는 6.7일로 평년(2.8일)보다 많았으며 서울·경기도, 강원영서, 전라도, 경남지역을 중심으로 열대야가 연속적으로 발생하였고 특히 서울의 경우 열대야일수가 22일로 1973년 이래 가장 많았다. 여름철에 일어나는 폭염 및 열대야일수는 각각 22.4일과 10.8일로 평년(9.8일, 5.1일)보다 많았고, 역대 최대 1위는 1994년이었다. 특히, 서울의 경우 폭염일수와 열대야일수가 각각 24일과 32일로 평년(6.6일, 8.4일)보다 많았다.

표 12.7 1973년 이래 여름철 전국과 서울의 폭염 및 열대야일수 순위 현황

순위	전국				서울			
	폭염일수		열대야일수		폭염일수		열대야일수	
1	1994년	29.7	1994년	17.4	1994년	29.0	1994년	36.0
2	2016년	22.4	2013년	15.8	2016년	24.0	2016년	32.0
3	2013년	18.2	2010년	12.0	2000년	18.0	2013년	23.0
4	1990년	17.0	2016년	10.8	1997년	16.0	2012년	20.0
5	1996년	16.8	2012년	10.2	2012년	14.0	1997년	17.0

7 탄소성적표지 인증제도

환경부에서 시행하는 '탄소성적표지'는 제품의 생산, 수송, 사용, 폐기 등의 과정에서 발생하는 온실가스 발생량을 CO_2 배출량으로 환산하여 라벨 형태로 제품을 부착하는 것을 말한다. 이를 통해 소비자들에게 제품의 온실가스 발생량을 제공하여 저탄소 소비문화를 확산시키고 나아가 지구온난화 대응에 기여하는 것을 목적으로 하고 있다. 이 제도를 도입한 후, 5년 동안 전자제품, 생활용품, 식음료 등 생활 속에서 접할 수 있는 다양한 제품들과 호텔, 열차 등의 서비스까지 1,475개가 인증을 받았다.

탄소성적표지 인증제도는 법적규제가 아니기 때문에 기업의 자발적 참여에 의해 이루어지는 임의 인증제도이며 제품의 온실가스를 측정하는 1단계 탄소배출량 인증, 온실가스를 줄이도록 하는 2단계 저탄소 제품 인증, 마지막으로 발생한 온실가스를 상쇄시켜 0으로 만드는 3단계 탄소중립제품 인증의 3단계로 구성되어있다. 이런 3단계의 체계는 우리나라가 세계 최초로 갖춘 것이다.

1단계는 탄소배출량 인증으로 탄소배출량 인증은 제품의 전 과정에서 발생한 온실가스 배출량을 이산화탄소 양으로 환산하여 제품을 인증하고 그 양을 제품에 표시해주는 제도이다. 이는 해당 제품에 대한 배출 기준치(Baseline)라고 할 수 있다. 탄소배출량 인증마크 나뭇잎에 쓰인 숫자는 이산화탄소의 양을 뜻하는데 이 마크의 유무를 통해 환경 정보 제공을 위한 노력을 했는지의 여부를 알 수 있다.

그림 12.10 탄소배출량 인증마크

2단계는 저탄소제품 인증(A형, B형)으로 탄소배출량 인증을 받은 제품 중 탄소배출량을 줄이고 탄소배출량이 동종제품의 평균배출량보다 적은 제품에 인증을 부여하는 것으로 실질적으로 온실가스 감축 성과를 확인할 수 있다. 해당 마크를 취득한 제품일수록 온실가스 감축에 기여하는 제품이라는 것을 소비자들이 좀 더 쉽게 확인할 수가 있다. 저탄소제품인증 도안 1형은 A형의 사용을 기본으로 하며, B형을 사용하고자 하는 경우 '저탄소제품인증 표지사용계획서'에 사유를 명시해야 한다.

그림 12.11 저탄소제품 인증마크(A형, B형)

3단계는 탄소중립제품 인증으로 저탄소제품 인증을 받은 제품 중 탄소배출량을 탄소배출권 구매 또는 기타 감축활동을 통해 상쇄함으로써 탄소배출량을 영(0)으로 만든 제품에 인증을 부여한다. 그전까지는 온실가스를 측정하고 줄이는 2단계까지 갖추고 있었지만, 탄소중립 제품이 나오면서 3단계를 완성하였다. 이런 3단계의 체계는 우리나라가 세계 최초이며 탄소성적표지와 같은 탄소라벨링 제도는 영국, 스웨덴, 스위스, 이탈리아, 캐나다, 호주, 프랑스, 일본, 태국, 중국, 대한민국 총 11개 국가에서 운영하고 있지만, '산정－감축－상쇄'로 이어지는 단계적 인증을 부여하는 선진적인 체계를 우리나라가 갖추게 된 것이다. '상쇄'하는 방법은 크게 두 가지가 있는데, 배출된 탄소의 양 만큼 다른 곳에서 탄소배출권을 구매하거나 해당 양 만큼의 나무를 심으면 된다.

그림 12.12 탄소중립제품 인증마크

우리나라에서 탄소성적표지 제도가 시행된 것은 2009년으로 189개 기업의 1,667개 제품을 인정받아 2007년부터 시작한 영국에 이어 세계에서 두 번째로

표 12.8 탄소성적표지 제도 인증현황(2014년 12월 동일제품 포함)

구분	비내구재 일반제품	내구재 일반제품	생산재 일반제품	서비스	에너지사용 내구재	소계
탄소배출량	514	26	296	23	531	1,390
저탄소제품	112	1	37	–	114	1,390
탄소중립제품	9	–	1	–	3	13
합계	635	27	334	23	648	1,667

많은 인증제품을 확보하고 있다. 또한, 264개의 제품이 저탄소기술을 적용해서 2단계 저탄소제품 인증을 받아 약 256만 톤에 이르는 이산화탄소 양을 줄였다. 처음으로 3단계 탄소중립제품 인증을 받은 제품은 총 13개이다. 이 13개 제품이 상쇄하는 온실가스의 양은 이산화탄소로 환산했을 때 30년생 소나무 1,800만 그루가 1년 동안 흡수하는 이산화탄소의 양과 같은 총 12만 톤 규모이다.

8 방지대책

8.1 사회적 대책

지구온난화 문제는 국가 간에 다양한 사회, 정치적 인자가 서로 얽혀 모든 나라가 일치하는 문제 해결방안을 찾기란 쉽지 않다. 그럼에도 불구 지구온난화 문제의 해결을 위해서는 모든 국가가 협력하지 않으면 되지 않는다. 국제사회에서는 교토의 정서 채택 등 온실가스를 줄이기 위한 다양한 노력을 펼치고 있지만, 국가 간의 이해관계가 상충하는 국제 협약에 의한 온실가스 감축 노력은 지난한 과정을 밟고 있다. 지구온난화를 완화하는 방법 중 한 가지는 산림관리에 있다. 산림은 이산화탄소를 흡수, 광합성을 통해 생체에 저장한다. 반대로 산림을 벌채한다는 것은 이산화탄소의 방출을 의미한다. 환경론자들은 선진국이 비용을 부담하여 개도국에서의 열대림을 보존하고 파괴된 산림을 복원하여야 한다고 주장한다.

1) 국제사회

기후변화협약(UNFCCC)에 따르면, 지구온난화에 따른 기후변화에 적극 대처하기 위하여 국제사회는 1988년 UN총회 결의에 따라 세계기상기구(WMO)와 유엔환경계획(UNEP)에 "기후변화에 관한 정부 간 패널(IPCC)"을 설치하였으며 1992년 6월 유엔환경개발회의(UNCED)에서 기후변화협약(UNFCCC)을 채택하였다. 우리나라는 1993년 12월에 세계 47번째로 가입하였다(현재까지 196개국 가입). 기후변화협약에 의한 온실가스 감축은 구속력이 없음에 따라 온실가스의 실질적인 감축을 위하여 과거 산업혁명을 통해서 온실가스 배출의 역사적 책임이 있는 선진국(38개국)을 대상으로 하여 제1차 공약기간(2008～2012년)동안 1990년도 배출량 대비 평균 5.2% 감축을 규정하는 교토의정서를 제3차 당사국총회(1997, 일본 교토)에서 채택하여 2005년 2월 16일 공식 발효시켰다. 우리나라에서는 2002년도에 비준하였고(1908년 5월 기준 총 184개국 서명, 76개국 비준), 2005년 11월 캐나다 몬트리올에서 제1차 교토의정서 당사국총회(COP/MOP1) 개최하였으며, 제3차 교토의정서 당사국총회(COP/MOP3)에서 발리로드맵을 채택했다. 교토의정서에는 온실가스 감축의무 국가들의 비용효과적인 의무부담 이행을 위하여 신축성 있는 교토 메커니즘을 제시했다. 공동이행제도는(JI : Joint Implementation) 선진국 A국이 다른 선진국에 투자하여 얻은 온실가스 감축 분을 A국 감축실적으로 인정하는 제도이다. 청정개발체제(CDM : Clean Development Mechanism)는 선진국이 개도국에 투자해서 얻은 온실가스 감축 분을 선진국의 감축실적으로 인정하는 제도이다. 배출권거래제도는(ET : Emission Trading) 온실가스 감축의무가 있는 국가들에 배출쿼터를 부여한 후에 동 국가 간 배출쿼터의 거래를 허용하는 제도이다. 1997년 체결된 교토의정서는 선진국에만 온실가스 감축의무를 부과하는 체제였지만, 기후변화에 효과적으로 대하기 위해서는 개도국도 함께 온실가스 감축에 참여해야 한다는 필요성이 지속적으로 제기됨에 따라 신 기후체제의 경우 교토의정서의 체제를 극복하기 위해 선진국과 개도국 모두가 참여하며, 이를 위해 각국이 감축목표를 스스로 결정할 수 있도록 하는 유연한 방식을 적용한다. 파리협정(Paris Agreement)은 신 기후체제의 근간이 되는 협정으로서 주요 요소별로 2020년 이후 적용될 원칙과 방향을 담은 합의문이다.

2) 정부

교토의정서에 명시된 온실가스 감축목표를 달성하기 위하여 선진국을 필두로 자국의 온실가스 감축을 위한 노력을 계속하고 있다. EU는 교토의정서에서 1차 공약기간까지는 1992년 대비 －8%, 2차 공약기간인 2020년까지는 1990년 대비 －20%를 감축공약으로 제시하였다. 그리고 목표달성을 위하여 2005년부터 배출권거래제를 도입하였으며 현재는 3기(2013～2020년) 체제로, 31개국이 참여하고 있다. 교토의정서의 온실가스 감축 의무체계의 불합리성을 주장하는 미국도 신재생에너지 및 청정에너지기술에 투자를 집중하고 있고, 청정전력계획(Clean Power Plan)을 발표하면서 동북부 10개 주뿐만이 아닌 모든 주(州)가 온실가스 감축목표를 설정해 주간의 배출권거래제를 시행하기로 하는 등 자체적인 감축계획 및 목표를 수립하여 시행하고 있다. 일본의 경우도 국내・외 감축목표량을 설정하고 청정개발체제/공동이행제 등을 통하여 국외협력사업의 활성화를 유도하는 한편, 일부 지역단위의 의무적 배출권 거래 제도를 시행하고 있다. 현재 우리나라는 온실가스 감축 의무 국가는 아니지만, 주요 온실가스인 이산화탄소의 배출량이 2013년도 세계 8위이며 OECD 국가 중 이산화탄소 배출량 증가율 1위 국가로서, 제2차 공약기간(2013～2020년) 동안 구속적 형태로 온실가스 감축을 위한 국제적 노력에 동참해야한다는 국제사회의 요구가 드세어질 것으로 예상된다. 이에 대비하여 정부는 1999년부터 현재까지 4차례에 걸쳐 기후변화 종합대책을 수립하여 시행하고 있고, 2008년부터는 온실가스 감축 및 기술개발을 통해 보다 적극적으로 기후변화에 대응할 수 있는 제4차 종합대책이 수립되어 추진 중에 있다. 환경부 대책으로는 기후변화 영향평가 및 적응대책 수립, 온실가스 배출관리체계 구축, 교토메커니즘 도입기반 구축, 이행 기술개발 투자 및 기업지원 강화교육, 홍보 및 전문가 양성, 대외 협상 기반 강화 등이 있다. 환경부는 지구온난화 방지를 위한 국제적 노력에 적극 동참하고, 기후변화협약에 철저히 대응하기 위하여 온실가스 감축을 위한 다양한 정책을 추진하는 한편 국내 산업보호를 위한 협상전략을 포함하는 장단기 대응전략도 치밀하게 준비하고 있다.

3) 기업

산업계는 시설 및 기술개발 투자의 주체로서 온실가스 감축의무가 주어지면 산업경쟁력이 온실가스 감축 기술능력에 의해 크게 좌우됨을 고려하여 온실가스 감축을 경영과정에 포함시켜 많은 관심과 투자를 아끼지 말아야 할 것이다. 또한 자체 감축비용 절감을 위해서라도 기업은 다음과 같은 다양한 감축노력을 기울여야 할 것이다. 기존 시설의 효율적 관리를 통해 기존 시설의 에너지 낭비 요소만 제거해도 상당량의 에너지를 절감할 수 있으므로 산업계 전체 차원의 에너지 절약 노력이 필요하다. 생산시설 및 공정을 에너지효율을 우수한 것으로 교체함으로써 산업계에서는 온실가스 배출의 원인이 되는 에너지 사용을 줄이고 에너지 효율이 높은 생산 시설과 공정을 도입하여야 한다. 온실가스 감축 기술 능력은 기업의 경쟁력을 결정하는 주요 요소가 될 것이나 이러한 기술은 단기간에 축적되지 않으므로 장기간의 투자계획을 바탕으로 지금부터 기술개발에 매진해야 한다. 또한 온실가스를 최대한 감축하는 기술을 생산 공정 및 신규공장 건설 시 도입하여야 할 것이다. 또한, 현재와 같은 에너지 다소비의 산업구조는 기후변화협약시대 국제수출시장에서 가격경쟁력에 매우 취약하므로 에너지 다소비 업종의 한계기업들은 이 점을 고려하여야 할 것이다.

4) 국민

가정부문의 온실가스 배출량은 우리나라뿐만 아니라 국제적으로도 가장 빠르게 증가하고 있으며, 국민생활과 밀접한 연관이 있는 이들 부문에서의 온실가스 감축은 가장 중요한 대응책이 될 수 있다. 우리 일상생활에서 지구온난화 방지의 첫걸음은 에너지와 자원을 절약하고 산림을 보호하는 것이라 할 수 있고 다음 사항에 대한 지속적인 관심과 실천이 요구된다. 동일한 기능을 가진 상품이라면 환경오염 부하가 적은 상품, 예를 들면, 에너지효율이 높거나 폐기물 발생이 적은 상품을 선택하는 것이 필요하다. 가정 및 직장에서의 냉난방 에너지 및 전력의 절약, 수돗물 절약, 차량 공회전 자제, 대중교통 이용 카풀(Car pool)활용, 차량 10부제 동참 등의 노력과 참여가 필요하다. 온실가스 중의 하나인 메탄은 주로 폐기물 매립 처리과정에서 발생하며 재활용이 촉진되면 매립지로 반입되는 폐기물량이 감소하므로 메탄 발생량도 감소한다. 또한 폐지 재활용은 산림자원 훼손의 둔화를 통하여 온실가스 감축에도 기여한다. 나무는 이산화탄소의 좋은 흡수원이다. 예를 들어, 북유럽과 같이 산림이 우거진 국가는 흡수량이 많아 온실가스 감축에 큰 부담을 느끼지 않는 것이 좋은 예라고 볼 수 있다. 따라서 나무를 심고 가꾸는데 힘써야 할 것이다.

8.2 기술적 대책

CCS (Carbon Dioxde Capture and Storage Technology)기술은 온실가스를 감축하고 기후변화 문제에 근본적으로 해결하기 위해서는 무엇보다도 관련 기술개발이 핵심적인 사항이다. UN기후변화협약과 IPCC에서는 인류의 기존 생활에 악영향을 끼치지 않는 범위 내에서 온실가스농도를 안정화시키는 기술로 에너지 효율 향상 및 절약, 저탄소 에너지원으로의 전환 기술 등을 제시했다. 사실상 실질적인 온실가스 감축기술은 화석연료를 대체할 수 있는 풍력, 태양광발전, 태양열에너지 등과 같은 재생에너지와 연료전지, 수소에너지와 같은 신에너지로 분류되는 신재생에너지기술 등이라 할 수 있다. 하지만 상용화 가능한 경제성 있는 신재생에너지가 개발될 때까지는 인류의 지속 가능 발전을 감안하여 안정적 화석연료 사용을 위해서 이산화탄소 포집 및 저장 기술이 중요한 기술로 관심 받고 있다. CCS기술은 화력발전소 및 산업공정에서 발생된 대량의 이산화탄소를 대기로 배출시키기 전에 고농도 포집한 후 압축과 수송과정을 통해 안전하게 저장하는 기술을 총칭하는 것으로 이산화탄소를 직접적, 효율적으로 저감할 수 있는 기술이다.

1) 포집

CCS 과정은 총 3단계로 나뉜다. 첫 번째 단계인 포집은 제철소나 발전소 등 이산화탄소 발생원에서 이산화탄소를 분리 및 회수하는 단계이다. 전체 CCS 비용의 70～80%를 차지하는 핵심적인 과정으로 고도화된 이산화탄소 포집 기술이 필요하며 그 방법으론 연소 전 포집, 연소 후 포집 그리고 순산소 연소 포집이 있다.

① **연소 전 포집**(Pre-combustion capture)

연소를 통해 이산화탄소가 발생하지 않도록 하는 공정 기술이다. 공장에서 사용되는 화석연료를 수소와 이산화탄소 기체 혼합물로 분리하여 수소는 연소시키고 이산화탄소는 압축하여 수송한 후 저장하는 기술이다. 이 방법은 발전소 설계 단계에서부터 고려해야 하기 때문에 기존 발전소에 적용하기는 어렵다.

② **연소 후 포집**(Post-combustion capture)

연소 후 포집은 기존 발생원에 적용하기 가장 알맞은 방법이다. 흡수・흡착제, 분리막 등을 이용해 이산화탄소를 흡·탈착하여 분리하는 과정을 거치면서 대량의 가스가 발생하기 때문에 흡수제의 효능 향상과 공정 개발 등 개선이 필요하다.

③ 순산소 연소 포집(Oxyfuel combustion capture)
화석연료 연소를 위해 공기 대신 산소를 사용하는 방법이다. 이렇게 하면 연소 후 나온 배기가스가 수증기와 고농도의 이산화탄소로 쉽게 분리된다. 다만, 단점은 산소 제조비용이 크다는 것이다.

2) 수송

수송단계에서는 포집한 이산화탄소를 격리, 저장하여 저장소까지 수송을 하는데 수송 매체에 따라 다음의 세 가지 방법으로 나뉜다.

① 파이프 수송
대량의 이산화탄소를 수송하는 가장 보편적인 방법으로, 파이프라인을 통해 이산화탄소를 옮기는 방법이다. 보통 1,000~1,800 km를 수송할 때 사용이 된다.

② 차량 수송
트럭이나 기차 등의 차량으로 이산화탄소를 수송하는 기술이며 소량의 이산화탄소를 옮길 때 적합한 방법으로, 미래 핵심 수송 기술로 이용하기엔 다소 어려움이 있다.

③ 선박 수송
선박 수송은 차량 수송의 대안으로, 대량의 이산화탄소를 안전하게 옮길 수 있는데 파이프 수송으로 닿을 수 없는 장거리를 수송할 때 사용된다.

3) 저장

이산화탄소 포집과 수송을 마치고 안전하게 저장하기 위해서는 이산화탄소를 저장하는 기술은 매체에 따라 3가지로 나뉜다.

① 해양 저장
1,000~3,000 m 이하의 심해에 이산화탄소를 분사하여 저장하는 방식으로

해양 생태계 파괴와 산성화 등의 문제로 현재는 금지된 기술이다.

② 광물 저장

'지표 저장'이라고도 불리는 이 방식은 이산화탄소를 광물에 반응시켜 탄산염 광물을 만들고 이를 고체화하여 저장하는 기술이다. 다양한 문제로 아직 연구단계에 머물러 있지만 세 가지 저장기술 중 가장 효과적인 방안으로 떠오르고 있다.

③ 지중 저장

현재 가장 실질적인 저장 방식으로 사용되고 있는 지중 저장은 내륙 또는 해저의 지층 내 적합한 공간에 이산화탄소를 주입하여 저장하는 기술이다. 선진국에선 이미 20여 년 전부터 적극적으로 적용하고 있는데, 석유나 천연가스 등 자원의 회수를 높이는 등 부가가치 창출을 통해 경제적으로 우수한 기술로 평가받고 있다.

4) CCS기술의 전망

2035년까지 화석연료 사용이 2010년과 비교했을 때, 35% 이상 증가할 것으로 예측되고 있으며 화석연료 소비에 따른 이산화탄소의 배출량은 2035년에 35 Gt에 이를 것으로 예상되고 있다. 전 세계 이산화탄소 배출량(2006년 기준)의 49%인 13,799백만 톤이 발전, 시멘트, 정유, 철강 등 대량배출원에서 배출되고 이산화탄소 배출 규제가 강화됨에 따라 CCS기술은 확대될 것으로 보고 있다. IEA CCS 로드맵에 의하면 2020년에 100개의 CCS 플랜트가 설치될 것으로 예상하고 있으며 2020년 이후 CCS 공장의 수요는 급격히 증가하여 2030년에는 850개, 2050년에는 3,400개의 공정이 설치되어 2050년 기준 연간 약 10 Gt의 CO_2가 CCS 기술로 감축될 전망이다.

제 12 장 연습문제

(1) 지구온난화 방지대책 중 기업에서의 방지대책이 아닌 것을 고르시오.

① 기존 시설의 효율적 관리
② 업종전환 및 첨단 산업에의 진출
③ 에너지와 자원절약의 실천
④ 에너지절약 및 온실가스 감축기술에 대한 투자증대

(2) 교토의 정서 규제대상 6대 온실가스에 해당하지 않는 것은?

① 이산화탄소 ② 부탄
③ 이산화질소 ④ 수소불화탄소

(3) 지구온난화 원인 중 인위적인 원인에 해당하는 것은?

① 태양에너지의 변화 ② 화산 폭발에 의한 변화
③ 지구 움직임의 변화 ④ 에어로솔의 증가

(4) 온실가스 농도가 높아짐에 따라 지구 복사열의 흡수가 과다하게 일어나 지구의 에너지 균형이 깨지면서 지구의 온도가 높아지는 현상은 무엇인가?

① 기후변화 ② 온실효과
③ 지구온난화 ④ 온실가스

(5) 지구온난화 방지대책 중 국민으로부터의 방지대책이 아닌 것을 고르시오.

① 환경 친화적 상품으로의 소비양식 전환
② 나무심기
③ 폐기물 재활용 적극 참여
④ 에너지효율이 우수한 것으로 교체

(6) 기교질(氣膠質)・연무질(煙霧質)・대기오염물질 등이라 하기도 하며, 지구 표면에서 생기는 것, 대기 중에 생기는 것 지구 밖으로부터 오는 것으로 나누어지는 것은 무엇인가?

(7) 지구온난화의 영향 3가지는 무엇인가?

해답

1. ③ 2. ② 3. ④ 4. ③ 5. ④
6. 에어로솔 7. 전 지구 평균온도 상승, 빙하감소와 해수면 상승, 이상기후현상 증가

참고문헌

1) godfrey boyle, 『Renewable Energy』, United Kingdom(Oxford University Press), 2004

2) 이은철, 『그린에너지와 생성원자력』, 상수리, 2009

3) 박종화, 『알기 쉬운 태양광발전』, 문운당, 2010

4) 강신섭, 『원자력발전백서』, 한국수력원자력, 2010

5) 김동희, 『전기용어사전』, 일진사, 2010

6) 이응천, 『댐 및 수력발전공학』, 씨아이알, 2011

7) Raymond A.serway, Chris Vuille, 『general physical chemistry』, books cole (canada), 2012

8) 일본 태양에너지학회(김필호 번역), 『태양에너지 이용기술』, 성안당, 2012

9) 이희선, 안세웅 외 3명, 『지열에너지의 환경성 평가 및 환경 친화적 이용방안』, 한국 환경 정책 평가연구원, 2012

10) 박종웅, 김석완, 『에너지학개론』, 동화기술, 2013

11) '정현, 이호태, 『석탄액화기술 및 전망』, 한국에너지기술연구원, 2013

12) 박우영, 이상림, 『국내·외 원전 안전규제 시스템 비교연구』, 에너지경제연구원, 2014

13) 햇빛에너지 연구회, 『태양광발전시스템의 이해』, 문운당, 2015,

14) 신재생에너지 유관기관 및 학계 전문 인력, 『신재생에너지 백서』, 산업통상 자원부, 한국에너지 공단 신재생에너지 센터, 2016

15) 김석우, 『풍력에너지』, 한국에너지기술평가원, 2016

16) 최양희, 『원자력 백서』, 미래창조과학부, 2017

찾아보기

▶ **아**

▶ **자**

▶ **차**

저 자 : **김 의 수** (金義洙)

- 현)국립 한국교통대학교 안전공학과 교수
- 현)경찰수사연수원 외래강사
- 현)중앙소방학교 외래강사
- 현)산업자원통상부 가스기술기준위원회 분과위원
  가스안전기술심의위원
  국가안전대진단 민관합동점검위원
- 현)고용노동부 중대재해해제심의위원
- 현)행정안전부 안전한국훈련 중앙평가단 위원
  안전정책기동단 전문위원
- 현)대한민국 안전대상 심사위원
- 전)국립과학수사연구원 공업연구관
- 전)미국 조지아텍 방문연구원
- 전)LG디스플레이/LG전자/삼성전자 선임연구원

에너지안전공학 정가 22,000원

발 행 2018년 4월 30일 초판 1쇄
저 자 김의수
발행인 정우용
발행처 도서출판 **동 화 기 술**
경기도 파주시 광인사길 201(문발동, 파주출판도시)
Tel (031)955-4211~6 donghwapub@nate.com
Fax (031)955-4217 www.donghwapub.co.kr
(등록) 1977년 12월 19일/9-16호

Printed in Korea
ISBN 978-89-425-9174-9